生化工程

刘晓兰　主编

清华大学出版社

北京

内 容 简 介

生化工程是生物学与化学工程相互渗透而逐步形成的一门新学科,它研究和解决生物反应过程中具有共性的工程技术问题。本书系统阐述了生化工程的基本理论与知识,内容包括培养基灭菌、空气除菌、通气和搅拌、培养技术与理论、生物反应器、生物反应器的比拟放大、固定化酶(细胞)反应原理与技术、生物反应过程的质量和能量衡算。

本书可作为普通高等院校生物工程及相关专业的教材,也可供相关领域的科技人员参考。

图书在版编目(CIP)数据

生化工程/刘晓兰主编. --北京:清华大学出版社,2010.8(2021.12重印)
ISBN 978-7-302-23342-8

Ⅰ. ①生… Ⅱ. ①刘… Ⅲ. ①生物工程:化学工程 Ⅳ. ①Q939.97

中国版本图书馆 CIP 数据核字(2010)第 151672 号

责任编辑:柳 萍 洪 英
封面设计:傅瑞学
责任校对:赵丽敏
责任印制:沈 露

出版发行:清华大学出版社
   网 址:http://www.tup.com.cn,http://www.wqbook.com
   地 址:北京清华大学学研大厦 A 座   邮 编:100084
   社 总 机:010-62770175   邮 购:010-62786544
   投稿与读者服务:010-62776969,c-service@tup.tsinghua.edu.cn
   质量反馈:010-62772015,zhiliang@tup.tsinghua.edu.cn
印 装 者:北京九州迅驰传媒文化有限公司
经 销:全国新华书店
开 本:170mm×230mm   印 张:18.5   字 数:351千字
版 次:2010 年 8 月第 1 版   印 次:2021 年 12 月第 9 次印刷
定 价:55.00 元

产品编号:021175-03

前　　言

　　现代生物技术发展迅速，生物工业领域也在日渐扩大，将生物技术的实验室成果尽快地、成功地实现工业化，为人类的生活和健康服务是现代社会的迫切要求。生化工程主要研究和解决生物反应过程中带有共性的工程技术问题，对生物技术产业化起着重要的作用，而目前适合本科生使用的相关教材非常少。

　　本书是编者在近十几年来为本科生、研究生讲授生化工程课程的基础上，参考国内外大量相关资料编写而成的。全书共9章，参考学时为48学时。本书在内容编排上以生物产品生产中共性技术的工程理论为纲，注重化工原理、生物化学等前续课程相关知识与本书内容的衔接，使知识点循序渐进，从而更适合作为普通高等院校生物工程专业本科生教材。

　　本书由齐齐哈尔大学食品与生物工程学院教授刘晓兰主编，第1～4章由刘晓兰编写，第5章由大连工业大学孙玉梅编写，第6、8章由齐齐哈尔大学田英华编写，第7、9章由齐齐哈尔大学郭建华编写。

　　本书在编写过程中虽然参考了国内外相关书籍和近期文献，但由于编者学识水平所限，书中不足之处在所难免，敬请读者批评指正。

编　者

2010 年 6 月

目　　录

第1章 引 言

生化工程(生物化学工程)是生物化学与化学工程相结合的交叉学科。它以生物化学为理论基础,运用化学工程的原理和方法,将实验室规模的以活的细胞或酶作催化剂的生物技术成果进行工程开发,使之成为工业规模的生物反应过程。生化工程实质上研究和解决的是生物反应过程中带有共性的工程技术问题,如培养基灭菌,空气除菌,搅拌与通风,生化反应器的设计、放大和优化操作,大规模的细胞培养技术及动力学,生物反应产物的分离纯化等问题。因此,生化工程是生物技术产业化的桥梁。

在20世纪40年代之前,发酵工业生产的产品种类很少,人类还没有掌握保持发酵过程无杂菌状态的技术,对发酵过程的纯培养要求从未严格执行。酒类、乙醇、丙酮、丁醇、乳酸等厌氧发酵中,由于不大量供应空气,加之原料和产物浓度很高,足以抑制大多数杂菌的生长,因而深层液体厌氧发酵早就具有较大的规模。在当时的少数好氧发酵产品的生产,如面包酵母、柠檬酸、醋酸、葡萄糖酸的发酵过程中,酵母的比生长速率高,柠檬酸、醋酸、葡萄糖酸的发酵液pH降得很低,使得这些好氧发酵过程都很少发生杂菌污染问题。

20世纪40年代初期,第二次世界大战爆发,急需一种比磺胺药物更有效而毒副作用小的抗细菌药物来治疗战场上大批伤员的创伤引起的感染。早在1928年英国细菌学家弗莱明(Fleming)就发现了青霉素,1940年英国病理学家弗洛里(Florey)和生物化学家钱恩(Chain)提取出了青霉素纯品并经临床证实具有卓越疗效和低毒性质。这时,亟待将青霉素投入工业生产,这对当时的发酵工业来说,任务空前艰巨。青霉素的生产菌株是严格好氧菌,其比生长速率低,青霉素是次级代谢产物,菌体的前期生长和后期青霉素合成的发酵周期达100h,发酵过程中要不间断供氧,使得保持无杂菌状态非常困难。发酵后期,由于菌丝体的生长繁殖,发酵液流变特性显著变化,不利于氧气向发酵液的传质,为此,需加大通风量,这使得无杂菌状态更难保持。在这种情况下,许多化学工程学者参与到这一难题的攻克中来,他们收集了大量的微生物在工业上应用的资料,进行综合分析与总结,创新性地引进化学工程中的一些概念和方法,把发酵过程看做化学上的一种特殊的催化反应。1943年,经过英、美两国科学家和工程师的共同努力,一个崭新的青霉素深层发酵生产过程诞生了,它包括带有机械搅拌和通入无菌空气的密闭式发酵罐系统(初期的发酵罐容积为5m³),以及包括离心萃取和冷冻干燥在内的青霉素提取精制系统,使青霉素的产量和质量大幅度提高。青霉素的工业规模好氧深层发酵系统的建立标志着生化工程学的诞生。1947 年,生化工程学在世界范围内得到公认,1949 年举行了生化工程学的首次国际会议。生化工程学的诞生开创了发酵工业的新纪元,使发酵工业进入了一个崭新的阶段,一方面使发酵工业原有的和新的初级代谢产物的生产有了新的高效生产方式,另一方面开辟了次级代谢产物发酵生产的先河。一大批好氧发酵产品,如氨基酸发酵、酶制剂生产、抗菌素生产得以迅速开发和工业化。

1954 年,Hastings 首次提到生化工程需要解决的基本问题是深层培养、通风与空气分布方法、搅拌、培养基和设备的灭菌、大量空气的灭菌、发酵设备的冷却方式、过滤以及由于新工艺过程所引起的特殊公害和卫生问题。几十年来,随着生物工业的发展,以生物细胞和酶为生物催化剂的工业生物产品种类和数量不断增加,如抗生素、氨基酸、有机酸、维生素、各种酶制剂、溶剂、多聚物、单细胞蛋白、甾族化合物等的种类和生产规模都在增加,这些产品在生产过程中遇到的工程问题不断出现,因此,生化工程的内容也不断地拓宽,如反应器的放大方法、连续和半连续培养的实践与理论、控制培养环境的反应器自控技术、酶和细胞的固定化技术等已成为生化工程的重要内容。

需要指出的是,尽管近年来一些动植物细胞和组织培养技术受到广泛的重视,但这些培养过程技术的开发多是在考虑了动植物细胞及其产物特点的条件下,结合微生物细胞为生物催化剂的生化工程研究成果而进行的。因此,以微生物细胞作为生物催化剂的生化工程实践与理论在整个生化工程体系中具有核心的地位。

生化工程与化学工程最显著的区别是,生化工程所处理的是以生物活细胞(微生物细胞、动物细胞、植物细胞)或酶为生物催化剂的生物化学反应过程。化学工程目前已发展到了很高的水平,然而,将化学工程原理应用于生物反应的历史还很短,在过去的几十年里已积累了不少基本知识,但随着生物产业的迅猛发展,有待认识和解决的问题还很多。本书精选的如下内容是生化工程的基本知识。

1. 培养基灭菌和空气除菌

生物反应过程的细胞培养绝大多数是纯种培养过程,而自然界中的微生物无处不在,微生物培养基中通常都含有比较丰富的营养物质,如果一定数量的杂菌存在于培养系统,就会与生产菌株争夺营养物质,杂菌分泌的代谢产物可能会改变培养基的理化性质,还可能分解目标产物,轻者影响产量和产率,重者导致生产过程失败。因此,生产过程中的原料、设备和空气的灭菌以及无杂菌状态的保持是生化工程的重要内容。本书第 2、3 章分别系统阐述工业规模培养基灭菌和空气除菌原理与技术。

2. 通风与搅拌

好氧发酵系统的微生物需要有溶解氧参与代谢活动,基质的氧化、菌体的生长、产物的合成,均需要大量的氧。然而,氧气是难溶气体,溶解度很低,因此,与向微生物培养体系提供其他营养物质的方式不同,在好氧发酵系统中,必须自始至终不间断地向微生物提供溶解氧。在好氧液体深层发酵的工业生产中,消耗在气体的通入和搅拌等方面的费用占生产成本的比例很大,为了保证溶解氧浓度足够高,如何合理设计反应器并通过搅拌等手段提高氧气向反应液的传递速率一直是生化工程学的重要课题。本书第 4 章从细胞对氧的需求入手,从液体培养过程中氧传递及速率、搅拌器轴功率的计算、影响氧传递系数的因素等方面系统阐述通风与搅拌的工程问题。

3. 生物反应器与生物反应器的比拟放大

生物反应器是生物反应过程的核心设备,它为细胞的生长代谢或酶反应提供适宜的场所。生物反应器的结构、操作方式和操作条件与产品的质量、产量和能耗有非常密切的关系。生物反应器的设计、放大和操作中存在着一系列带有共性的工程技术问题,如物料的混合与流动、传质与传热、细胞反应动力学、酶反应动力学、反应液的流变学等。一个新的生物反应过程的开发,其最初阶段是发现和认识新的生物反应,然后才进入工程阶段。在工程阶段中,生化工程工作者首先遇到的问题是生物反应器的选型,即选择什么型式的生物反应器来完成这一特定的生物反应。选型确定后,进入操作条件的选择、反应器的放大和工程设计等步骤,这时就需要综合考虑生物反应本身的规律、反应器结构与传质传热规律等因素来解决问题,以达到获得尽量高的生产效率的目的。生物反应器的设计、放大和操作是生化工程的重要内容。本书第 6 章主要系统阐述生物反应器设计的目标和原则,生物工业中普遍应用的好氧微生物细胞反应器的结构、功能和特点。第 7 章系统阐述机械搅拌式反应器、气升式反应器以及管式反应器的放大设计中,常用的几何尺寸和主要操作参数的经验和半经验放大方法。

4. 固定化酶(细胞)反应原理与技术

酶作为生物催化剂,具有反应条件温和、专一性强、催化效率高等优点,但也有一定的局限性,如酶在催化反应后分离困难,无法重复利用,对热、酸、碱和有机溶剂敏感等。固定化酶(细胞)是将酶(细胞)限制在一定空间内并能连续地反复使用的酶(细胞)。自 20 世纪 50 年代末首次制得稳定的、可反复使用的、不溶于水的酶制品以来,固定化酶作为高度专一的、能够用于连续过程的新型非均相催化剂,引起了生化工程技术人员的高度重视。固定化酶克服了游离酶的诸多弱点,具有可重复利用,与产物分离容易,易实现自控和连续化等优势。20世纪70年代初,第一次酶工程国际会议召开,酶工程的宗旨在于有效地利用酶。在此前后,固定化酶、固定化细胞、固定化增殖细胞技术的研究与工业应用广泛展开,如用固定化葡萄糖异构酶将葡萄糖异构成果糖,利用固定化活细胞生产乙醇、有机酸、氨基酸、抗生素等。由于生物反应过程的本质是酶促反应,因而作为更有效地利用酶的固定化酶(细胞)技术,必将为传统的生物工程技术提供改革和创新机会。因此,固定化酶(细胞)技术是生化工程的重要组成部分。

5. 生化反应动力学

生化反应动力学研究生化反应过程的速率及其影响因素,如发酵动力学研究底物消耗速率、细胞生长速率、代谢产物生成速率及其影响因素;酶反应动力学研究酶催化的底物消耗速率、产物生成速率及其影响因素。生化反应动力学应包括两个层次的动力学。第一是微观动力学,它是指没有传质、传热、混合等工程因素影响时,生化反应固有的速率。该速率除了反应本身的特性外,只与各反应组分的浓度、催化剂及溶剂性质有关,而与传递等反应器因素无关。第二是宏观动力学,又可称为反应器动力学,它是指在反应器内所观察到的生物反应的反应速率及其影响因素,这些影响因素包括反应器结构、操作方式、混合状态、传质与传热性质等。生化反应动力学研究是优化与控制反应过程的基础。本书除了在各章中加强动力学的概念之外,第5章培养技术与理论中系统阐述间歇发酵、连续发酵和半连续发酵动力学,第8章固定化酶(细胞)反应原理与技术中系统阐述反应器酶反应动力学。

6. 生物反应过程的质量和能量衡算

微生物的生长代谢过程尽管非常复杂,但仍存在一定的规律性,微生物生化反应伴随着物质间的转化以及物质与能量间的转化。第9章着重用质量和能量衡算方法建立起生物反应过程中质量、能量间转化的关系,并用实验法求出有关的多种质量-质量转化系数及质量-能量转化系数。这些系数对于综合评价不同菌株、不同基质发酵生产同一产物的技术经济性能非常重要。

生物技术在快速发展,生化工程需要解决的问题很多,如新型生物反应器的研究与开发,包括节能型微生物反应器、动植物细胞培养反应器,充分考虑了生物安全性的基因工程菌株生物反应器的开发与设计,有利于反应过程控制的描述生物反应过程的数学模型的建立,生产过程控制手段的改进,特别是能在线反映生物反应器内重要参数的传感器的研制,新型生物分离方法和设备的研究开发等。

　　生化工程基础知识的学习、掌握与运用,有益于生物工程技术人员在提高生物产品生产过程效率的工作中取得成绩。

参 考 文 献

1. Aiba S, Humphrey A E, Millis N F. Biochemical Engineering. 2nd ed. New York：Academic Press, 1973

2. Blanch Harvey W, Clark Douglas S. Biochemical Engineering. New York：M. Dekker,1996

3. 合叶修一,阿瑟·伊·汉弗莱,南锡·弗·米利斯. 生物化学工程. 徐长晟,译. 北京：轻工业出版社,1981

4. 贾士儒. 生物反应工程原理. 第 3 版. 北京：科学出版社,2008

5. 伦士仪. 生化工程. 第 2 版. 北京:中国轻工业出版社,2008

6. 伦士仪. 生化工程. 北京：中国轻工业出版社,1993

7. 戚以政,汪叔雄. 生物反应动力学与反应器. 第 3 版. 北京：化学工业出版社,2007

8. 戚以政,夏杰. 生物反应工程. 北京：化学工业出版社,2004

9. 王岁楼,熊卫东. 生化工程. 北京：中国医药科技出版社,2002

10. 俞俊棠,唐孝宣. 生物工艺学. 上海：华东理工大学出版社,1992

11. 俞俊棠,唐孝宣,邬行彦,等.新编生物工艺学(上).北京：化学工业出版社,2002

第 2 章　培养基灭菌

提　要

　　培养基的灭菌是指杀灭培养基中有生活能力的微生物营养体及其孢子的过程。工业规模的培养基灭菌采用蒸汽湿热灭菌法。高温的蒸汽在杀死培养基中杂菌的同时，也会破坏营养成分，所以，培养基灭菌时的温度和时间必须合理设计，使之既能达到细胞培养所需的无菌程度，又能保证有效成分的破坏在允许的范围之内。

　　培养基湿热灭菌时，微生物的均相死灭速率与残存的微生物数量成正比，即 $-\dfrac{\mathrm{d}N}{\mathrm{d}t}=KN$。比热死灭速率常数 K 随微生物的种类和加热温度而变化。常见的微生物中细菌的芽孢最难杀灭，灭菌时以细菌芽孢的死灭程度为控制指标；随灭菌温度的提高，K 值增大。灭菌时，营养物质热分解反应也符合化学反应的一级动力学，即 $-\dfrac{\mathrm{d}c}{\mathrm{d}t}=K_{\mathrm{d}}\cdot c$。热敏性物质热分解速率常数 K_{d} 随物质种类和温度的不同而不同。营养物质中维生素最容易受热破坏；温度升高，K_{d} 增加。高温短时灭菌方法是灭菌动力学得出的最重要结论之一，它既能快速灭菌，又能使热敏性营养成分的破坏量尽量降低。

　　进行培养基灭菌设计时，应先选择一个合适的培养基无菌程度（N/N_0）。常取灭菌后残存活孢子浓度 $N=10^{-3}$，它的意义是灭菌 1000 次，存活一个活孢子的机会为 1 次。

　　工业上培养基的灭菌有间歇灭菌和连续灭菌两种基本方式。间歇灭菌是将配好的培养基送入发酵罐，通入蒸汽将培养基和所用的设备一起进行灭菌的操作过程。间歇灭菌包括升温、保温和降温三个阶段，灭菌主要是在保温过程中实现。进行间歇灭菌设计时，可先确定灭菌温度，再根据设备能达到的升温和降温速率确定升温和降温段灭菌温度与时间的关系，计算灭菌全过程培养基能达到的无菌程度，与既定的培养基无菌程度进行对比，如果没有达到既定的无菌程度，就要调整灭菌温度或时间。间歇灭菌中培养基升温和降温时间长，对热敏性营养物质的破坏较多。

　　培养基的连续灭菌是将配制好的培养基在专门的连续灭菌设备中加热，保温和冷却，完成灭菌过程。与间歇灭菌相比，其特点是升温和降温所用时间缩短，因此可采用更高的灭菌保温温度，更短的保温时间，这样就有利于减少热敏性营养物质的破坏。连续灭菌培养基的加热和冷却是快速的，培养基保温是在维持罐或维持管内完成的。培养基采用连续灭菌方法时，发酵罐应在连续灭菌开始之前进行空罐灭菌，以容纳经过灭菌的培养基。加热器、维持罐、冷却器和相应的管路也应先进行蒸汽灭菌。

定义流体在连续灭菌反应器中的平均停留时间为反应器的体积除以通过反应器的流体流率。连续灭菌培养基的每一质点并不都在反应器中停留同样的时间，反应器中停留时间不同的物料之间的混合称为返混。返混是一个复杂的现象，目前用数学解析的方法很难阐明。在化学工程中根据返混的程度将连续反应器分为活塞流反应器（plug flow reactor，PFR）和全混流反应器（continuous stirred tank reactor，CSTR）两个理想模型。活塞流模型中，反应器中的物料像活塞一样流动，返混为零；全混流模型中，反应器中所有的物料达到充分的混合，返混为无穷大。实际反应器中的返混程度总是处于这两种理想流动的模型之间。长径比很大的管式反应器接近于活塞流模型，混合良好的搅拌式反应器接近全混流模型。培养基在活塞流反应器和全混流反应器中分别进行灭菌时，培养基能达到的无菌程度（N/N_0）都是比热死灭速率常数 K 和灭菌时间的函数。在相同的温度下灭菌，要想达到相同的培养基无菌程度，将活塞流反应器与全混流反应器的灭菌效率进行对比，发现活塞流反应器需要的时间短，全混流反应器需要的时间长，因此，活塞流反应器具有较高的灭菌效率。

在连续灭菌反应器的设计中，确定了灭菌温度后，物料的停留时间是主要的设计参数。工业上常用的连续灭菌流程中，物料被加热到既定温度后，常采用维持管、维持罐或维持塔来保持培养基的温度，完成菌体死灭过程。管式反应器虽然接近活塞流反应器，但仍存在一定程度的返混，罐式反应器和塔式反应器则偏离活塞流反应器更大一些。为了更准确地设计连续灭菌反应器，可以采用扩散模型来描述连续灭菌反应器。扩散模型的基本观点是，流体在管内流动时，由于分子扩散和涡流扩散的作用使一部分流体质点沿轴向返混了回去，这个过程简化为在活塞流流动中叠加了一个与流动方向相反的扩散过程。培养基灭菌的扩散模型中，培养基能达到的无菌程度（N/N_0）不仅是比热死灭速率常数 K 和平均停留时间的函数，还与表示扩散的准数 N_{Pe} 有很大关系。工程上常用扩散模型来进行连续灭菌反应器的设计。

培养基的灭菌是指杀灭培养基中有生活能力的微生物营养体及其孢子的过程。在绝大多数的微生物培养系统中，只允许生产菌生长繁殖代谢，不允许其他微生物共存，也就是说必须进行纯种培养。微生物培养基中通常含有比较丰富的营养物质,如果一定数量的杂菌存在于培养系统,就会与生产菌株争夺营养物质,分泌的代谢物可能会改变培养液的理化性质,还可能分解目标产物,轻者影响产量或产率,重者导致生产失败。因此,培养基灭菌最基本的要求是杀灭培养基中混杂的微生物。

工业规模上的培养基灭菌,常常采用有效、简便和经济的蒸汽湿热灭菌法。高温能杀死培养基中的微生物,同时热效应也会破坏培养基中的营养成分。培养基的灭菌必须合理设计,使之既能达到细胞培养所需的无菌程度,又能保证培养基中有效成分的破坏在允许的范围之内。

不同的细胞培养系统,对培养基的无菌程度要求是不同的。在某些培养系统中,培养基中的基质不易被一般微生物利用,或温度、pH 不适于一般微生物的生长,或生产菌株很容易形成优势生长,这时对培养基灭菌无菌程度的要求就相对较低。

对于液体培养基的湿热灭菌,工程上需要解决的问题是,为了将培养基中的杂菌杀灭到可以接受的程度,同时考虑培养基中有效营养成分的热破坏在可接受的范围之内,应该设置多高的灭菌温度和多长的灭菌时间,这取决于杂菌孢子的热死灭动力学、所采用的灭菌反应器型式和操作方法。

2.1　湿热灭菌原理

湿热灭菌即利用饱和蒸汽进行灭菌。由于蒸汽有很强大的穿透能力,在冷凝时放出大量的冷凝潜热,在高温和存在水分的条件下,微生物细胞内的蛋白质很容易变性或凝固而引起微生物的死亡。

2.1.1　微生物菌体热死灭动力学

对培养基进行湿热灭菌时,培养基中微生物的均相比热死灭速率与体系中残存的微生物数量成正比,符合化学反应的一级反应动力学,即

$$-\frac{\mathrm{d}N}{\mathrm{d}t} = KN \tag{2-1}$$

式中:N——任意时刻培养基中的活微生物浓度,个/L;

t——灭菌时间,min;

K——微生物比热死灭速率常数,min^{-1}。

比热死灭速率常数 K 随微生物的种类和加热温度而变化。

　　微分式(2-1)适合于灭菌过程的任意时刻,为了对灭菌全过程进行考虑,对式(2-1)进行变上限积分,取灭菌开始时刻的边界条件 $t_0 = 0$,$N = N_0$,得

$$\ln \frac{N}{N_0} = \int_0^t K \mathrm{d}t = -Kt \qquad (2\text{-}2)$$

或

$$N = N_0 \cdot \mathrm{e}^{-Kt} \qquad (2\text{-}3)$$

式中:$\dfrac{N}{N_0}$——无菌程度,存活率;

　　　N_0——开始灭菌时的杂菌浓度,个/L。

　　维持一定的灭菌温度 T,经历不同的灭菌时间 t,检测相应的杂菌浓度 N,将存活率 $\ln (N/N_0)$ 对灭菌时间 t 进行半对数坐标作图,可以得到直线,如图 2-1 所示,直线的斜率为 K。同一种微生物在不同的灭菌温度下,K 值不同,灭菌温度越低,K 值越小,微生物越不易死亡;温度越高,K 值越大,微生物越容易死亡。

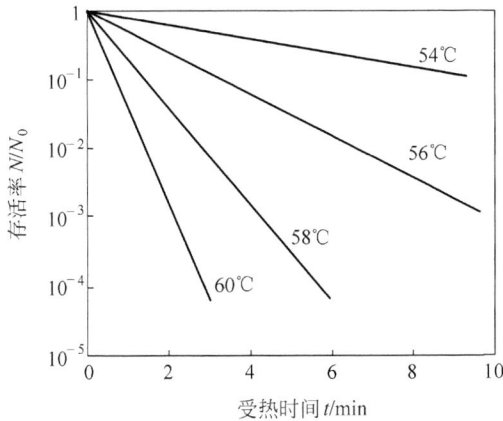

图 2-1　大肠杆菌营养细胞在缓冲液中的比热死灭速率[1]

　　在一定温度下,不同微生物的比热死灭速率常数 K 是不同的。例如,在 121℃,枯草芽胞杆菌 FS5230 的 K 值为 $0.047 \sim 0.063\ \mathrm{s}^{-1}$,梭状芽胞杆菌 PA3679 的 K 值为 $0.03\ \mathrm{s}^{-1}$,嗜热脂肪芽胞杆菌 FS1518 和 FS617 的 K 值分别为 $0.013\ \mathrm{s}^{-1}$ 和 $0.048\ \mathrm{s}^{-1}$。即使同一种微生物,K 值也受其生长条件、生理状态等多种因素的影响。微生物营养细胞和芽胞的 K 值也有很大的差别。表 2-1 列出了微生物对湿热灭菌的相对抵抗力,可以看出,对培养基进行湿热灭菌时,要以细菌孢子死灭程度为控制指标。

表 2-1　微生物对湿热灭菌的相对抵抗力[2]

微生物种类	细菌与酵母的营养细胞	细菌芽孢	霉菌孢子	病毒及噬菌体
相对抵抗力	1	3×10^6	2~10	1~5

　　某些微生物如细菌孢子，其比热死灭速率不符合式(2-2)，将其存活率 $\ln(N/N_0)$ 对灭菌时间 t 进行半对数作图，得到的不是直线，如图 2-2 所示。细菌孢子壁具有较大的热阻，但当温度超过 120℃时，热阻极强的嗜热脂肪芽孢杆菌孢子的热死灭动力学也接近符合一级反应动力学规律。

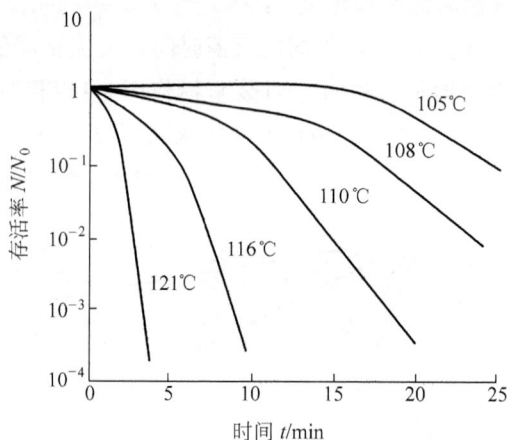

图 2-2　嗜热脂肪芽孢杆菌孢子在蒸馏水中的比热死灭速率[3]

　　对于特定的微生物来说，菌体比热死灭速率常数 K 值随着灭菌温度而变化。K 与灭菌温度的关系可用阿仑尼乌斯(Arrhenius)公式来表示，即

$$K = Ae^{-\frac{\Delta E}{RT}} \tag{2-4}$$

式中：A——频率因子，为常数，$\min^{-1}$；

　　　ΔE——菌体热死灭反应的活化能，J/mol；

　　　R——摩尔气体常数，$R = 1.987 \times 4.187$ J/(mol·K)；

　　　T——热力学温度，K。

对式(2-4)两边取对数，得

$$\ln K = -\frac{\Delta E}{RT} + \ln A \tag{2-5}$$

　　不同微生物的热死灭反应的活化能 ΔE 各不相同。对于某种微生物，在不同的温度 T 下作灭菌实验，求得相应温度下的 K 值，按 $\ln K$-$1/T$ 作图，如图 2-3 所示。从直线的斜率可求出该微生物的 ΔE。

从式(2-5)看,比热死灭速率常数 K 是菌体热死灭反应活化能 ΔE 和温度 T 的函数。在热灭菌工程设计中,能人为控制的参数是温度 T。为了考察菌体比热死灭速率常数 K 随温度 T 的变化情况,对式(2-5)两边求对温度 T 的导数,得

$$\frac{\mathrm{d}(\ln K)}{\mathrm{d}T} = \frac{\Delta E}{RT^2} \qquad (2\text{-}6)$$

由式(2-6)可见,菌体死亡活化能 ΔE 值的大小是微生物受热死亡时对温度敏感性的度量,ΔE 值越大,表明微生物比热死灭速率常数 K 对温度的变化率越大;ΔE 值越小,K 对温度的变化率越小。

必须指出,在对培养基进行湿热灭菌时,在杂菌死亡的同时,培养基中的一些热敏性成分也会因受热而破坏。例如,维生素会失去活性,蛋白质会变性,糖溶液会焦化变色,一些化合物会发生水解,醛糖会与氨基酸化合物发生美拉德反应等。营养物质的受热破坏也符合化学反应的一级反应动力学,即

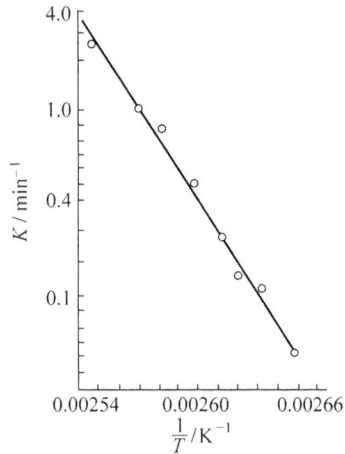

图 2-3　嗜热脂肪芽孢杆菌
孢子的 K-$1/T$ 关系

$$-\frac{\mathrm{d}c}{\mathrm{d}t} = K_\mathrm{d} c \qquad (2\text{-}7)$$

式中: c——热敏性物质的浓度;

　　　t——灭菌时间,min;

　　　K_d——热敏性物质的热分解速率常数,min^{-1}。

其积分式为

$$\ln \frac{c}{c_0} = -K_\mathrm{d} t \qquad (2\text{-}8)$$

热敏性物质热分解速率常数 K_d 随物质种类和温度而不同,温度对 K_d 的影响也遵循阿仑尼乌斯方程,即

$$K_\mathrm{d} = A' \mathrm{e}^{-\frac{\Delta E'}{RT}} \qquad (2\text{-}9)$$

或

$$\ln K_\mathrm{d} = -\frac{\Delta E'}{RT} + \ln A' \qquad (2\text{-}10)$$

式中: A'——频率因子,min^{-1};

　　　$\Delta E'$——热敏性物质热分解反应的活化能,$\mathrm{J/mol}$。

为了考察 K_d 随 T 的变化情况,对式(2-10)两边求对温度 T 的导数,得

$$\frac{\mathrm{d}(\ln K_d)}{\mathrm{d}T} = \frac{\Delta E'}{RT^2} \qquad (2\text{-}11)$$

$\Delta E'$ 是培养基成分受热分解时对温度敏感性的度量,$\Delta E'$ 值越大,表明培养基成分的热分解速率常数 K_d 对温度的变化率越大;$\Delta E'$ 值越小,K_d 对温度的变化率越小。

当对培养基进行热灭菌时,微生物会受热死灭,但培养基中的营养成分也会受热破坏,那么,采用什么样的灭菌温度和时间,才既能达到灭菌要求,同时又尽可能少破坏培养基中的有效成分呢?

表 2-2 列出了典型细菌芽孢热死灭反应的活化能和典型热敏性物质热破坏反应的活化能。营养物质热降解反应的活化能范围在 $50 \sim 150$ kJ/mol,而细菌芽孢的热死灭反应活化能范围为 $250 \sim 350$ kJ/mol[4]。

表 2-2   典型细菌芽孢热死灭反应和典型维生素、酶热破坏反应的活化能[3]

芽孢杆菌、维生素、酶	活化能/(kJ/mol)
嗜热脂肪芽孢杆菌	283
肉毒梭状芽孢杆菌	343
枯草芽孢杆菌	318
厌气性腐败菌	303
维生素 B_1 盐酸盐	92.0
维生素 B_2	98.7
维生素 B_{12}	96.6
泛酸	87.9
胰蛋白酶	170.5
过氧化物酶	98.7
胰脂酶	192.3

由于细菌芽胞受热死灭反应的活化能 ΔE 值比热敏性物质受热破坏反应的活化能 $\Delta E'$ 要高,由式(2-6)和式(2-11)可知,随着灭菌温度的升高,细菌芽胞比热死灭速率常数 K 对 T 的变化率较热敏性物质热分解速率常数 K_d 对 T 的变化率要大。再结合考虑式(2-1)和式(2-2),将 T 提高到一定程度会加速细菌孢子的死灭速率 $-\mathrm{d}N/\mathrm{d}t$,在培养基总无菌程度要求不变的前提下,就会缩短灭菌时间。如图 2-2 所示,在 121℃时,只需要几分钟的时间就可以把活的细菌芽孢的数量降低到初始值的 0.1% 以下,而在 108℃时,要达到这样的灭菌效果却需要多于 30 min 的灭菌时间。灭菌时的温度提高也能增大热敏性物质的热破坏速率,但由于灭菌时间显著缩短,结果是营养成分的破坏量在允许的范围内。表 2-3 列出的实验数

据是将培养基中的细菌孢子杀灭至无菌程度为 $N/N_0 = 10^{-16}$ 的情况下,灭菌温度、时间和营养成分(以维生素 B_1 为准)破坏量的比较[5]。

表 2-3 灭菌温度和时间对培养基中营养成分破坏的比较

灭菌温度/℃	灭菌时间/min	维生素 B_1 损失/%
100	843	99.99
110	75	89
120	7.6	27
130	0.851	10
140	0.107	3
150	0.015	1

图 2-4 表示嗜热脂肪芽胞杆菌孢子的比热死灭速率常数 K_{BS} 和维生素 B_1 的热分解速率常数 K_{VB} 与温度 T 的关系[5]。求得 $\Delta E_{BS} = 2.8 \times 10^5 \text{J/mol}$,$\Delta E_{VB} = 9.2 \times 10^4 \text{ J/mol}$。温度升高时,嗜热脂肪芽胞杆菌孢子的比热死灭速率常数 K_{BS} 和维生素 B_1 的热分解速率常数 K_{VB} 都在增加,但 K_{BS} 的增加幅度比 K_{VB} 大得多。如果把灭菌温度从 105℃ 提高到 127℃,则 K_{BS} 从 0.12 min^{-1} 增大到 40.0 min^{-1},K_{VB} 从 0.02 min^{-1} 增大到 0.06 min^{-1},也就是说,嗜热脂肪芽胞杆菌孢子的比热死灭速率增大 333 倍,而维生素 B_1 热分解速率只增加了 3 倍。

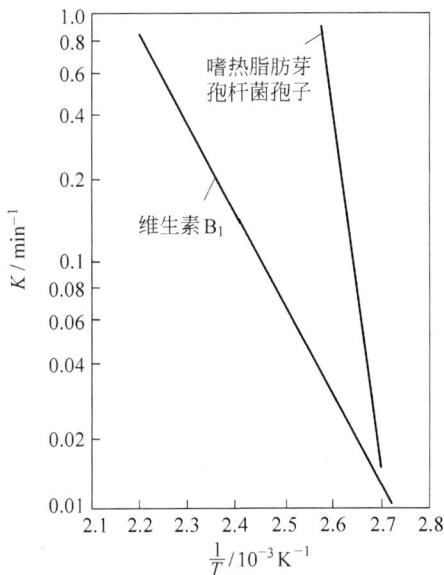

图 2-4 嗜热脂肪芽胞杆菌孢子和维生素 B_1 的 K-$1/T$ 图

高温短时灭菌方法是灭菌动力学得出的最重要结论之一,它既能快速灭菌,又能使热敏性营养成分的破坏量尽量降低。

2.1.2 影响灭菌的其他因素

1. 杂菌初始浓度和含水量

培养基中初始杂菌浓度越高,在相同的灭菌温度下,达到一定无菌程度所需的灭菌时间越长。

细菌孢子含水量越高,越容易热死灭;反之,细菌孢子含水量越低,越不容易热死灭。这是因为热效应使菌体细胞内的蛋白质变性或凝固而引起死亡,而蛋白质凝固或变性的温度与蛋白质所处环境的水分含量有密切关系。

2. 培养基的 pH 值

培养基的 pH 值在近中性(pH=6~8)时,微生物受热不易死亡。培养基在酸性 pH 条件下,菌体热死灭速率高,灭菌所需时间短(表 2-4)。

表 2-4   pH 对培养基灭菌时间的影响

温度/℃	灭菌时间/min				
	pH 6.1	pH 5.3	pH 5.0	pH 4.7	pH 4.5
120	8	7	5	3	3
115	25	25	12	13	13
110	70	65	35	30	24

注:培养基初始杂菌浓度 10^4 个/mL。

3. 培养基的成分

培养基含有较高浓度的糖、蛋白质和脂肪会增加微生物的耐热性,微生物的热死灭速率低。例如,大肠杆菌在水中加热至 60~65℃ 就死亡,但在 10% 的糖液中需加热至 70℃、4~6 min 才死亡。

2.2   间歇灭菌

培养基的间歇灭菌是将配好的培养基送入发酵罐,通入蒸汽将培养基和所用的发酵设备一起进行灭菌的操作过程,也称为实罐灭菌。这种方法不需其他专门的灭菌设备,操作简便,灭菌效果可靠。间歇灭菌对蒸汽的压力要求较低,3×10^5 $\sim4\times10^5$ Pa(表压)就可满足要求。间歇灭菌是中小型发酵罐经常采用的培养基灭菌方法。其缺点是在灭菌过程中,蒸汽用量波动大,造成锅炉负荷波动大;另外,培养基升温和降温时间长,对热敏性营养物质的破坏较多。

2.2.1　间歇灭菌的操作

发酵罐底部一般装有进空气管道和放料管道,发酵罐上部一般装有排气管道、进料管道、接种管道、加消泡剂管道、补料管道、调节 pH 用的酸碱管道等,发酵罐配管示意图见图 2-5。

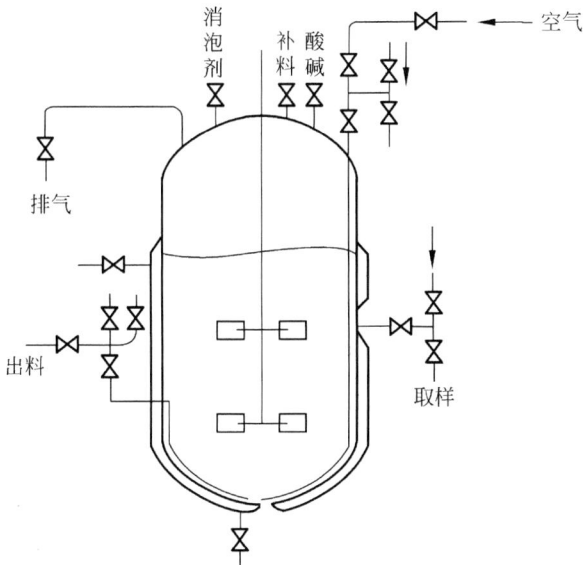

图 2-5　发酵罐配管示意图

在进行培养基间歇灭菌之前,应用蒸汽把安装在发酵罐旁边的空气分过滤器灭菌,并用无菌压缩空气吹干。开始灭菌时,应先放出发酵罐蛇管或夹套中的冷却水,开启排气管阀,从进空气管向罐内的培养基通入蒸汽进行直接加热,同时也可在罐的夹套或蛇管中通入蒸汽,间壁加热培养基。当培养基温度达 70℃左右时,从放料管和取样管向罐内通入蒸汽进一步加热,当培养基温度被加热到 120℃、罐压达 1×10^5 Pa(表压)时,应开启安装在发酵罐上部的各管道排汽,并调节各进汽和排气阀门开度,使温度和罐压保持一定值。在保温阶段,注意凡进口在培养基液面下的管道应通蒸汽,在液面上的各管道则应排蒸汽。达到保温时间后,顺次关闭各排汽进汽阀门,在夹套或蛇管中通冷却水使培养基温度下降,待罐内压力低于空气压力后,向罐内通入无菌压缩空气,直至培养基温度降到所需温度,进行接种发酵。

2.2.2　间歇灭菌的设计

灭菌过程的目的是要将培养基中的杂菌浓度减少到既定值,使培养基达到预先确定的无菌程度。间歇灭菌的设计主要包括灭菌温度和灭菌时间的计算。

$\dfrac{N}{N_0}$ 表示灭菌程度,为了计算上的方便,也用 $\ln \dfrac{N_0}{N}$ 表示无菌程度。不同的发酵体系对培养基灭菌程度的要求是不同的。对于发酵周期长,成本高的发酵体系,常取灭菌后残存活菌孢子浓度 $N = 10^{-3}$ 个。它的意义是,发酵罐灭菌 1000 次,存活一个活菌孢子的机会为 1 次。

例如,一个发酵罐内装 200 m³ 培养基,含菌 2×10^5 个/mL,要求灭菌后培养基残存活菌孢子浓度 $N = 10^{-3}$ 个,计算培养基灭菌的无菌程度。

把未灭菌培养基中的杂菌全部看成是最耐热的芽孢细菌。这种考虑可以增加灭菌的安全系数。

无菌程度:

$$\frac{N}{N_0} = \frac{10^{-3}}{2 \times 10^5 \times 200 \times 10^6} = 2.5 \times 10^{-17}$$

$$\ln \frac{N_0}{N} = 38.23$$

间歇灭菌包括升温、保温和降温三个阶段,图 2-6 是分批灭菌过程典型的升温、保温和冷却曲线。灭菌主要是在保温过程中实现的,在升温的后期和冷却的初期,培养基温度相对较高,因而对灭菌也有一定贡献。

细菌孢子受热死灭符合化学反应的一级动力学规律 $\left(-\dfrac{\mathrm{d}N}{\mathrm{d}t} = KN\right)$,式(2-2)为式(2-1)的积分结果,即

$$\ln \frac{N}{N_0} = \int_0^t K \mathrm{d}t$$

为了设计计算的方便,常把升温、保温和降温三个阶段所贡献的培养基灭菌程度分别进行计算。总的灭菌效果为

$$\left.\begin{array}{l} \nabla_{\text{总}} = \nabla_{\text{加热}} + \nabla_{\text{保温}} + \nabla_{\text{冷却}} \\ \ln \dfrac{N}{N_0} = \displaystyle\int_0^t K \mathrm{d}t = \ln \dfrac{N_0}{N_1} + \ln \dfrac{N_1}{N_2} + \ln \dfrac{N_2}{N} \end{array}\right\} \tag{2-12}$$

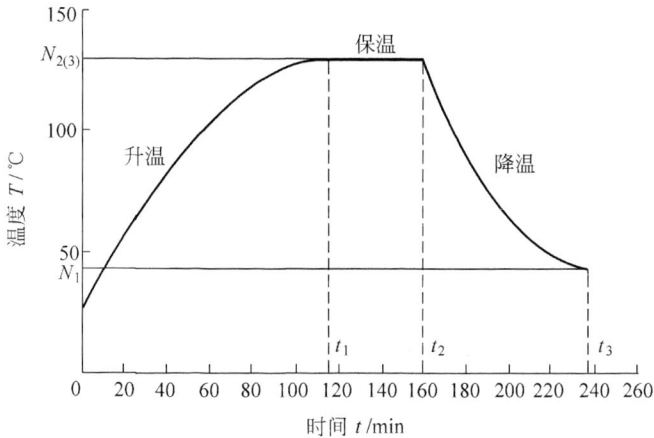

图 2-6 分批灭菌过程典型的升温、保温和降温曲线

式中，N_0、N_1、N_2、N 分别为培养基灭菌开始、加热段结束时、保温段结束时和降温段结束时培养基中活菌浓度；t_1、t_2、t_3 分别为加热段、保温段和降温段的时间。总的灭菌效果是这三段灭菌效果之和，总的灭菌时间是这三段灭菌时间之和。

在保温阶段的培养基温度恒定，菌体比热死灭速率常数 K 不变，可直接采用式(2-2)计算灭菌对培养基无菌程度的贡献。

$$\text{保温段：} \ln \frac{N_1}{N_2} = K(t_2 - t_1) \tag{2-13}$$

下面遇到的问题是，在升温和降温过程中，菌体比热死灭速率常数 K 随着灭菌温度 T 的变化而变化，T 的变化又与灭菌时间 t 相关联。T-t 关系取决于培养基灭菌的换热方式，培养基质量，培养基的物理性质如比热容、密度、粘度、导热性质，热源种类和温度，换热系数等因素。因此，计算升温和降温过程的培养基灭菌效果要比保温段复杂。

$$\text{升温段：} \ln \frac{N_0}{N_1} = \int_0^{t_1} A e^{-\frac{\Delta E}{RT}} \, dt \tag{2-14}$$

$$\text{降温段：} \ln \frac{N_2}{N_3} = \int_{t_2}^{t_3} A e^{-\frac{\Delta E}{RT}} \, dt \tag{2-15}$$

如果已知培养基温度 T 和灭菌时间 t 的关系，就可利用式(2-14)和式(2-15)计算升温段和降温段对培养基灭菌效果的贡献。F. H. Deindoerfer 和 A. E. Humphrey[6]根据灭菌加热和冷却过程的热量平衡方程，得出了几种典型常用换热方式的灭菌温度 T 和时间 t 的关系式。

设：M——培养基质量，kg；

c——培养基比热容，J/(kg·℃)；

F——总传热面积，m^2；

h——总传热系数，$J/(m^2 \cdot s \cdot ℃)$；

T_s——蒸汽温度，℃；

T——培养基温度，℃；

T_0——培养基初始温度，℃；

t——时间，s；

S——通入蒸汽的质量流量，kg/s；

λ——以培养基初温为基准的蒸汽热焓，J/kg；

W——降温冷却水质量流量，kg/s；

c_w——冷却水、凝结水比热容，$J/(kg \cdot ℃)$；

T_{wo}、T_{wi}——冷却水出口和进口水温，℃；

ΔT_m——培养基和冷却水的平均温差，℃；

$Q_损$——散失的热量，J。

（1）用夹套或蛇管间壁加热培养基时的 T-t 方程式

当用夹套或蛇管间壁加热培养基时，蒸汽温度不变，而培养基的温度逐渐升高。设蒸汽温度为 T_s，在时间间隔 dt 内培养基温度变化为 dT，则其热量平衡式为

$$Mc\,\mathrm{d}T = hF(T_s - T)\mathrm{d}t \tag{2-16}$$

假定传热系数随温度的变化可忽略不计，设培养基初始温度为 T_0，将式(2-16)进行变上限积分，并将各温度用热力学温度表示，则升温加热时间 t 表示为

$$t = \frac{Mc}{hF}\ln\frac{T_s - T_0}{T_s - T} \tag{2-17}$$

还可将式(2-17)变换为

$$T = T_s\left(1 + \frac{T_0 - T_s}{T_s}\mathrm{e}^{-\frac{hF}{Mc}t}\right) \tag{2-18}$$

如果设

$$\alpha = \frac{hF}{Mc}, \quad \beta = \frac{T_0 - T_s}{T_s}$$

则式(2-18)表示成

$$T = T_s(1 + \beta\mathrm{e}^{-\alpha t}) \tag{2-19}$$

（2）用直接蒸汽加热培养基时的 T-t 方程式

用直接蒸汽加热培养基时热量平衡式为

$$Mc(T - T_0) + Sc_w(T - T_0)t + Q_损 = \lambda St \tag{2-20}$$

如果忽略热量损失 $Q_损$，并将各温度用热力学温度表示，则升温加热时间 t 与培养

基温度 T 之间的关系为

$$T = T_0 \left(1 + \frac{\frac{\lambda S}{M c T_0} t}{1 + \frac{S}{M} t} \right) \tag{2-21}$$

设

$$\gamma = \frac{\lambda S}{M c T_0}, \quad \delta = \frac{S}{M}$$

则式(2-21)可简化为

$$T = T_0 \left(1 + \frac{\gamma t}{1 + \delta t} \right) \tag{2-22}$$

(3) 用夹套或蛇管间壁换热使培养基温度降低过程的 T-t 方程式

在冷却降温过程中,夹套或蛇管中冷却水的温度以及培养基温度都随时间在不断变化。其热量平衡方程式为

$$M c \frac{\mathrm{d} T}{\mathrm{d} t} = W c_{\mathrm{w}} (T_{\mathrm{wo}} - T_{\mathrm{wi}}) = h F \Delta T_{\mathrm{m}} \tag{2-23}$$

假定培养基混合均匀,则在降温的任一时刻,培养基内各处温度相同。传热的推动力就是培养基与冷却水之间的平均温差:

$$\Delta T_{\mathrm{m}} = \frac{(T - T_{\mathrm{wi}}) - (T - T_{\mathrm{wo}})}{\ln \dfrac{T - T_{\mathrm{wi}}}{T - T_{\mathrm{wo}}}} = \frac{T_{\mathrm{wo}} - T_{\mathrm{wi}}}{\ln \dfrac{T - T_{\mathrm{wi}}}{T - T_{\mathrm{wo}}}} \tag{2-24}$$

代入式(2-23)得

$$W c_{\mathrm{w}} (T_{\mathrm{wo}} - T_{\mathrm{wi}}) = h F \frac{T_{\mathrm{wo}} - T_{\mathrm{wi}}}{\ln \dfrac{T - T_{\mathrm{wi}}}{T - T_{\mathrm{wo}}}}$$

整理得

$$\frac{T - T_{\mathrm{wi}}}{T - T_{\mathrm{wo}}} = \mathrm{e}^{\frac{h F}{W c_{\mathrm{w}}}} \tag{2-25}$$

将式(2-25)代入式(2-23),积分并将温度用热力学温度表示,得到培养基温度与降温时间的关系

$$T = T_{\mathrm{wi}} \left[1 + \frac{T_0 - T_{\mathrm{wi}}}{T_{\mathrm{wi}}} \mathrm{e}^{-\frac{W c_{\mathrm{w}}}{M c} (1 - \mathrm{e}^{-\frac{h F}{W c_{\mathrm{w}}}}) t} \right] \tag{2-26}$$

设

$$\beta = \frac{T_0 - T_{\mathrm{wi}}}{T_{\mathrm{wi}}}, \quad \alpha = \frac{W c_{\mathrm{w}}}{M c} (1 - \mathrm{e}^{-\frac{h F}{W c_{\mathrm{w}}}})$$

则式(2-26)简化为

$$T = T_{wi}(1 + \beta e^{-at}) \tag{2-27}$$

除了用这种方式计算升温、保温和降温段对培养基灭菌的贡献以外,工程上也可采用图解积分法,即从设计的 T-t 数据换算成 K-t 数据,在 K-t 图上进行图解积分,分别计算升温、保温和降温段的积分面积。升温、保温和降温段的各积分面积数值就是其各段能达到的灭菌效果。用升温或降温段的图解积分值除以升温或降温所用的时间,可得到该段的平均比热死灭速率常数。

典型的间歇灭菌过程在 3~5 h 内完成,升温段、保温段和降温段对灭菌程度的贡献分别为[3]

$$\nabla_{加热} / \nabla_{总} = 0.2, \quad \nabla_{保温} / \nabla_{总} = 0.75, \quad \nabla_{冷却} / \nabla_{总} = 0.05$$

菌体的热死灭主要是在保温段完成的。下面将间歇灭菌设计计算的方法进行总结如下:

(1) 首先确定未灭菌培养基杂菌浓度,并选择一个合适的灭菌程度 N/N_0,并假定所有的杂菌都由最耐热的芽孢细菌组成,以增加灭菌的安全系数,得出 $\nabla_{总}$。

(2) 确定灭菌温度,即保温段温度。

(3) 可以采用 F. H. Deindoerfer 和 A. E. Humphrey 得出的几种典型常用换热方式的灭菌温度 T 和时间 t 的关系式来描述 T-t 关系,利用式(2-14)和式(2-15)进行积分,计算培养基升温和降温段所需时间以及对培养基灭菌的贡献 $\nabla_{加热}$ 和 $\nabla_{冷却}$。

也可以测定所用灭菌设备的升温段培养基温度和加热时间关系,以及降温段培养基温度和冷却时间的关系,将细菌孢子的比热死灭速率常数 K 对灭菌时间 t 作图,用图解积分法对加热和冷却段 K-t 曲线进行积分面积估算,分别得出加热和冷却对培养基灭菌的贡献 $\nabla_{加热}$ 和 $\nabla_{冷却}$。

(4) 最后依据下式计算培养基在保温段需要保持的时间:

$$t_{保持} = \frac{\nabla_{保温}}{K} = \frac{\nabla_{总} - \nabla_{加热} - \nabla_{冷却}}{K}$$

【例 2-1】[7]   一个装有 40 m³ 25℃培养基的发酵罐需要间歇灭菌,用直接喷入饱和蒸汽的方法进行加热。未灭菌培养基中细菌浓度 5×10^{12} 个/m³,灭菌之后培养基应达到 10^{-3} 的无菌程度。已知蒸汽压力为 345 kPa(绝对压力),喷入蒸汽的流率 5000 kg/h,培养基温度达到 122℃时停止喷入蒸汽。在保温段的热量损失忽略不计。培养基灭菌保温结束时,用 20℃的冷却水以 100 m³/h 流率冷却发酵罐内的培养基至 30℃,发酵罐的传热面积 40 m²,冷却时的平均传热系数为 2500 kJ/(h·m²·K)。用阿仑尼乌斯公式来计算细菌芽孢的比热死灭速率常数时,频率因子 A 可取 5.7×10^{39} h^{-1},菌体死亡活化能 ΔE 可取 2.834×10^{5} kJ/kmol。

培养基比热容为 $4.187\ \text{kJ}/(\text{kg}\cdot\text{K})$，培养基密度为 $1270\ \text{kg}/\text{m}^3$。摩尔气体常数 R 为 $1.987\times4.187\ \text{J}/(\text{mol}\cdot\text{K})$。$20\text{℃}$ 水的比热容为 $4.183\ \text{kJ}/(\text{kg}\cdot\text{K})$。

试估算培养基在 122℃ 的保温时间。

解：（1）求算培养基灭菌总的无菌程度 $\nabla_\text{总}$

$$\nabla_\text{总}=\ln\frac{N_0}{N}=\frac{5\times10^{12}\times40}{10^{-3}}=39.84$$

（2）求算加热段对培养基灭菌无菌程度的贡献 $\nabla_\text{加热}$

采用蒸汽直接喷入培养基的加热方式的情况下，可用 F. H. Deindoerfer 和 A. E. Humphrey[6] 得到的式(2-17)描述培养基温度和加热时间的关系，由此可确定培养基从 25℃ 加热到 122℃ 需要的时间。

$345\ \text{kPa}$ 饱和蒸汽和 25℃ 水的热焓值分别为 $2731\ \text{kJ}/\text{kg}$ 和 $105\ \text{kJ}/\text{kg}$，则以培养基初温 25℃ 为基准的蒸汽热焓为

$$\lambda=2731-105=2626(\text{kJ}/\text{kg})$$

由式(2-17)得

$$T=T_0\left(1+\frac{\gamma t}{1+\delta t}\right),\quad \gamma=\frac{\lambda S}{McT_0},\quad \delta=\frac{S}{M}$$

$$T=T_0+\frac{\lambda St}{c(M+St)}$$

$$T=T_0+\frac{2626\times5000t}{4.187\times(40\times1000+5000t)}$$

$$T=T_0+\frac{78.4t}{1+0.125t}$$

培养基从 $25\text{℃}(298\ \text{K})$ 加热到 $122\text{℃}(395\ \text{K})$ 需要的时间为 $1.46\ \text{h}$。

将上式代入式(2-14)，得出加热段对培养基灭菌的贡献 $\nabla_\text{加热}$ 为

$$\nabla_\text{加热}=\ln\frac{N_0}{N_1}=\int_0^{t_1}Ae^{-\frac{\Delta E}{RT}}\mathrm{d}t$$

$$=5.7\times10^{39}\int_0^{1.46}\exp\left[-\frac{2.834\times10^5}{8.318}\left(298+\frac{78.4t}{1+0.125t}\right)^{-1}\right]\mathrm{d}t$$

$$=14.8$$

（3）求算冷却段对培养基灭菌的贡献 $\nabla_\text{冷却}$

冷却段培养基温度和冷却时间的关系可采用式(2-18)进行描述。

由 $T=T_\text{wi}(1+\beta e^{-\alpha t})$，$\beta=\dfrac{T_0-T_\text{wi}}{T_\text{wi}}$，$\alpha=\dfrac{Wc_\text{w}}{Mc}(1-e^{-\frac{hF}{Wc_\text{w}}})$，得

$$T=293+102e^{-0.674t}$$

培养基从 $122\text{℃}(395\ \text{K})$ 冷却到 $30\text{℃}(303\ \text{K})$ 需要的时间为 $3.45\ \text{h}$。

将上式代入式(2-15),得出冷却段对培养基灭菌的贡献 $\nabla_{冷却}$ 为

$$\nabla_{冷却} = \ln \frac{N_2}{N_3} = \int_{t_2}^{t_3} A e^{-\frac{\Delta E}{RT}} dt$$

$$\nabla_{冷却} = 5.7 \times 10^{39} \int_0^{3.45} \exp \left\{ - \frac{2.834 \times 10^5}{8.318 \left[293 + 102 \exp (-0.674t) \right]} \right\} dt = 13.9$$

(4) 求算保温段对培养基灭菌的贡献 $\nabla_{保温}$

$$\nabla_{保温} = \nabla_{总} - \nabla_{加热} - \nabla_{冷却} = 39.8 - 14.8 - 13.9 = 11.1$$

122℃菌体比热死灭速率常数可由式(2-4)计算得

$$K = A e^{-\frac{\Delta E}{RT}} = 5.7 \times 10^{39} e^{-2.834 \times 10^5 / (8.318 \times 395)} = 197.6 (\text{h}^{-1})$$

则在122℃需要保温的时间为

$$t_{保温} = \frac{\nabla_{保温}}{K} = \frac{11.1}{197.6} = 0.056(\text{h}) = 3.37(\text{min})$$

由例2-1可知,按照 F. H. Deindoerfer 和 A. E. Humphrey 得到的 $T\text{-}t$ 函数关系式,可求算加热和冷却段对培养基灭菌的贡献 $\nabla_{加热}$ 和 $\nabla_{冷却}$。需要指出的是,利用这些 $T\text{-}t$ 函数关系式进行积分计算较烦琐,而且这些关系式中的总传热系数受发酵液粘度、菌体含量等物性参数的影响,因此其计算值常常与实际情况有出入,使用时需要慎重。

【例 2-2】[8] 用一 60 m³ 发酵罐对培养基按分批灭菌方法在 122℃ 灭菌,由装在该发酵罐上的记录器所测得的培养基温度和时间关系如表 2-5 所示。频率因子 $A = 9.5 \times 10^{37}$ min⁻¹,活化能 $\Delta E = 2.834 \times 10^5$ J/mol,摩尔气体常数 $R = 8.318$ J/(mol·K),由此计算得到的不同温度下的细菌孢子比热死灭速率常数 K 也列在表 2-5 中。培养基灭菌之前的细菌孢子浓度 $N_0 = 10^5$ 个/mL。试计算培养基灭菌后的杂菌程度。

表 2-5   培养基温度 T 和加热时间 t 的关系

t/min	0	10	30	36	43	50	55	58	63	70	102	120	140
T/℃	30	50	90	102	112	122	122	112	102	90	60	44	33
K/min⁻¹	0	0	0	0.03	0.36	3.59	3.59	0.36	0.03	0	0	0	0

解:根据表 2-5 的数据得出如图 2-7 所示的 $T\text{-}t$ 关系和 $K\text{-}t$ 关系。

按图解法积分得

$$\Delta_{总} = \int_{34}^{64} K dt = 33.8$$

在 $t = 34$ min 之前和 $t = 64$ min 之后的 K 值较小,可以忽略不计。

培养基灭菌后的杂菌浓度

$$N = N_0 e^{-Kt} = 10^5 \times 60 \times 10^6 e^{-33.8} = 1.26 \times 10^{-2} (\text{个})$$

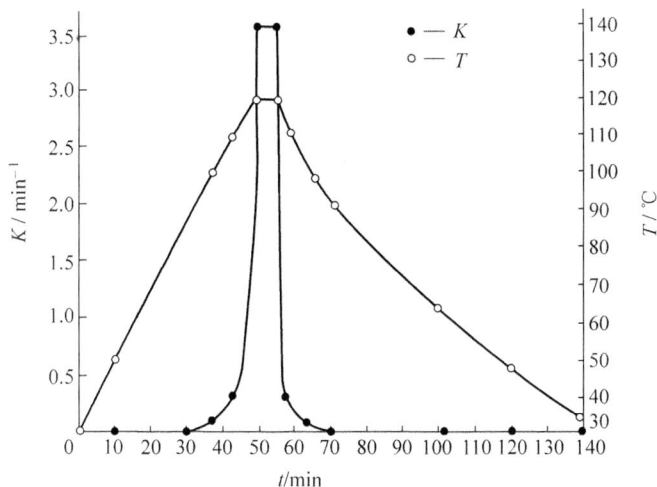

图 2-7　培养基间歇灭菌过程的 $T\text{-}t$、$K\text{-}t$ 图

可以延长培养基在 120℃的保温时间或升高灭菌温度,使培养基灭菌后达到 10^{-3} 个/mL 的杂菌浓度。

间歇灭菌的升温阶段和降温阶段对灭菌也有贡献,但 100℃以下的 K 值较小,此时对培养基中维生素类物质的破坏作用则可能很严重。采用间歇灭菌方法时,应尽量缩短升温和降温阶段的时间。

2.3　连 续 灭 菌

培养基的连续灭菌也叫连消,就是将配制好的培养基在专门的连续灭菌设备中加热,保温和冷却,完成灭菌过程。与间歇灭菌相比,其特点是升温和降温所用时间缩短,因此可采用更高的灭菌保温温度,保温时间可缩短,这样就有利于减少热敏性营养物质的破坏。连续灭菌时蒸汽用量平稳,但热源蒸汽的压力一般要求高于 5×10^5 Pa(表压)。典型的连续灭菌温度在 130～150℃,灭菌时间约 1～10 min。

2.3.1　连续灭菌典型流程

培养基连续灭菌的典型流程如图 2-8 所示。

无论采用哪种流程,连续灭菌系统一般由预热、加热、保温和冷却设备组成。预热是指将配制好的培养基物料先在配料罐或预热换热器中加热到 60～70℃,使

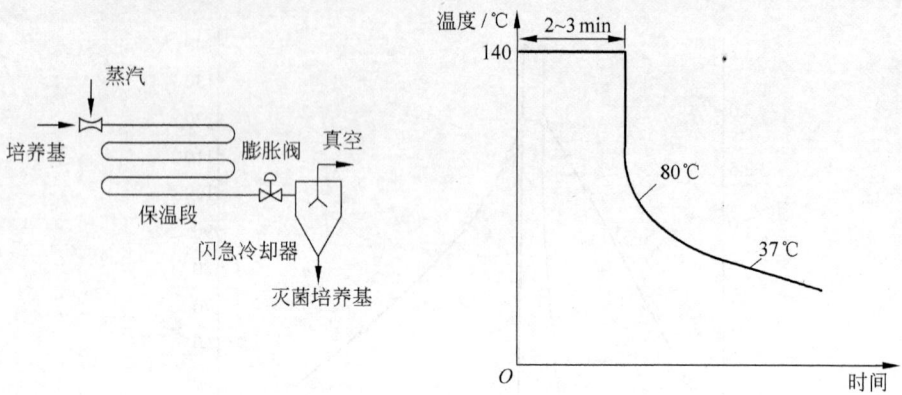

(a)

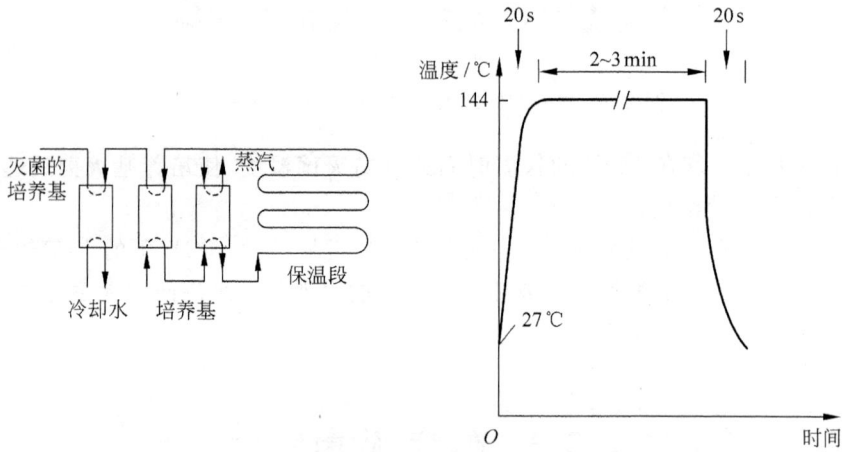

(b)

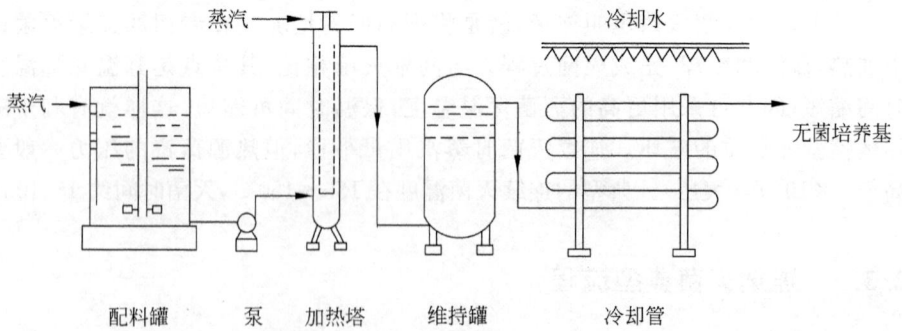

图 2-8 连续灭菌的典型流程

（a）喷射加热式；（b）板式或螺旋板热交换器式；（c）连消塔喷淋冷却式

一些不溶性物料增加溶解度,如淀粉发生部分糊化,减少沉淀,还避免蒸汽进一步加热时由于物料与蒸汽温度相差过大而产生的水汽撞击振动和噪声过大。加热是指用蒸汽直接喷射加热或间壁加热物料,使其温度快速上升到 $130\sim150℃$。保温是指在维持管或维持罐中维持物料温度,以达到灭菌的目的,在保温过程中,不再向培养基中通入蒸汽。保温设备应该用保温材料包裹,以免培养基因散热而温度迅速下降。冷却是指培养基完成热灭菌之后,用真空冷却、冷却水冷却等方式使物料温度降低到发酵温度的过程。

图 2-8(a)为喷射加热式连续灭菌流程。采用蒸汽喷射器使经预热的培养基物料与蒸汽直接混合,因为不使用热交换器,可以使温度迅速上升到预定温度,高温物料进入维持管保温一段时间,完成培养基的灭菌。灭菌后的培养基通过一膨胀阀后进入真空冷却器闪急冷却,真空冷却器的真空可由真空泵或水力喷射器造成。喷射式加热连续灭菌流程的缺点是培养基会被加热蒸汽变成的冷凝水稀释,而且要求蒸汽必须是干净的,以免污染培养基。

图 2-8(b)为板式或螺旋板式热交换器连续灭菌流程。首先物料在热交换器中被预热、加热到灭菌温度,然后进入维持管维持热度进行灭菌,灭菌后的物料通过换热器由冷却水冷却到发酵温度。螺旋板式换热器用于培养基中含固形物的情况,因为换热器具有宽的物料流动空间,加之物料流速较快,可避免物料阻塞现象。培养基的预热热源可以采用灭菌保温后的热的培养基,节约了蒸汽和冷却水的用量,在热能利用上更加合理。

图 2-8(c)为连消塔喷淋冷却式连续灭菌流程。培养基在配料罐中被预热后,泵入连消塔,物料在连消塔内与蒸汽直接接触混合并升温到灭菌温度,然后进入维持罐维持温度进行灭菌。灭菌结束后的物料经过冷却排管进行冷却,顶部的喷淋装置将冷却水均匀地淋在冷却排管上,使培养基温度下降。

培养基连续灭菌时,培养基的升温和降温都应尽量快速。升温时,蒸汽喷射式加热器是首选,因为物料和蒸汽直接混合,没有热量传递速率的限制,可以使物料温度快速升高到既定灭菌温度。薄板换热器或螺旋板换热器的传热面积大、传热系数高、传热速率快,培养基的加热时间也很短。培养基冷却时,真空闪冷式冷却器由于压力的降低能使培养基的温度快速降低。总体来说,连续灭菌培养基的加热和冷却是快速的,加热和冷却对培养基灭菌的贡献可忽略不计。连续灭菌时培养基中杂菌的死灭过程是在维持罐或维持管内完成的。

培养基采用连续灭菌方法时,发酵罐应在连续灭菌开始之前进行空罐灭菌,以容纳经过灭菌的培养基。加热器、维持罐、冷却器和相应的管路也应先进行蒸汽灭菌。

2.3.2　连续灭菌反应器的流体流动模型

1. 平均停留时间

定义流体在反应器(维持管或维持罐)中的平均停留时间为 τ，则

$$\tau = \frac{\bar{V}}{Q} \qquad\qquad (2\text{-}28)$$

式中：τ——培养基的平均停留时间；

　　　$\bar{V}$——反应器(维持管或维持罐)的体积；

　　　Q——通过反应器的流体流速。

在设计连续灭菌设备时，必须认识到并不是培养基的每一质点都在反应器中停留同样的时间。由于流体的粘性性质以及流体与管壁或反应器器壁的摩擦，培养基在反应器中的流动不可能非常均匀，与流动方向相垂直的截面上各质点的流速不同，管式反应器的中心部位流速最大，靠近管壁的区域流速最低。呈牛顿型流体的培养基在圆形光滑管内处于滞流状态时，反应器内物料质点的速度分布呈抛物线(图 2-9(b))，管内培养基平均流速与中心部位质点最大流速之比为 0.5；当培养基呈湍流状态时，管中心部分的速度分布较为平坦，平均流速与中心部位质点最大流速之比增加为 0.75(图 2-9(c))，当管内流体湍动程度增加至雷诺数 Re 达到 10^6 时，这个比值达到 0.87[9]。这样来看，如果使用平均流速来计算培养基灭菌需要的时间，就会有一部分培养基在反应器内的停留时间少于平均值，这部分培养基就会灭菌不彻底。

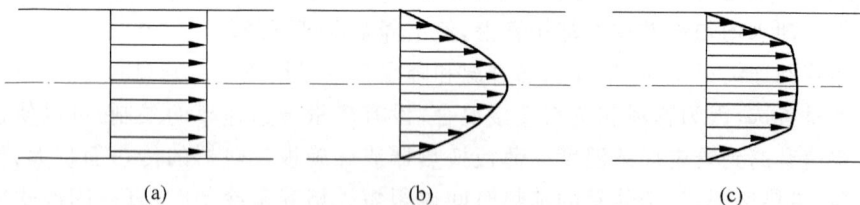

(a)　　　　　　　　　(b)　　　　　　　　　(c)

图 2-9　培养基在直管中流动时的速度分布
(a) 活塞流；(b) 滞流；(c) 湍流

2. 返混

反应器中停留时间不同的物料之间的混合称为返混。连续灭菌反应器中出现的返混现象，给连续灭菌工程设计带来了麻烦。返混是一个非常复杂的现象，用数

学解析的方法很难阐明。在化学工程中将连续反应器中的返混进行简化,根据返混的程度用数学模型来描述。

连续式活塞流反应器模型中,反应器中的物料就像活塞一样向前流动,返混为零。连续式全混流反应器模型中,反应器中所有的料液都达到充分的混合,即返混为∞。这两个模型是理想的反应器模型,实际反应器中的返混程度总是处于这两种理想流动的模型之间。

3. 连续式活塞流反应器模型

活塞流反应器是指反应器中物料的流动状况满足活塞流假设,即通过反应器的物料沿同一方向以相同速度向前流动,在流动方向上没有物料返混,所有物料在反应器中的停留时间都是相同的(图 2-9(a))。长径比很大的管式反应器,如果没有弯头、阀门和其他管件,接近于连续式活塞流反应器模型。

在连续式活塞流反应器内进行恒温热灭菌时,沿物料流动的方向,活菌体的浓度 N 下降(图 2-10),因菌体比热死灭速率与体系的杂菌浓度成正比($-dN/dt = KN$),因此菌体热死灭速率也相应地下降;垂直于流动方向的同一截面上活菌体浓度是相等的,热死灭速率也相等。

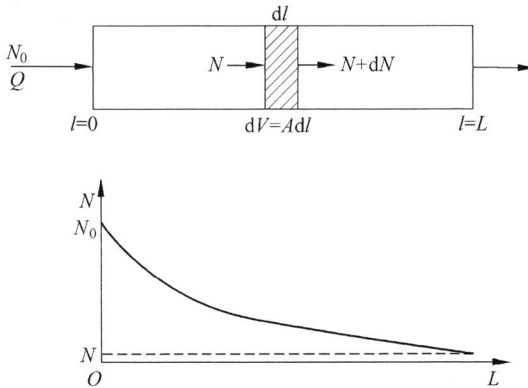

图 2-10　活塞反应器模型示意图

用物料衡算方法可以求算反应器内杂菌浓度 N、反应时间 t、反应器长度 L 之间的定量关系。在任意一个反应时间,连续式活塞流反应器内的菌体浓度不是均一的,因此沿着管长取一微元长度 dl,则微元体积 $dV = Adl$ 很小,可以认为在这一微元体积内活菌体浓度是相等的。

对进出这一反应器微元体积的活菌体进行物料衡算,然后沿管长进行积分(图 2-10),有

$$进入量＝排出量＋反应量＋积累量$$

即

$$QN = Q(N + \mathrm{d}N) + KNA\mathrm{d}l + 0$$

式中:Q——通过反应器的流体流速,L/min 或 m³/min;

N——任意时刻培养基中的活微生物浓度,个/L 或个/m³;

K——微生物的比热死灭速率常数,min^{-1};

A——PFR 反应器的横截面积,m²;

l——PFR 反应器的微元长度,m。

整理得

$$Q\mathrm{d}N =- KNA\mathrm{d}l$$

$$\frac{\mathrm{d}N}{N} =- \frac{KA}{Q}\mathrm{d}l$$

积分

$$\int_{N_0}^{N} \frac{\mathrm{d}N}{N} =- \frac{KA}{Q}\int_{0}^{L}\mathrm{d}l$$

$$\ln \frac{N}{N_0} =- \frac{KAL}{Q}$$

因为

$$\frac{AL}{Q} = t$$

则

$$\ln \frac{N}{N_0} =- Kt \qquad (2\text{-}29)$$

由式(2-29)可知,连续式活塞流反应器的恒温灭菌效果与全混流的间歇灭菌反应器在保温段的灭菌效果相同。因为间歇灭菌反应器的升温和降温时间较长,而连续灭菌系统的培养基升温和降温时间相对短得多,因此,从培养基灭菌和保护营养成分两个角度来讲,将接近于连续式活塞流反应器的长径比很大的管式反应器作为连续灭菌的热度维持设备时,连续灭菌系统的灭菌效率较全混流的间歇灭菌反应器高很多。

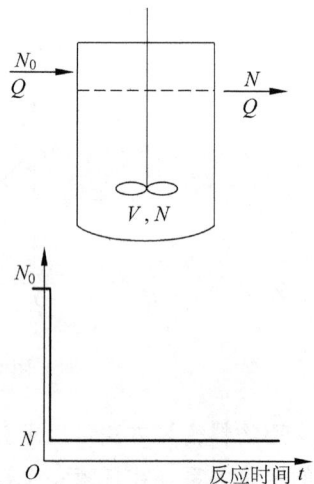

图 2-11 连续全混流反应器模型示意图

4. 连续搅拌式全混流反应器模型

连续搅拌式全混流反应器及其组分浓度分布如图 2-11 所示。连续搅拌式全混流反应器的特点是内部达到充分混合,反应器中的料液组分浓度均匀,反应器出口料液组成等于反应器内部料液组成,不随反应时间而变化。搅拌强烈(机械搅拌、气流搅拌等)且实际连续的反应器可以接近于连续搅拌式全混流反应器特性。

因为整个反应器内组分浓度分布均匀,所以对进出整个反应器的活菌数进行物料衡算,可以得到用连续搅拌式全混流反应器进行灭菌时的杂菌浓度 N、初始杂菌浓度 N_0、反应时间 t、菌体比热死灭速率常数 K 等参数之间的定量关系。

对进出整个反应器的活菌数进行物料衡算,有

$$进入量＝排出量＋反应量＋积累量$$

即

$$QN_0 = QN + KNV + 0$$

整理得

$$\left.\begin{array}{l} \dfrac{N}{N_0} = \dfrac{Q}{Q + KV} \\[3mm] \dfrac{N}{N_0} = \dfrac{1}{1 + Kt} \end{array}\right\} \tag{2-30}$$

比较式(2-29)和式(2-30)可知,在相同的温度下灭菌,要想达到相同的培养基无菌程度,活塞流反应器需要的时间短,全混流反应器需要的时间长,因此,活塞流反应器具有较高的灭菌效率。

5. 连续灭菌反应器的扩散模型[10]

在连续灭菌反应器的设计中,确定了灭菌温度后,物料的停留时间是主要的设计参数。停留时间应足够将培养基彻底灭菌,同时又较少破坏营养成分。工业上常用的连续灭菌流程中,物料被加热到既定温度后,常采用维持管、维持罐或维持塔来保持培养基的温度,完成菌体死灭过程。管式反应器虽然接近活塞流反应器,但仍存在一定程度的返混,罐式反应器和塔式反应器则偏离活塞流反应器更大一些。为了更准确地确定物料的停留时间,可以采用连续灭菌反应器的扩散模型。

扩散模型的基本观点是,流体在管内流动时,由于分子扩散和涡流扩散的作用使一部分流体质点沿轴向返混了回去,这个过程简化为在活塞流流动中叠加了一个与流动方向相反的扩散过程(图 2-12)。

根据费克定律,沿轴向扩散通量为

$$D_e \frac{dN}{dl}$$

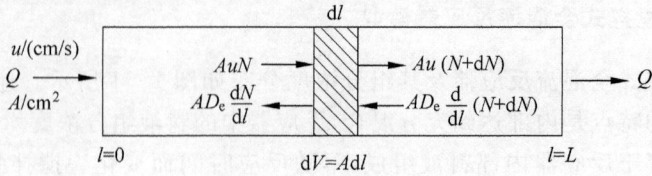

图 2-12 扩散模型示意图

式中：D_e——轴向扩散系数，cm^2/s。

  D_e 表示流体的返混程度，D_e 也可被理解成是表示物料在反应器中偏离活塞流程度的参数。如果 $D_e=0$，流体的速度分布就是理想的活塞流；在另一个极端情况下，即 $D_e=\infty$，流体呈全混流状态。轴向扩散系数 D_e 可以表示成雷诺数 Re 的函数，如图 2-13 所示。

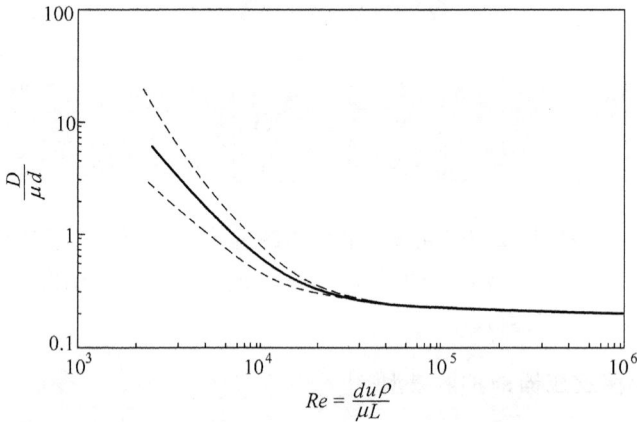

图 2-13 雷诺数 $Re=\dfrac{du\rho}{\mu L}$ 与 $\dfrac{D}{\mu d}$ 之间的关系[11]

注：虚线表示实验数据分布的范围

  如图 2-12 所示，把活塞流流动和扩散流动叠加，对进出反应器任意一个微元体积的活孢子数进行衡算，有

$$进入量＝排出量＋反应量＋积累量$$

即

$$AuN + AD_e\frac{\mathrm{d}}{\mathrm{d}l}(N+\mathrm{d}N)$$

$$= Au(N+\mathrm{d}N) + AD_e\frac{\mathrm{d}N}{\mathrm{d}l} + KNA\mathrm{d}l + 0$$

式中：u——物料的平均流速，cm/s；

　　　L——反应器轴向总长度，cm；

　　　l——反应器轴向长度，cm；

　　　A——反应器横截面积，cm^2；

　　　N——活孢子浓度，个/cm^3。

整理为

$$D_e \frac{\mathrm{d}}{\mathrm{d}l}\left(\frac{\mathrm{d}N}{\mathrm{d}l}\right) - u\frac{\mathrm{d}N}{\mathrm{d}l} - KN = 0 \tag{2-31}$$

设：无量纲活孢子浓度　　　$\overline{N} = \dfrac{N}{N_0}$

无量纲反应器长度　　　$\overline{X} = \dfrac{l}{L}$

平均停留时间　　　　　$\tau = L/u$

设定表示返混程度的贝克来数　　　$N_{Pe} = \dfrac{uL}{D_e}$

当 $D_e = 0$ 时，没有返混，流体呈活塞流流动，$N_{Pe} = \infty$；

$D_e = \infty$ 时，返混程度最大，流体呈全混流状态，$N_{Pe} = 0$。

将无量纲活孢子浓度、无量纲反应器长度及 N_{Pe} 代入式（2-31），得

$$\frac{\mathrm{d}^2\overline{N}}{\mathrm{d}\overline{X}^2} - N_{Pe}\frac{\mathrm{d}\overline{N}}{\mathrm{d}\overline{X}} - N_{Pe}\frac{KL}{u}\overline{N} = 0 \tag{2-32}$$

边界条件为

$$当\ l=0,\quad \overline{X}=0,\quad 则\ \overline{N}=1$$

$$当\ l=L,\quad \overline{X}=1,\quad 则\ \frac{\mathrm{d}\overline{N}}{\mathrm{d}\overline{X}}=0$$

式（2-31）是一个常系数齐次线性二阶微分方程，其特征方程不等于 0，因此该微分方程有两个不相等的实根，用边界条件确定方程通解中的系数，解得[12]

$$\frac{N}{N_0} = \frac{4\delta\,\mathrm{e}^{N_{Pe}/2}}{(1+\delta)^2\mathrm{e}^{\delta N_{Pe}/2} - (1-\delta)^2\mathrm{e}^{-\delta N_{Pe}/2}} \tag{2-33}$$

其中

$$\delta = \sqrt{1 + \frac{4KL/u}{N_{Pe}}} = \sqrt{1 + \frac{4K\tau}{N_{Pe}}}$$

由式（2-33）可见，当考虑物料的返混现象时，培养基灭菌能达到的无菌程度 N/N_0 不但是比热死灭速率常数 K 和平均停留时间 τ 的函数，还和 N_{Pe} 有很大关系。

根据式（2-33），可以求出在不同的 N_{Pe} 下，N/N_0 与 $K\tau$ 的关系（图 2-14）。对于同样的 N/N_0 值，随着 N_{Pe} 值的增加，平均停留时间 τ 也要增加。在设计管式反应器时，可取 $N_{Pe} > 1000$，这时流体的流动接近活塞流。

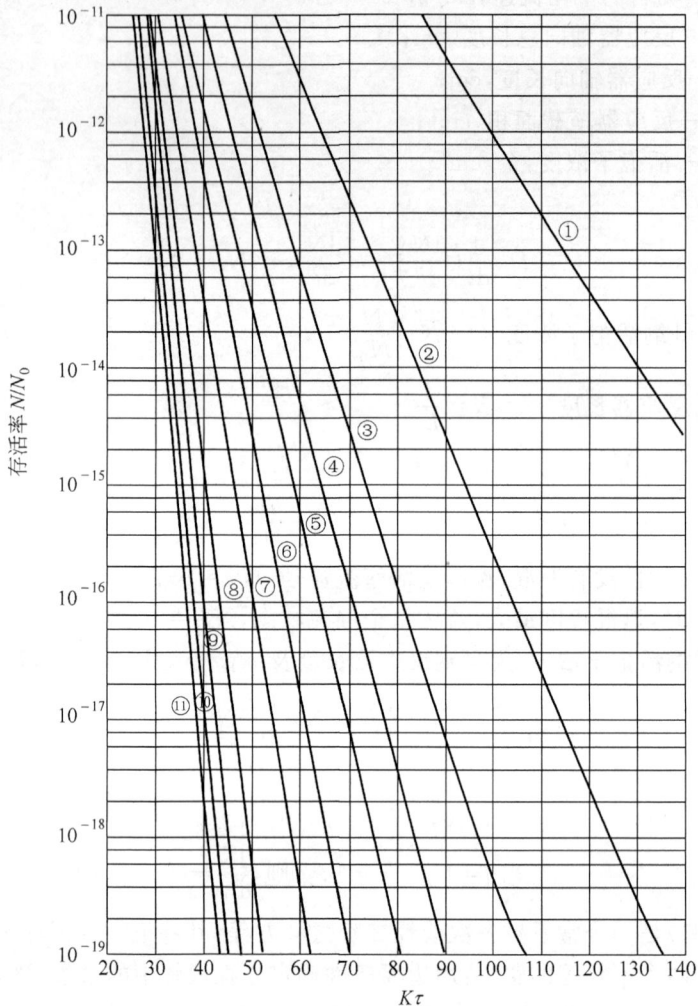

图 2-14   连续灭菌器中轴向扩散对灭菌的影响（Pe 即 N_{Pe}）[1]
① $Pe=10$；② $Pe=20$；③ $Pe=30$；④ $Pe=40$；⑤ $Pe=50$；⑥ $Pe=70$；
⑦ $Pe=100$；⑧ $Pe=200$；⑨ $Pe=400$；⑩ $Pe=1000$；⑪ $Pe=\infty$

还需要指出的是，如果培养基中含有固形物，在设计连续灭菌时间时，一定要考虑到固形物的尺寸大小。灭菌时，培养基中固形物的尺寸决定固形物中心温度升高的速率，如果物料停留时间太短，大的固形物内部就不能达到既定的灭菌温度。表 2-6 列出了培养基中固形物尺寸与需要的灭菌时间的关系[3]。由此可见，待灭菌的培养基在进入连续灭菌系统之前，应尽可能运用各种方法除去大的固形物。

表 2-6　培养基中固形物尺寸与需要的灭菌时间

固形物尺寸	需要的灭菌时间/s
1 μm	10^{-6}
10 μm	10^{-4}
100 μm	10^{-2}
1 mm	1
1 cm	100

2.3.3　连续灭菌设计计算

下面结合实例说明连续灭菌器的设计计算。

【例 2-3】[7]　一台连续灭菌系统使用蒸汽喷射式加热器和真空闪冷式冷却器分别加热和冷却培养基,加热和冷却时间都忽略不计。采用内径为 0.102 m 的管式反应器使培养基保温,物料流速 2 m^3/h。培养基初始杂菌浓度 5×10^{12} 个/m^3,需要把培养基中的杂菌浓度降低到连续灭菌操作两个月只存留一个杂菌。用阿仑尼乌斯公式来计算细菌芽孢的比热死灭速率常数时,频率因子 A 可取 5.7×10^{39} h^{-1},菌体死亡活化能 ΔE 可取 2.834×10^5 kJ/kmol。600 kPa(表压)的蒸汽将培养基加热到 125℃。培养基在 125℃ 时的比热容 c 为 4.187 kJ/(kg·K)、密度 ρ 为 1000 kg/m^3、粘度 μ 为 4 kg/(m·h)。摩尔气体常数为 1.987×4.187 J/(mol·K)。

(1) 如果假设流体是活塞流流动,灭菌反应器管长应是多少?

(2) 如果考虑流体的轴向扩散,灭菌反应器管长应是多少?

解:(1)培养基灭菌需要达到的无菌程度为

$$\frac{N}{N_0} = \frac{1}{5 \times 10^{12} \times 2 \times 24 \times 60} = 6.9 \times 10^{-17}$$

$$\nabla_{总} = \ln \frac{N_0}{N} = \ln \left(\frac{5 \times 10^{12} \times 2 \times 24 \times 60}{1} \right) = 37.2$$

由式(2-4),125℃的菌体比热死灭速率常数为

$$K = A e^{-\frac{\Delta E}{RT}} = (5.7 \times 10^{39}) \exp \left(\frac{-2.834 \times 10^5}{1.987 \times 4.187 \times 398} \right)$$

$$K = 378.6 \ h^{-1}$$

培养基加热和冷却时间忽略不计,培养基在保温段的温度恒定,则有

$$\nabla_{总} = K t_{保温}$$

$$t_{保温} = \frac{\nabla_{总}}{K} = \frac{37.2}{378.6} = 0.0983 \ h$$

物料在反应器中的平均流速为

$$u = \frac{2}{(\pi/4) \times 0.102^2} = 245 \ (\text{m/h})$$

培养基灭菌反应器保温段长度为

$$L = ut_{\text{保温}} = 245 \times 0.0983 = 24.1 \ (\text{m})$$

(2) 培养基在管内流动的雷诺数为

$$Re = \frac{du\rho}{\mu} = \frac{0.102 \times 245 \times 1000}{4} = 6.24 \times 10^3$$

由图 2-13 查得

$$\text{当} \ Re = 6.24 \times 10^3 \ \text{时}, \quad \frac{D_e}{ud} \approx 0.8$$

则轴向扩散系数为

$$D_e \approx 0.8ud = 0.8 \times 245 \times 0.102 = 20 \ (\text{m}^2/\text{h})$$

因反应器管长 L 未知,因此 N_{Pe} 和停留时间 τ 都未知,此时可采用试差法。假设灭菌反应器保温段长度 $L = 25$ m,则 N_{Pe} 为

$$N_{Pe} = \frac{uL}{D_e} = \frac{245 \times 25}{20} = 306$$

$$\frac{KL}{u} = \frac{378.6 \times 25}{245} = 38.6$$

对于 $N_{Pe} = 306$ 和 $KL/u = 38.6$,查图 2-14 有

$$\frac{N}{N_0} \approx 2 \times 10^{-15}$$

此时培养基灭菌能达到的 N/N_0 值比要求的 $N/N_0 = 6.9 \times 10^{-17}$ 要大,所以需重新设定管长。假设管长 L 为 27.5 m,计算出 N_{Pe}、KL/u,由图 2-14 查得 $N/N_0 = 6.9 \times 10^{-17}$。所以连续灭菌保温段管长应为 27.5 m。该值比假设流体是活塞流情况下的管长要多 3.4 m。

【例 2-4】 一连续灭菌反应器管长 L 为 45 m,管径 d 为 0.15 m,物料在管内流速 12 m³/h。外加热器能使培养基迅速升温至灭菌温度,外冷却器能迅速将培养基降温至接种温度。培养基初始杂菌浓度 5×10^{12} 个/m³,需要把培养基中的杂菌浓度降低到连续灭菌操作两个月只存留一个杂菌。其他条件及培养基物性参数同例 2-3。问灭菌温度应为多少?

解:培养基灭菌需要达到的无菌程度为

$$\frac{N}{N_0} = 6.9 \times 10^{-17}$$

物料在反应器中的平均流速为

$$u = \frac{12}{(\pi/4) \times 0.15^2} = 679 \, (\text{m/h})$$

培养基在管内流动的雷诺数为

$$Re = \frac{du\rho}{\mu} = \frac{0.15 \times 679 \times 1000}{4} = 2.55 \times 10^4$$

当 $Re = 2.55 \times 10^4$ 时，由图 2-13 查得

$$\frac{D_e}{ud} \approx 0.3$$

则轴向扩散系数为

$$D_e \approx 0.3 ud = 0.3 \times 679 \times 0.15 = 30.6 \, (\text{m}^2/\text{h})$$

则 N_{Pe} 为

$$N_{Pe} = \frac{uL}{D_e} = \frac{679 \times 45}{30.6} = 998.5$$

对于 $N_{Pe} = 998.5$ 和 $N/N_0 = 6.9 \times 10^{-17}$，查图 2-14 有

$$\frac{KL}{u} \approx 43$$

$$K = 43 \frac{u}{L} = 43 \times \frac{679}{45} = 649 \, (\text{h}^{-1})$$

根据阿仑尼乌斯公式有

$$K = A e^{\frac{\Delta E}{RT}}$$

$$T = \frac{\Delta E}{R \left(\ln \frac{A}{K} \right)} = \frac{2.834 \times 10^5}{1.987 \times 4.187 \times \left(\ln \left(\frac{5.7 \times 10^{39}}{649} \right) \right)}$$

$$= 127.4 \, (\text{℃})$$

习　　题

2-1　微生物比热死灭速率常数 K 由什么因素决定？

2-2　培养基高温短时灭菌的原理是什么？

2-3　工业上培养基间歇蒸汽灭菌和连续蒸汽灭菌各自的特点是什么？

2-4　一发酵罐内装 100 m³ 培养基，培养基含杂菌孢子浓度 10^5 个/mL，要求灭菌后培养基残存活菌孢子浓度 $N = 10^{-3}$ 个/m³，计算培养基灭菌的无菌程度。

2-5　用一 100 m³ 发酵罐对培养基间歇灭菌，装料系数 60%，培养基含杂菌孢子浓度 10^5 个/mL，要求灭菌后残存活菌孢子浓度 $N = 10^{-3}$ 个/m³。设计的培养

基温度、加热时间以及相应的细菌孢子的比热死灭速率常数 K 如下,培养基在 120℃保温 5 min,升温段和降温段的灭菌效果是总灭菌效果的47%,问设计的 $T\text{-}t$ 过程能否达到灭菌要求? 如不能,应如何改进?

t/min	0	10	30	36	43	50	55	58	63	70	102	120	140
T/℃	30	50	90	100	110	120	120	110	100	90	60	44	33
K/min^{-1}	0	0	0	0.03	0.36	3.59	3.59	0.36	0.03	0	0	0	0

2-6   一台连续灭菌系统使用蒸汽喷射式加热器和真空闪冷式冷却器分别加热和冷却培养基,加热和冷却时间都忽略不计。采用内径为 0.12 m 的管式反应器使培养基保温,物料流速 2m³/h。培养基初始杂菌浓度 5×10^{12} 个/m³,需要把培养基中的杂菌浓度降低到连续灭菌操作两个月只存留一个杂菌。用阿仑尼乌斯公式来计算细菌芽孢的比热死灭速率常数时,频率因子 A 可取 $5.7\times10^{39}\,h^{-1}$,菌体死亡活化能 ΔE 可取 $2.834\times10^{5}\,kJ/kmol$。600 kPa(表压)的蒸汽将培养基加热到 125℃。培养基在 125℃时的比热容 c 为 4.187 kJ/(kg·K),密度 ρ 为 1000 kg/m³,粘度 μ 为 4 kg/(m·h)。摩尔气体常数为 $1.987\times4.187\,J/(mol\cdot K)$。

(1) 如果假设流体是活塞流流动,灭菌反应器管长应是多少?

(2) 如果考虑流体的轴向扩散,灭菌反应器管长应是多少?

2-7   一连续灭菌反应器管长 L 为 50 m,管径 d 为 0.15 m,物料在管内流速 12 m³/h。外加热器能使培养基迅速升温至灭菌温度,外冷却器能迅速将培养基降温至接种温度。培养基初始杂菌浓度 5×10^{12} 个/m³,需要把培养基中的杂菌浓度降低到连续灭菌操作两个月只存留一个杂菌,其他条件及培养基物性参数同习题 2-6。问灭菌温度应为多少?

符 号 说 明

N	培养基中的活微生物浓度,个/L	$\Delta E'$	热敏性物质热分解反应的活化能,J/mol
t	灭菌时间,min		
K	微生物比热死灭速率常数,min^{-1}	R	摩尔气体常数,1.987 × 4.187 J/(mol·K)
$\dfrac{N}{N_0}$	培养基灭菌的无菌程度,存活率	T	温度,K 或 ℃
N_0	未灭菌培养基的杂菌浓度,个/L	c	培养基中热敏性物质的浓度,培养基比热容,J/(kg·℃)
A、A'	频率因子,为常数,min^{-1}		
ΔE	菌体热死灭反应的活化能,J/mol	K_d	热敏性物质的热分解速率常数,min^{-1}

M	培养基质量,kg		或 m^3
F	总传热面积,m^2	Q	通过反应器的流体流速,L/min 或
h	总传热系数,J/($m^2 \cdot s \cdot ℃$)		m^3/min
T_s	蒸汽温度,℃	D_e	轴向扩散系数,cm^2/s
T_0	培养基初始温度,℃	u	物料流速,cm/s
S	通入蒸汽的质量流量,kg/s	L	反应器轴向总长度,cm
λ	以培养基初温为基准的蒸汽热焓,	l	反应器轴向长度,cm
	J/kg	A	反应器横截面积,cm^2
W	降温冷却水质量流量,kg/s	$\overline{N}$	无量纲活孢子浓度
c_w	冷却水、凝结水比热容,J/(kg $\cdot$ ℃)	$\overline{X}$	无量纲反应器长度
T_{wo}、T_{wi}	冷却水出口和进口水温,℃	N_{Pe}	表示返混程度的贝克来数
ΔT_m	培养基和冷却水的平均温差,℃	d	管径
$Q_{损}$	散失的热量,J	μ	粘度
τ	培养基的平均停留时间,s 或 min 或 h	ρ	密度
$\overline{V}$	反应器(维持管或维持罐)的体积,L	Re	雷诺数

参 考 文 献

1. Aiba S, Humphrey A E, Millis N F. Biochemical Engineering. 2nd ed. New York: Academic Press, 1973

2. Rahn O. Physical methods of sterilization of microorganisms. Bacteriol Reviews, 1945, 9(1):1~47

3. Blanch Harvey W, Clark Douglas S. Biochemical Engineering. New York: M. Dekker, 1996

4. Mann A, Kiefer M, Leuenberger H. Thermal sterilization of heat-sensitive products using high-temperature shorttime sterilization. J Pharm Sci, 2001, 90(3):275~287

5. Wang D I C, Cooney C L, Demain A L, Dunnill P, Humphrey A E, Lilly M D. Fermentation and enzyme technology. New York: John Wiley & Sons, Inc. , 1979

6. Deindoerfer F H, Humphrey A E. Analytical Method for Calculating Heat Sterilization Times. Applied and Environmental Microbiology, 1959, 7: 256~264

7. Lee J M. Biochemical Engineering. New Jersey: Prentice Hall, 1992

8. 合叶修一,阿瑟·伊·汉弗莱,南锡·弗·米利斯. 生物化学工程. 徐长晟,译. 北京: 轻工业出版社,1981

9. McCabe W L, Smith J C, Harriott P. Unit Operations of Chemical Engineering. 4th ed. New York: McGraw-Hill, 1985

10. Levenspiel O. Chemical Reaction Engineering. 2nd ed. New York: John Wiley & Sons, Inc. , 1972

11. Levenspiel O. Longitudinal Mixing of Fluids Flowing in Circular Pipe. Ind Eng Chem, 1958, 50: 343～346

12. Wehner J F, Wilhelm R H. Boundary Condition of Flow Reactor. Chem Eng Sci, 1956, 6: 89～93

第3章 空气除菌

提 要

需氧微生物的生长繁殖和代谢均需要氧气,工业上采用向培养体系通入无菌空气的办法来提供氧气。多数需氧的液体深层培养过程需氧量大,且对空气无菌程度的要求较严格。一般空气无菌程度为 10^{-3},即培养 1000 次所用的无菌空气只允许含有 1 个杂菌。

发酵工业上多采用过滤除菌方法制备大量无菌空气。为使空气状态参数如压力、湿度、温度等适合进行空气过滤,需要设置单元设备对空气进行预处理。典型空气预处理流程包括空气的压缩、冷却、除水除油和加热过程。

工业上常用空气压缩机来增加空气的压力。空气被压缩时其温度也相应提高。为了降低空气的温度,常采用以水作冷却介质的空气冷却器来使空气降温。随着空气的冷却,空气中的水蒸气冷凝出来,水滴混在空气中。用油作润滑剂的空压机压缩的空气中还夹带油雾。水滴和油雾必须除去以免降低过滤介质的除菌效率。除水除油过程用旋风分离器和丝网除雾器完成。经过压缩、冷却和除水除油的空气在压力和温度方面已基本符合空气过滤的要求,但是这时空气相对湿度已达饱和,为了避免相对湿度饱和的空气在通过过滤器时打湿过滤介质,工业上在空气进入过滤器之前设置用蒸汽为热源的空气加热器来降低空气的相对湿度。空气的状态随地区的不同而变化。空气预处理流程的制定须考虑地区的气候条件,即使采用同一个流程,其操作条件也应随季节的变化而适当调整。

工业上无菌空气的制备流程中,为达到空气的无菌程度,常常设置总过滤器和分(精)过滤器对空气进行过滤,有时为了延长分(精)过滤器中过滤介质的使用寿命,还在总过滤器和分(精)过滤器之间设置预过滤器。

空气过滤使用的过滤介质,按其孔径大小可分为两类,即绝对过滤介质和深层过滤介质。绝对过滤介质的孔隙小于被拦截的微生物大小,当空气通过时,微生物被阻留在介质的一侧。常用的绝对过滤介质的材质有聚偏氟乙烯和聚四氟乙烯等。绝对过滤介质常作为精过滤器的过滤介质对空气进行最后的无菌过滤。深层过滤介质的孔隙大于被阻留的微生物,为了达到所需的除菌效果,介质必须有一定的厚度。深层过滤介质又分成两类,第一类如棉花纤维、玻璃纤维、合成纤维等;第二类是将过滤材料制成纸、板或管状,如超细玻璃纤维滤纸、金属烧结板等。深层过滤介质常用于总过滤器。金属烧结板过滤器常安装在总过滤器和分(精)过滤器之间作为预过滤器。

空气进行深层过滤时,滤层纤维形成的网格阻碍空气气流前进,气流流动方向出现多次改变,空气中的微粒因惯性冲撞、阻拦、布朗扩散、重力沉降、静电吸引等作用机制滞留在纤维表面上。在空气的过滤除菌中,上述的几种机制对微粒的捕集效率均随纤维性质、空气中微粒性质以及气流速度等参数而变化,目前还不能进行准确的理论计算。这些机制对空气中微粒捕集效率可用相应的经验公式进行计算。过滤介质对空气中微粒的总的捕集效率是上述各机制捕集效率之和。

深层空气过滤器设计时,需要确定滤层厚度,并估算过滤压力降。对数穿透定律表示穿过过滤层的微粒数(N_2)与进入滤层的微粒数(N_1)之比是滤层厚度(L)的函数,即 $\ln(N_2/N_1) = -KL$,式中 K 值的大小与空气流速、空气中微粒的大小、过滤介质的种类及填充密度等因素有关。K 值可通过实验求得,或采用与过滤介质对空气中微粒捕集效率有关的经验公式计算。采用对数穿透定律可进行过滤层厚度的设计计算。空气通过深层过滤器的压力降也可采用相关的经验公式进行计算。

需氧微生物的生长繁殖和代谢均需要消耗氧气。工业上采用向需氧微生物培养体系通入无菌空气的办法来提供氧气。通入空气的量是很大的。例如,一个 $100\ \mathrm{m}^3$ 的发酵罐,装料系数为 0.7,通气量为每立方米培养液每分钟通入 $0.3\ \mathrm{m}^3$ 的空气,发酵周期为 $120\ \mathrm{h}$,那么每个发酵周期需通入 $1.512 \times 10^5\ \mathrm{m}^3$ 空气。据统计,每立方米城市的空气中含有 $10^3 \sim 10^4$ 个微生物,由此可见空气除菌的必要性。

3.1　通风培养对无菌空气的要求

3.1.1　空气中的微生物

空气中微生物的数量与环境条件有关。干燥寒冷的北方空气中微生物密度相对低,而潮湿温暖的南方空气中微生物量较多。城市空气中微生物的密度较高,农村和山区则较低,工厂附近又以主风向上游密度较低。地平面空气含微生物比高空多,高度每上升 $10\ \mathrm{m}$,空气中微生物量下降一个数量级左右。

空气中的微生物多为细菌,也有真菌、酵母和病毒。空气中常见微生物及其大小见表 3-1。小的微生物附在空气中的尘埃上,尘埃的尺寸约为 $0.6\ \mu\mathrm{m}$。

表 3-1　空气中常见微生物的大小

微生物	宽/μm	长/μm
枯草芽孢杆菌	0.5～1.1	1.6～4.8
巨大芽孢杆菌	0.9～2.1	2.0～10
产气杆菌	1.0～1.5	1.0～2.5
蜡状芽孢杆菌	1.3～2.0	8.1～25.8
地衣芽孢杆菌	0.5～0.7	1.8～3.3
金黄色小球菌	0.5～1.0	0.5～1.0
普通变形杆菌	0.5～1.0	1.0～3.0
酵母菌	3.0～5.0	5.0～19.0
病毒	0.0015～0.225	0.0015～0.28

3.1.2　通风培养对空气无菌程度的要求

不同的发酵过程,由于所用微生物菌种的生长能力强弱、生长速度快慢、发酵周期长短、培养基营养成分和 pH 的差别,对空气的无菌程度的要求也不同。固体发酵以及厚层固体制曲需要的空气量大,但无菌程度要求不高,压力也较低,一般选用离心式通风机并经适当的空调处理进行调温和调湿就可以了。酵母的培养过程,因培养基是以糖源为主,pH 值较低,且酵母的生长繁殖速度较快,能抵抗少量的杂菌影响,因而对空气无菌程度的要求不如液体曲、抗生素发酵那么严格。有机酸、氨基酸、抗生素发酵等多数好氧的液体深层培养过程需氧量大,对无菌空气的要求较严格,但也因培养周期长短、培养条件的不同,对空气无菌程度有不同的要求。总的来说,影响因素比较复杂,需要根据具体情况制定具体的工艺要求。一般按染菌几率 10^{-3} 来计算,即培养 1000 次所用的无菌空气只允许含有 1 个杂菌。

3.2　空气除菌方法

1. 过滤除菌

过滤除菌采用定期灭菌的过滤介质来阻隔空气中含有的微生物,取得无菌空气。天然纤维和合成纤维(如棉花、玻璃纤维、超细玻璃纤维)、烧结材料(烧结金属、烧结陶瓷、烧结塑料)等被广泛用作空气过滤介质。发酵工业中主要采用过滤除菌方法制备大量无菌空气。

2. 加热灭菌

考虑到在工业上广泛应用的过滤除菌方法制备无菌空气时,在空气通入培养系统之前,一般均需用压缩机压缩,以增加空气的压力,因此可以利用空气压缩后温度的升高来实现空气的灭菌。表 3-2 示出了不同干热空气温度下需要的灭菌时间。

表 3-2   不同干热空气温度下需要的灭菌时间

温度/℃	200	250	300	350
所需时间/s	15.1	5.1	2.1	1.05

如果空气经压缩后温度升高至 200℃左右,保持 15 s 左右,即可实现空气的干热杀菌。气体多变压缩公式为

$$\frac{T_2}{T_1} = \left(\frac{P_2}{P_1}\right)^{\frac{K-1}{K}} \tag{3-1}$$

式中:T_1、T_2——空气压缩前、后的热力学温度;

P_1、P_2——空气压缩前、后的绝对压力,P_2/P_1 称为压缩比;

K ——多变指数,取 1.3。

当进气温度为 30℃,空气压缩比为 7 时,压缩空气出口温度为 201℃。当进入压缩机的空气经预热后为 45～50℃,空气压缩比为 6 的情况下,空气压缩后的温度也达到 200℃以上。压缩空气在 200℃以上维持一定时间,可达到空气灭菌的效果。利用空气压缩机产生的热量进行空气灭菌的示意图如图 3-1 所示。

空气的热灭菌方法在实际应用时,必须考虑到连接空气压缩机与培养罐的管路的灭菌问题。用空气的热灭菌制备无菌空气的方法已成功地应用于丙酮、丁醇、2,3-丁二醇及淀粉酶的发酵生产中。

3. 辐射灭菌

波长在 226.5～328.7 nm 的紫外线对空气中微生物的杀灭效力最强[1]。微生物实验和发酵工厂的无菌室、医院的手术室通常都装有能发出这种波长的紫外灯。从理论上说高能阴极射线、声波、γ射线等都能破坏蛋白质等生物活性物质而引起微生物的死亡,从而起到杀菌的作用。但是,用于大规模的制备无菌空气的设备成本高,还有不少的问题需要解决,目前发酵工业还很少采用。

4. 静电除菌

静电除菌的机制是使空气中的微生物和尘埃成为带电体,利用静电引力来吸

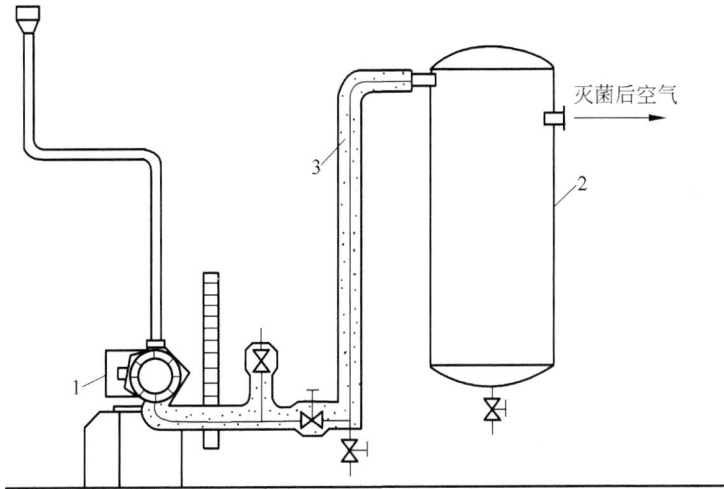

图 3-1　利用空气压缩机产生的热量进行空气灭菌的流程
1—压缩机；2—贮罐；3—保温层

附带电粒子到电极上,从而达到灭菌除尘的目的。如图 3-2 所示,首先将交流电升压至 $20 \sim 50$ kV,并经整流器变成高压直流电。将正极与钢管外壳连接并接地,负极与穿过钢管中心的导线相连接。当电场强度大于 1000 V/cm^2 时,管内气体发生电离作用,微粒带上电荷,分别向两极运动,从而被电极吸附。悬浮于空气中的微生物大多带有一定的电荷,没有电荷的微粒进入高压电场时都会被电离成带电微粒,但一些直径很小的微粒所带的电荷小,当产生的引力等于或小于气流对微粒的抢带力或微粒布朗扩散运动的动量时,微粒就不能被电极吸附。所以,静电除菌对很小的微粒效率较低。

　　吸附于电极上的微粒、油滴、水滴等必须定期清洗,以保证除尘效率和除尘器的绝缘程度。

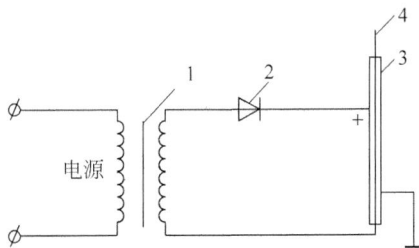

图 3-2　静电除尘灭菌器示意图
1—升压变压器；2—整流器；3—沉淀电极；4—电晕电压

静电除菌的特点是能量消耗小,空气压头损失小,缺点是设备较庞大。

3.3   空气过滤除菌的预处理

当空气被压缩时,空气中的微生物受到相当高的温度的影响,因而目前工业上采用的空气除菌方法,实际上是加热灭菌和过滤除菌的综合处理。

3.3.1   空气的预处理方法

对于一般要求的低压无菌空气,可直接采用一般鼓风机增压后进入过滤器,经过滤除菌而制得。如无菌室、洁净工作台等使用的无菌空气就是采用这种简单的流程。

对于深层培养过程来说,空气通过过滤介质有压力损失,同时,过滤后的无菌空气从罐底通入发酵罐,要克服发酵罐的背压和液体静压头,因此,空气进入过滤器之前要有一定的压力。这就需要相对复杂的空气预处理流程。空气预处理的主要目的是使空气的状态参数适合进行空气的过滤。图 3-3 是典型的空气预处理流程示意图。

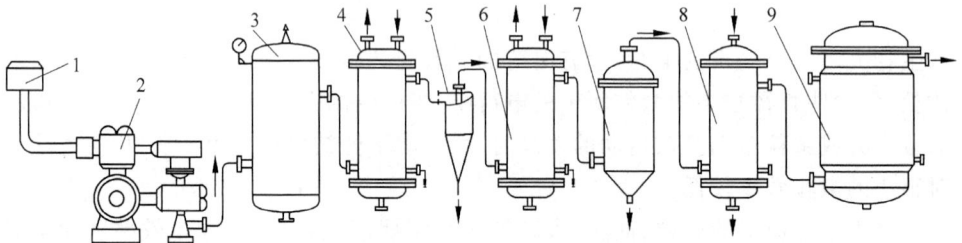

图 3-3   一级压缩、二级冷却、一级加热空气预处理流程

1—粗过滤器;2—压缩机;3—贮罐;4,6—冷却器;5—旋风分离器;7—丝网分离器;8—加热器;9—过滤器

工业上常采用空气压缩机来提高空气的压力。空气压缩机的进气口可设置在较高的位置,以提高空气的洁净度,如高于地面 $20\sim30$ m。同时,为了保护空气压缩机,常在压缩机的吸气口处安装粗过滤器,除去空气中较大的尘埃颗粒,减少进入空压机的灰尘和微生物数量,减轻主过滤器的负荷。粗过滤器通常采用布袋过滤器、填料过滤器等。布袋过滤器结构简单,可采用毛质绒布、合成纤维滤布、无纺布作过滤介质,一般气流速度为 $2\sim2.5$ m/min,空气阻力约为 $60\sim120$ mmHg,滤

布应定期清洗和更换。

　　由往复式压缩机压缩出来的空气是脉动式的,紧接着空气压缩机需安装一个贮气罐,缓冲排气脉冲,稳定压力,使后边的管道、容器压力稳定,气流速度均匀,还可以使部分液滴在罐内沉降。空气贮罐如图 3-4 所示。

　　根据气体多变压缩的原理,空气在压缩过程中,提高了压力,同时也提高了温度。高温的空气不能直接进行过滤,会引起过滤介质的碳化或燃烧;同时,高温的空气通入发酵罐,会大大增加发酵罐的冷却降温负荷,给培养温度的控制带来难度。所以,空气压缩后必须设置冷却器进行空气的冷却。一般用列管式冷却器对压缩后的空气进行冷却,空气走壳程,冷却水走管程,传热系数约为 $60 \sim 120 \, J/(m^2 \cdot s \cdot ℃)$。翅板式换热器用强制流动的冷空气冷却,总传热系数达 $350 \, J/(m^2 \cdot s \cdot ℃)$。

　　空气中含有一定量的水分,随着空气的冷却,其相对湿度升高,空气中的水蒸气可冷凝为水滴析出;另外,经用油作润滑剂的压缩机压缩的空气,往往还夹带油雾。这些夹杂在压缩空气中的水滴和油滴很容易使空气过滤器除菌性能下降,直至失效,因此,在对压缩空气进行过滤之前,须进行除水除油操作。有两类设备可以用于分离空气中的水滴和油滴,一类是利用离心力进行分离的旋风分离器,另一类是利用惯性进行拦截的介质过滤器。

　　旋风分离器结构如图 3-5 所示,其结构简单,阻力小,可用于气-液和气-固的

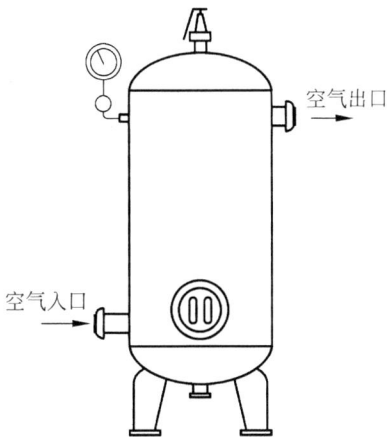

图 3-4　空气贮罐示意图　　　　　　图 3-5　旋风分离器示意图

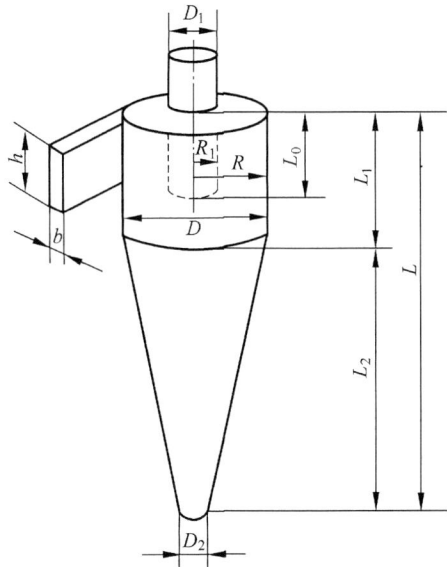

分离。空气从切线方向以 $15\sim25$ m/s 的流速进入旋风分离器,沿器内壁作圆周运动,水滴和油滴的体积质量比空气大,因惯性力沿器壁沉降,而空气旋流后则由上部排气口排出,从而达到气液分离的目的。旋风分离器对于 10 μm 以上的微粒的分离效率较高,对于 10 μm 以下微粒的分离较困难。旋风分离器的压头损失通常在 $6600\sim26600$ Pa。

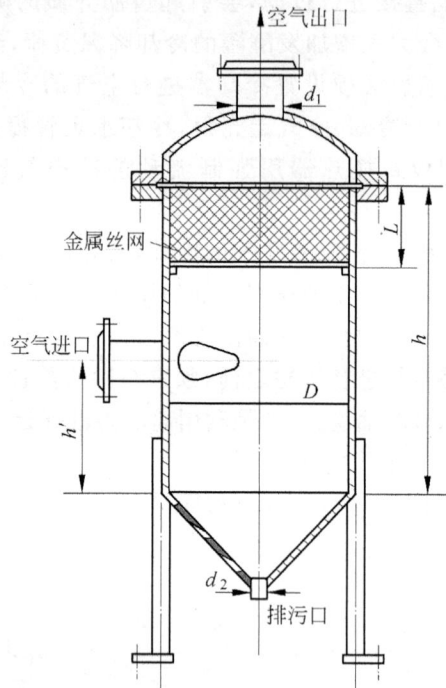

图 3-6   丝网分离器

介质过滤器利用颗粒状介质、网状介质的拦截作用来分离空气中的水滴或油滴,并使之在介质上合并成大的液滴,最后从介质上落下而与空气分离。在各种介质过滤器中,丝网分离器具有较高的分离效率,其结构如图 3-6 所示。丝网分离器对直径约 5 μm 滴液的分离效率可达 99%,且能除去部分 $2\sim5$ μm 的较小微粒。丝网分离器结构简单、气体压头损失只有几十毫米水柱。网状介质材料可为不锈钢网、聚乙烯塑料网等。通过丝网分离器的空气流速不能太大,以免分离出的液滴又被空气夹带出来。最大空气流速可由下式确定:

$$v_{\max} = K\sqrt{\frac{\rho_L - \rho_G}{\rho_G}} \tag{3-2}$$

式中:$v_{\max}$——空气的最大流速,m/s;

ρ_L、ρ_G——液滴和空气的密度,kg/m³;

K——系数,一般取 0.107。

实际操作流速可取最大流速的 75%,根据处理空气的流量,再确定丝网分离器的直径。

经过了压缩、冷却和除水除油的空气,其相对湿度较高,可达 100%,为了避免高相对湿度的空气在通过过滤器时打湿过滤介质,还需在空气进入过滤器之前设置空气加热器,降低空气的相对湿度。空气加热器一般采用列管式换热器。

3.3.2 空气压缩、冷却、加热过程中状态参数的变化

1. 空气的压缩

压缩机的工作循环由恒压吸气、压缩和恒压排气过程组成。

图 3-7(a)表示往复式空压机活塞位于气缸的最右端,气缸内充满与吸入管路内相同的气体,气体压力都为 P_1,气缸内气体体积为 V_1,其状态如 P-V 图(b)上点 1 所示。活塞向左移动时,气缸内空间逐渐减小,气体被压缩,气体压力逐渐增加,当气体压力达到 P_2 时,气体体积减小为 V_2,其状态相当于 P-V 图(b)上点 2,这个过程是气体在封闭条件下的压缩过程。活塞继续向左运动,在恒定压力 P_2 下送气体进入排气管,直至排尽,相当于 P-V 图(b)上点 3,这个过程是恒压 P_2 下的排气过程。此时活塞向右移动,气缸内压力立即降到 P_1,相当于 P-V 图(b)上点 4,随活塞向右移动,压力为 P_1 的气体进入气缸,活塞运动到右端点,气缸内气体又达到 P-V 图(b)上点 1,这个过程是在恒压 P_1 下的吸气过程。

理想工作循环的基本前提是不考虑各种摩擦阻力,如气体流过吸气阀和排气

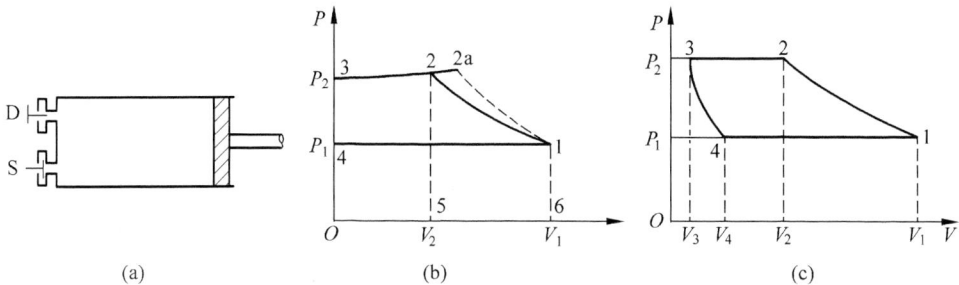

图 3-7 气体的压缩循环

(a)压缩机气缸;(b)气体的理想压缩循环;(c)气体压缩实际工作循环

S—吸入阀;D—排出阀

阀的阻力。一个压缩过程结束时,气体被全部排净,即没有余隙。但是,压缩机实际工作时,上述前提条件是不可能实现的。

实际的压缩机气缸内有余隙存在。压缩机的实际工作循环如图 3-7(c) 所示。气缸吸入了压力为 P_1 的气体,体积达到 V_1 后,就从 P-V 图上的点 1 开始压缩过程,压缩到 P_2 压力时,气体体积为 V_2,相当于状态点 2,然后排气阀立即被顶开,进行恒压 P_2 排气过程,排气的终止状态点为 3,余隙体积为 V_3,活塞往回运动时,余隙内的气体首先膨胀,当气缸内压力达到吸气压力 P_1 时,相当于状态点 4,吸气阀才打开进行吸气过程,直至回到状态点 1,完成一个压缩循环过程。余隙的存在明显地降低了吸气量。余隙内气体膨胀后所占的体积越多,每一循环吸入气体量下降越多。

气体经压缩后,分子密度增大,分子的距离缩短,分子的碰撞增加,分子原有的能量转变为热能,若热量没有向外界传出,则气体温度升高,这种压缩过程称为绝热压缩过程。

若压缩过程中气体放出的热量能全部排出外界,使气体压缩前后的温度相等,这个过程称为等温压缩过程。

实际上气体在压缩过程中,压缩气体产生的热量必然有一部分排到外界,不能达到绝热压缩;同时,热量也不可能全部排到外界而达到等温过程,实际的压缩过程称为多变过程,它介于绝热过程与等温过程之间。由于压缩机气缸内的活塞运动速度很快,实际的气体压缩过程接近绝热压缩过程。

在气体的压缩过程中,因为温度过高会使润滑油粘度下降,失去润滑作用,而使机器磨损,所以应尽量采用良好的冷却方案,以减少机械功的消耗和改善压缩机的使用性能。在大中型压缩机装置中,润滑油需要进行专门的冷却,以使润滑油既有良好的润滑性能,又能对摩擦表面起到冷却作用。目前发酵厂还常采用水冷式空气压缩机,能较长时间连续运转。

压缩后空气的温度与被压缩的程度有关,气体的压缩程度越大,则气体温升越高。绝热压缩公式为

$$\frac{T_2}{T_1} = \left(\frac{P_2}{P_1}\right)^{\frac{K-1}{K}}$$

式中：T_1、T_2——空气压缩前、后的热力学温度,K;

P_1、P_2——空气压缩前、后的绝对压强,Pa;

K ——绝热指数,$K = \dfrac{c_p}{c_V}$,其中 c_p 为比定压热容,c_V 为比定容热容,空气的绝热指数为 1.4。

考虑到实际的空气压缩是多变过程,可用多变指数 m(对于空气可取 1.3)代

替绝热压缩公式中的绝热指数 K。

如果将 15℃ 的空气由 1×10^5 Pa 绝热压缩到 3×10^5 Pa(绝压),那么压缩后的空气温度为

$$T_2 = T_1 \left(\frac{P_2}{P_1}\right)^{\frac{K-1}{K}} = 394 \text{ K} = 120℃$$

如果压缩比更大,压缩空气的温度就更高。表 3-3 是空气初温为 20℃ 时,在绝热压缩过程不同压缩比下的空气温度升高情况。

表 3-3　不同压缩比对应的空气温度

压缩比 P_2/P_1	4.0	6.0	8.0	10.0
绝热压缩气体温度/℃	162	216	257	292

注:空气初温为 20℃。

2. 压缩空气的冷却和加热

我们周围的大气是干空气和水蒸气的混合物,称为湿空气。湿空气中单位质量干空气所带有的水气质量称为空气的湿含量或绝对湿度。空气的湿含量用 H 表示,即

$$H = \frac{湿空气中水气的质量}{湿空气中干空气的质量}$$

因气体的质量等于气体的物质的量乘以摩尔质量,而气体混合物中各组分的物质的量比等于其分压之比,则

$$H = \frac{M_w P_w}{M_g P_g} = \frac{M_w}{M_g} \frac{P_w}{P - P_w} = 0.622 \frac{P_w}{P - P_w} \tag{3-3}$$

式中:H——空气的湿含量,kg/kg（干空气）;

　　　M_w、M_g——水和空气的摩尔质量,$M_w = 18$,$M_g = 29$;

　　　P_w——空气中水蒸气的分压,Pa;

　　　P_g——干空气分压,Pa;

　　　P——湿空气总压,Pa。

在一定温度及总压下,湿空气的水气分压 P_w 与饱和水蒸气压力 P_s 之比的百分数,称为相对湿度 φ,即

$$\varphi = \frac{P_w}{P_s} \times 100\% \tag{3-4}$$

式中:φ——空气的相对湿度百分数;

　　　P_s——同温度下水蒸气的饱和蒸气压,Pa。

当相对湿度 $\varphi = 100\%$,表示湿空气中的水气已达饱和,此时水气的分压为同

温度下的水的饱和蒸气压,即湿空气中水气分压的最高值。空气湿含量 H 表示空气中水气含量的绝对值,而相对湿度 φ 反映湿空气吸收水气的能力。相对湿度 φ 随湿空气中水气的分压及温度而变,其与空气湿含量的关系为

$$H = 0.622 \frac{\varphi P_s}{P - \varphi P_s} \tag{3-5}$$

如果将 $\varphi < 100\%$ 的湿空气冷却,开始一段时间空气湿含量 H 不变化,则 P_w 也不变化。由于饱和水蒸气压 P_s 随空气温度的下降而下降,所以随着空气温度的降低,其相对湿度 φ 逐渐增大。当相对湿度 $\varphi = 100\%$,空气中的水蒸气已达饱和,这时的温度称为露点。如果气体温度继续下降,空气中的水蒸气开始冷凝成水,空气的相对湿度 φ 保持为 100%,湿含量 H 则开始下降。所以,压缩空气的冷却过程实际上可分为等湿冷却和减湿冷却两个阶段。

在压缩空气的等湿冷却过程中,冷却温度一直高于露点,湿空气的压力和温度发生变化,湿含量 H 不变,根据式(3-5)有

$$\varphi_2 = \varphi_1 \frac{P_{s1}}{P_{s2}} \frac{P_2}{P_1} \tag{3-6}$$

式中:φ_1、φ_2——空气状态点 1、2 的相对湿度;

P_{s1}、P_{s2}——空气状态点 1、2 对应温度的饱和水蒸气压,Pa;

P_1、P_2——空气状态点 1、2 的湿空气总压,Pa。

根据以上各式,可求出湿空气状态变化时相对湿度和湿含量等状态参数的变化。例如,大气的温度为 15℃,相对湿度 70%,经空压机压缩到 3×10^5 Pa(绝压)后,温度上升到 120℃,已知在 15℃ 和 120℃ 时的饱和水蒸气压力分别为 1710 Pa 和 1.986×10^5 Pa,因此,空气压缩后的相对湿度变为

$$\varphi_1 = \varphi_0 \frac{P_{s0}}{P_{s1}} \frac{P_1}{P_0} = 0.70 \times \frac{1710}{1.986 \times 10^5} \times \frac{3 \times 10^5}{1 \times 10^5} = 0.0181$$

该压缩空气在露点时的蒸气压为

$$P_{sd} = P_{s0} \frac{\varphi_0}{\varphi_d} \frac{P_1}{P_0} = 1710 \times \frac{0.70}{1} \times \frac{3 \times 10^5}{1 \times 10^5} = 3591 \text{ (Pa)}$$

根据温度与饱和水蒸气压的关系,可以查得露点为 27℃。若将此压缩空气冷却到露点以上,如 37℃(饱和蒸气压 6276 Pa),不会有水析出,其相对湿度为

$$\varphi_2 = \varphi_0 \frac{P_{s0}}{P_{s2}} \frac{P_2}{P_0} = 0.70 \times \frac{1710}{6276} \times \frac{3 \times 10^5}{1 \times 10^5} = 0.5722$$

将此压缩空气进行过滤,可保证过滤器正常运行,不会因水滴析出使过滤介质的性能受到影响。

空气的状态随地区、气候和季节的变化而变化。如果大气温度为 30℃,相对湿度为 75%,则在相同的压缩比条件下,空气的状态参数是不同的,压缩空气在露

点的蒸气压为

$$P_{sd} = P_{s0} \frac{\varphi_0}{\varphi_d} \frac{P_1}{P_0} = 4242 \times \frac{0.75}{1} \times \frac{3 \times 10^5}{1 \times 10^5} = 9544 \text{ (Pa)}$$

根据温度与饱和水蒸气压的关系,查出露点为 45℃。如果将此压缩空气冷却到 35℃,其相对湿度已达 100%,就不能直接将空气通入过滤器,否则会因水的析出打湿过滤介质,影响过滤性能。

在这种情况下,为了使压缩空气的相对湿度低于 100%,可采用先将空气冷却至低于露点,经析出水分之后再加热至一定温度的方法。例如将空气先冷却到 30℃(饱和蒸气压 4242 Pa),经析出水分之后再加热至 40℃(饱和蒸气压 7376 Pa),在该过程中气体压力变化较小,则其相对湿度为

$$\varphi_4 = \varphi_3 \frac{P_{s3}}{P_{s4}} \frac{P_4}{P_3} = 1 \times \frac{4242}{7376} \times \frac{3 \times 10^5}{3 \times 10^5} = 0.5751$$

这就使得空气过滤介质不被打湿,保证过滤器的正常运行。

3.3.3　典型空气预处理流程及分析

随地区的不同,空气的状态是不同的,如北方的空气干燥,相对湿度低,江南的空气潮湿,相对湿度大。流程的制定要考虑到地区的气候条件,即使采用同一个流程,其操作条件也应随季节的变化而适当调节。

1. 一级压缩、二级冷却、加热预处理流程

如前所述的一级压缩、二级冷却,一级加热除菌流程(图 3-3)是一个比较完善的空气预处理流程,可适应各种气候条件,能充分地分离空气中含有的水分。该流程的特点是压缩后的空气经两次冷却、两次分离水雾和油雾、适当加热。压缩空气经第一冷却器冷却后,空气温度为 30~35℃,空气中混有的大部分水和油都已结成较大的雾滴,适宜用旋风分离器分离。第二冷却器使压缩空气进一步冷却至 20~25℃,同时析出较小的水雾和油雾,适宜采用丝网分离器分离。若采用低温的地下水冷却空气,可采用串联来减少冷却水用量。除去水分的压缩空气的相对湿度为 100%,为避免打湿过滤介质,保证过滤器的正常过滤效率,需用加热器使压缩空气的温度升高至 30~35℃左右,降低空气的相对湿度至 50%~60%,能否达到这样的相对湿度,应进行计算。

某空气除菌预处理流程,空气经压缩机压缩后压力为 3×10^5 Pa(绝压),要求空气加热到 35℃时相对湿度达 60%,问第二级冷却器应至少把空气冷却到多少度?(假定冷却后空气中水雾全部分离)

查水的饱和蒸气压表得知,35℃时水的饱和蒸气压为5624 Pa,加热前后空气湿含量不发生变化,根据式(3-5)有

$$0.622 \frac{\varphi_1 P_{s1}}{P_1 - \varphi_1 P_{s1}} = 0.622 \frac{\varphi_2 P_{s2}}{P_2 - \varphi_2 P_{s2}}$$

加热前后空气压力不变,$P_1 = P_2$,则

$$\varphi_1 P_{s1} = \varphi_2 P_{s2}$$

$$\varphi_1 = 100\%, \quad P_{s1} = \varphi_2 P_{s2} = 0.6 \times 5624 = 3374 \text{ (Pa)}$$

查水的饱和蒸气压表知,26℃水的饱和蒸气压接近3374 Pa,第二级冷却至少应把空气冷却到26℃。

这个流程尤其适用于空气相对湿度大的潮湿地区,如我国的江南地区。其他地区可根据气候条件对流程中的设备作适当的增减。

2. 一级压缩、一级冷却预处理流程

对于气候很干燥的地区,压缩机吸入的空气湿含量很小,采用两级冷却分水流程时,分不出水来,此时流程可以简化,省去两级水分离器、第二级冷却器和加热器,只用第一级冷却器。一级压缩、一级冷却空气预处理流程如图3-8所示。压缩空气只经一步冷却器冷却至空气的露点以上,如35～40℃,空气的相对湿度控制在50%～60%,直接进行空气的过滤。这个流程的特点是可以节约大量冷却水和加热蒸汽。

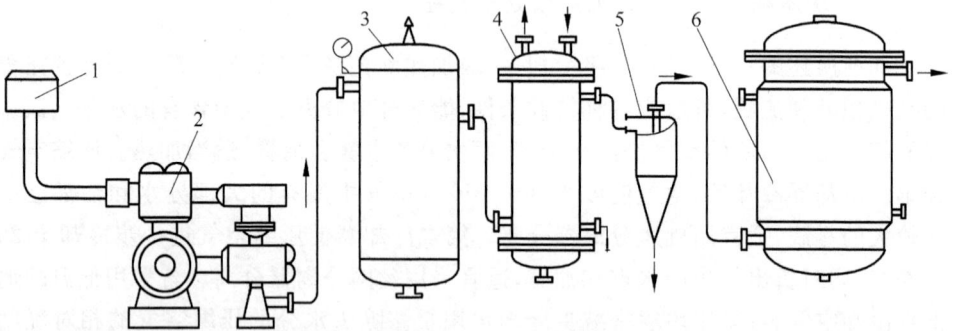

图 3-8 一级压缩、一级冷却空气预处理流程
1—粗过滤器;2—压缩机;3—贮罐;4—冷却器;5—旋风分离器;6—过滤器

下面讨论能适用该流程的气候条件。设空气压缩前的温度为 T_1,对应的水的饱和蒸气压为 P_{s1},相对湿度为 φ_1,空气经压缩机压缩至 3×10^5 Pa(绝压),进入冷却器进行等湿冷却,冷却后的温度为 $T_2 = 35℃$,对应的饱和蒸气压 $P_{s2} = 5624$ Pa,

相对湿度 $\varphi_2 = 50\%$，忽略压缩空气经过贮罐、冷却器及其连接管路的压力降，根据式(3-5)和式(3-6)，有

$$\varphi_1 P_{s1} = \varphi_2 P_{s2} \frac{P_1}{P_2} = 0.5 \times 5624 \times \frac{1}{3} = 937 \,(\text{Pa})$$

基本满足上式的典型空气状态为：

$$T_1 = 9\,℃, \quad P_{s1} = 1148 \text{ Pa}, \quad \varphi_1 = 80\%$$
$$T_1 = 12\,℃, \quad P_{s1} = 1402 \text{ Pa}, \quad \varphi_1 = 65\%$$
$$T_1 = 15\,℃, \quad P_{s1} = 1705 \text{ Pa}, \quad \varphi_1 = 55\%$$
$$T_1 = 20\,℃, \quad P_{s1} = 2338 \text{ Pa}, \quad \varphi_1 = 40\%$$
$$T_1 = 25\,℃, \quad P_{s1} = 3167 \text{ Pa}, \quad \varphi_1 = 29\%$$

由此可见，一级压缩、一级冷却空气预处理流程适用于内陆气候干燥的地区，如我国的西北和东北地区。值得注意的是，只有采用涡轮式空气压缩机或无油润滑的情况下才可以考虑使用这个流程，否则油雾也会把过滤器污染，这时就需加设丝网分离器将油雾分离。

3. 一级压缩、一级冷却、冷热空气混合预处理流程

一级压缩、一级冷却、冷热空气混合预处理流程如图 3-9 所示。空气压缩后分为两部分，一部分压缩空气经冷却器冷却至较低温度，如 20～25℃，其相对湿度 100%，经分离器分离掉水雾和油雾，然后与另一部分未冷却的高温压缩空气混合，使混合后的空气状态为相对湿度 50%～60%，温度 30～35℃，然后进行空气过滤。该流程的特点是省去第二级冷却器及空气加热设备，冷却水用量少，流程比较简单，节约能源。

采用这个流程时，要进行物料平衡计算，合理控制冷热压缩空气的比例，并随

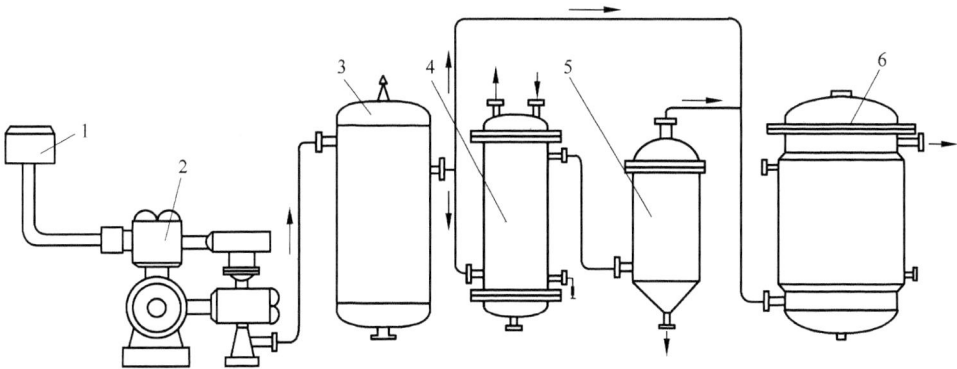

图 3-9　冷热空气直接混合式预处理除菌流程

1—粗过滤器；2—压缩机；3—贮罐；4—冷却器；5—丝网分离器；6—过滤器

气候条件进行冷热压缩空气比例的调节。

设压缩机吸入空气的温度 $T_1 = 25℃$,相对湿度 $\varphi_1 = 70\%$,压缩后的空气压力 $P_2 = 4 \times 10^5$ Pa(绝压),压缩空气经冷却器冷却并分离水分后温度 $T_2 = 24℃$,相对湿度 $\varphi_2 = 100\%$,冷热空气混合后温度 $T_3 = 35℃$,相对湿度 $\varphi_3 = 60\%$,$25℃$、$24℃$ 和 $35℃$时的水蒸气饱和蒸气压分别为 3168 Pa、2984 Pa 和 5624 Pa,则吸入空气的湿含量 H_1、H_2、H_3 分别为

$$H_1 = 0.622 \times \frac{0.7 \times 3168}{1 \times 10^5 - 0.7 \times 3168} = 0.0141 (kg(水蒸气)/kg(干空气))$$

$$H_2 = 0.622 \times \frac{1 \times 2984}{4 \times 10^5 - 2984} = 0.0047 (kg(水蒸气)/kg(干空气))$$

$$H_3 = 0.622 \times \frac{0.6 \times 5624}{4 \times 10^5 - 0.6 \times 5624} = 0.0053 (kg(水蒸气)/kg(干空气))$$

设未处理的空气量为 Y,则

$$H_1 Y + H_2(1 - Y) = H_3$$
$$0.0141 Y + 0.0047(1 - Y) = 0.0053$$
$$Y = 0.064$$

即压缩后不处理的空气量为 6.4%,冷却除水的空气量为 93.6%。

3.4 空气过滤设计

目前好氧发酵工厂常采用的空气过滤除菌流程如图 3-10 所示。

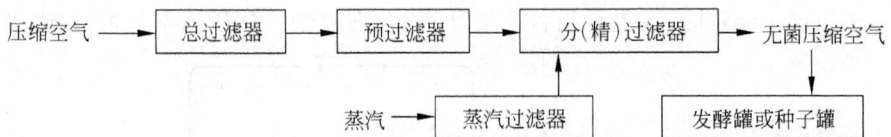

图 3-10 好氧发酵厂经常采用的空气过滤除菌流程

总过滤器安装在无菌空气制备车间,预过滤器、精过滤器和蒸汽过滤器安装在发酵罐旁边。

3.4.1 过滤介质

空气过滤使用的过滤介质,按其孔径大小可分为两类,即绝对过滤介质和深层过滤介质。

1. 绝对过滤介质

绝对过滤介质的孔隙小于被拦截的微生物大小,当空气通过时微生物被阻留在介质的一侧。绝对过滤介质的材质有聚偏氟乙烯(polyvinyldifluoride, PVDF)和聚四氟乙烯(polytetrafluoroethylene, PTFE)、聚乙烯醇(PVA)、超细硼硅纤维等。

由聚四氟乙烯做成多孔的疏水膜片目前常用作空气分过滤器的过滤介质,其孔径在 $0.22~\mu m$ 以下[2]。之所以采用疏水材料制造无菌空气过滤膜,是因为当空气中混有少量液滴时,疏水膜不会被水浸湿而影响过滤除菌的效果。聚四氟乙烯膜过滤器已经被做成标准的折叠组件。聚四氟乙烯膜能耐高温灭菌,还具有孔径小、阻力小、流量大、疏水性好的特点。国产聚四氟乙烯滤膜作为压缩空气精过滤器的过滤介质时,可在 $121\sim125\,^{\circ}\!C$ 之间蒸汽消毒 30 min,可反复使用 160 次[3]。

将聚乙烯醇(PVA)与甲醛缩合,制成多孔的聚乙烯醇缩甲醛树脂,经处理制成孔径小于 $0.3~\mu m$ 的滤膜。这种材料除菌效果好、阻力小、耐蒸汽灭菌、耐受酸、碱和多种有机溶媒。由于孔隙小于微生物,即使空气中有液滴也不影响其除菌效率。

绝对过滤介质常作为精过滤器的过滤介质对空气进行最后的无菌过滤。为了延长绝对过滤介质的使用寿命,要求空气经过总过滤器后,再通过预过滤器除去稍大的颗粒,最后通过精过滤器获得无菌空气。

2. 深层过滤介质

深层过滤介质的孔隙大于被阻隔的微生物,为了达到所需的除菌效果,介质必须有一定的厚度,因此称为深层过滤介质。深层过滤介质又分成两类,第一类如棉花纤维、玻璃纤维、合成纤维和颗粒状活性炭等。在空气过滤器中填充一定的厚度,它们中间的空隙为 $20\sim50~\mu m$。第二类是将过滤材料制成纸、板或管状,如超细玻璃纤维滤纸、金属烧结板等。这些材料的除菌效率较高,无需装填得很厚。如用超细玻璃纤维纸时只需几张,用石棉纸浆滤板时只需一层。

棉花纤维一般直径为 $16\sim21~\mu m$,其实密度 $1520~kg/m^3$,常用的是未经脱脂的棉花(脱脂棉花易于吸水而使体积变小),压紧后仍有弹性。装填时要分层均匀铺砌,最后要压紧,装填密度达到 $130\sim150~kg/m^3$、填充率 $8.5\%\sim10\%$ 为好。活性炭有非常大的表面积,通过表面物理吸附作用而吸附微生物。一般采用直径 3 mm、长 $5\sim10$ mm 的圆柱状活性炭,实密度 $1140~kg/m^3$,填充密度 $470\sim530~kg/m^3$,其间隙很大,因此阻力小,仅为棉花的 $1/12$,但它的过滤效率比棉花要低得多。对过滤器用的活性炭要求质地较坚硬不易被压碎、颗粒均匀。颗粒状活性炭不单独作为过滤介质,常是夹装在两层纤维状介质层中使用,以降低滤层阻力,它的用量约为整个过滤层的1/3~1/2。图3-11是纤维深层空气过滤器的示意图,它是圆筒形容器,内有两层多孔板,将过滤介质压紧并固定。

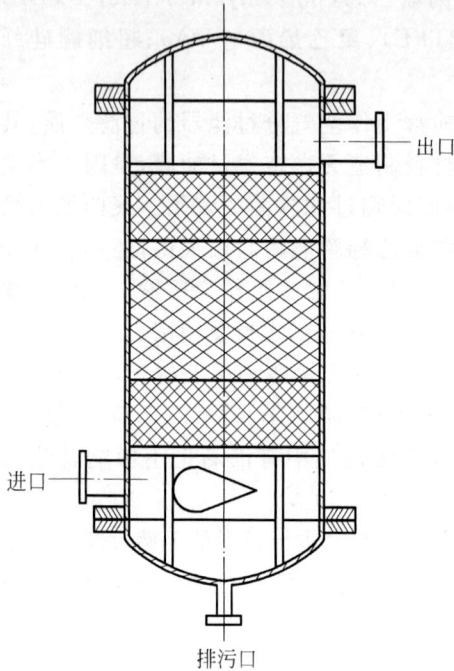

图 3-11　介质层过滤器

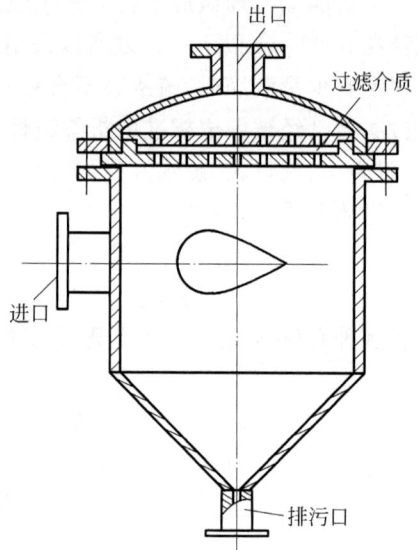

图 3-12　超细玻璃纤维纸过滤器

　　棉花纤维活性炭过滤器是沿用多年的空气过滤装置,多数厂家常以它用作总过滤器,对压缩空气进行粗过滤。这种过滤器装填后需经灭菌、吹干之后检查达到无菌程度之后才能使用。一般每半年更换介质,重新装填一次。棉花纤维活性炭过滤器有不少弊端,如过滤阻力大、装填介质时易装填不匀造成空气走短路、消毒灭菌后吹干时棉花易烤焦等,目前国内发酵行业使用这种过滤器的厂家数量逐年减少。

　　玻璃纤维一般直径为 $8 \sim 19 \ \mu m$ 不等,纤维直径小一些的过滤效率好,但纤维直径越小,其强度越低,很容易折断而造成堵塞,增大阻力。因此,玻璃纤维的填充系数不宜太大,一般采用 $6\% \sim 10\%$,它的阻力损失一般比棉花小。

　　超细玻璃纤维直径只有 $1 \sim 1.5 \ \mu m$ 。由于其直径小,故不宜散装充填,而采用造纸的方法做成 $0.25 \sim 1 \ mm$ 厚的纤维纸,它所形成的网格的空隙约为 $0.5 \sim 5 \ \mu m$,比棉花小 $10 \sim 15$ 倍,因此它有较高的过滤效率,同时阻力较小。当空气流速为 $0.02 \ m/s$ 时,一层 $0.25 \ mm$ 的超细玻璃纤维纸对 $0.3 \ \mu m$ 的微粒的过滤效率达

99.99％,空气压力损失约 3 mm 水柱。但是,超细玻璃纤维滤纸由于纤维短细,其强度差,容易受空气冲击而破坏,特别是受潮湿以后,纤维松散、强度大大下降、过滤效率也降低。常采用加入木浆纤维、或用酚醛树脂等增韧剂、疏水剂处理的方法,增加纤维纸的强度和防水性能。图 3-12 是超细玻璃纤维纸过滤器的一种形式,它利用两片多孔板将几张超细玻璃纤维纸夹紧后进行空气的无菌过滤,作为分过滤器使用,具有很高的除菌效率和较低的阻力损失。

日本大和理研工业株式会社研制生产的一种无碱超细玻璃纤维滤片(ND 过滤片)于 20 世纪末开始引进国内,在发酵工业的大中型企业使用。ND 滤片是疏水性材料,经蒸汽灭菌处理后不变形、不吸水、易吹干,不像棉花那样需长时间烤干。随后,国内某些厂家研制了类似的超细玻璃纤维过滤器,称为 LB 玻璃纤维过滤片。只要将原有的棉花活性炭总过滤器的筒体稍作改动,装填上这种过滤片,即可改装成装填多片 ND 滤片的过滤器或 LB 滤片过滤器。生产实验证明,ND 滤片过滤器或 LB 滤片过滤器除菌效果好、对空气的通透性好、压力降小、装填方便、使用期长[4]。

烧结材料过滤介质种类很多,有烧结金属、烧结陶瓷、烧结塑料等。制造时用这些材料的微粒粉末加压成型后,处于熔点温度下粘结固定,但只是粉末表面熔融粘结而保持粒子的空间和间隙,形成了微孔通道,具有微孔过滤的作用。这种过滤介质可做成滤板或无缝圆柱式的,一般孔隙都在几微米到几十微米之间[5]。

多孔烧结金属过滤介质过滤精度高,可滤除 $0.3\,\mu m$ 以上的微粒,同时,过滤精度不因空气质量变化(如温度、流速等)而变化,具有对腐蚀良好的抵抗性,压力损失小,可再生[4]。目前发酵工业上常将金属烧结过滤器安装在空气分过滤器之前作为预过滤器[6]。

3.4.2　空气过滤除菌机理

纤维深层过滤介质形成的网格孔隙要大于空气中的微粒尺寸,如棉花纤维形成网格的孔隙为 $20\sim50\,\mu m$,超细玻璃纤维所形成的网格的空隙约为 $0.5\sim5\,\mu m$,而空气中的尘埃颗粒为 $0.5\sim2\,\mu m$,空气中多数细菌为 $0.3\sim2.0\,\mu m$。空气中的微粒随气流通过滤层时,滤层纤维所形成的网格阻碍气流前进,使气流流动速度和流动方向出现多次改变,绕过纤维前进,而空气中的微粒则因惯性冲撞、阻拦、布朗扩散、重力沉降、静电吸引等作用而滞留在纤维表面上。

1. 惯性冲撞滞留作用机理

空气中的微生物等颗粒随气流以一定的速度向着纤维垂直运动时,空气受阻即改变运动方向,绕过纤维前进,而微生物等颗粒因具有一定的质量,由于惯性的作用不能及时改变运动方向,便冲向纤维表面,由于摩擦粘附,微生物等微粒就滞留在纤维表面。图 3-13 是惯性冲撞滞留微粒作用的示意图。在气流宽度 b 以内的微粒由于惯性作用与纤维碰撞被滞留,因滤层内有多根纤维随机排列,所以有惯性冲撞滞留除菌作用。

纤维能滞留微粒的宽度区间 b 与纤维直径 d_f 之比,称为单纤维的惯性冲撞捕集效率 η_1:

$$\eta_1 = \frac{b}{d_f}$$

纤维滞留微粒的宽度 b 的大小由微粒的运动惯性来决定。微粒的运动惯性越大,它受气流改变方向的干扰越小,b 值就越大。同时,实践证明,η_1 是微粒惯性力的无量纲参数 φ 的函数,而 φ 与纤维直径、微粒直径、微粒运动速度有关,即

$$\eta_1 = f(\varphi)$$

$$\varphi = \frac{c\rho_p d_p^2 v}{18\mu d_f} \qquad (3\text{-}7)$$

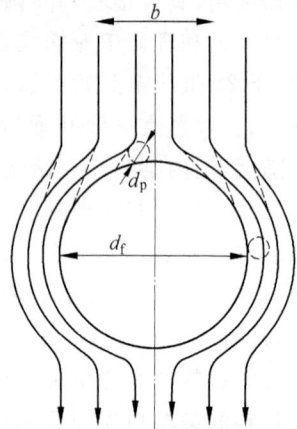

图 3-13   惯性冲撞滞留微粒的示意图
d_f—纤维直径; d_p—微粒直径; b—气流宽度

式中:c——修正系数

ρ_p——微粒密度,kg/m^3;

d_p——微粒直径,m;

v——微粒流速(气流速度),m/s;

μ——空气粘度,$kg/(s \cdot m)$;

d_f——纤维直径,m。

空气流速 v 是影响惯性冲撞捕集效率 η_1 的重要参数。改变气流的流速就是改变微粒的运动惯性力,当气流速度下降时,微粒的运动速度随着下降,微粒的惯性力减小,微粒脱离主导气流的可能性减少,纤维滞留微粒的宽度 b 减少,惯性冲撞捕集效率下降。气流速度下降到微粒的惯性力不足以使微粒脱离主导气流对纤维产生碰撞时,微粒也随气流改变运动方向绕过纤维前进,即 $b = 0$ 时,惯性力无量纲参数 $\varphi = 1/16$,纤维的惯性碰撞滞留效率等于零,这时的气流速度称为惯性碰撞的临界流速 v_c。v_c 与纤维直径、微粒直径、微粒密度的关系为

$$v_c = 1.125 \frac{\mu d_f}{c\rho_p d_p^2} \qquad (3\text{-}8)$$

临界流速 v_c 的值随纤维直径和微粒直径而变化,图 3-14 表示纤维直径 d_f 和微粒

直径 d_p 对临界流速 v_c 的影响。当气流速度低于临界流速时,微粒的惯性冲撞捕集效率可忽略不计。

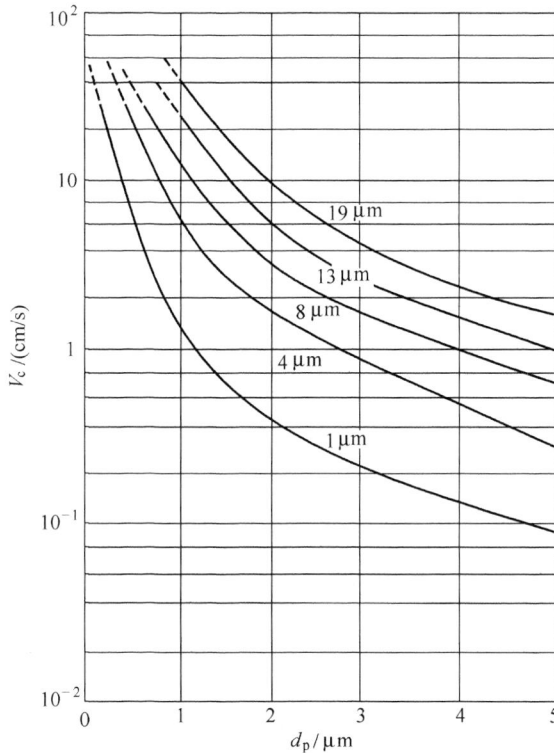

图 3-14　纤维直径和微粒直径对惯性冲撞临界流速的影响

当气流速度较大时,颗粒的惯性冲撞捕集效率 η_1 应加以考虑,η_1 可按下式计算:

$$\eta_1 = 0.075 \sqrt{2St} \tag{3-9}$$

$$St = \frac{d_p^2 \rho_p v}{18\mu d_f} \tag{3-10}$$

式中:St——Stokes 数。

2. 拦截滞留作用机理

细菌等微粒的质量小,紧随空气流的流线前进,当空气流线中所携带的细菌等颗粒和纤维接触而被捕集时,称为拦截或阻截。截留微粒的捕集效率几乎完全取决于微粒的直径,和气流速度关系不大。微粒流线与单纤维介质的距离为

$$s = \frac{d_p}{2}$$

当 $s > \dfrac{d_p}{2}$ 时,微粒与纤维不碰撞,被气流带走;当 $s < \dfrac{d_p}{2}$ 时,微粒与纤维碰撞而被截留。

纤维对微粒的拦截捕集效率用 η_2 表示。拦截滞留作用对微粒的捕集效率与气流的雷诺数以及微粒与纤维直径比的关系可总结成下面的经验公式:

$$\eta_2 = \frac{1}{2(2.00 - \ln Re)} \left[2(1+R)\ln(1+R) - (1+R) + \frac{1}{1+R} \right] \tag{3-11}$$

式中: R ——微粒直径与纤维直径的比,$R = \dfrac{d_p}{d_f}$;

Re ——气流雷诺数,$Re = \dfrac{d_f v \rho}{\mu}$。

式(3-11)虽然不能完善地反映各参数变化过程纤维拦截滞留微粒的规律,但对气流速度 v 等于和小于气流临界流速 v_c 时计算得到的单纤维拦截滞留微粒的效率是比较接近实际的。

3. 布朗扩散作用机理

微小的颗粒受到空气分子的碰撞,发生布朗扩散运动。由于布朗扩散运动,微小的颗粒与纤维介质相碰撞而被捕集。布朗扩散对微粒的捕集效率用 η_3 表示。颗粒直径越小,气流速度越小,扩散捕集效率越高;反之则小。设微粒扩散运动的最大位置移动距离为 $2x_0$,则离纤维 $2x_0$ 范围内气流中的微粒都可能会因布朗扩散运动与纤维接触,滞留在纤维上。布朗扩散捕集效率可用拦截捕集效率的经验公式计算,但其中用微粒扩散运动距离 $2x_0$ 代替微粒的直径 d_p,即

$$\eta_3 = \frac{1}{2(2.00 - \ln Re)} \left[2\left(1 + \frac{2x_0}{d_f}\right)\ln\left(1 + \frac{2x_0}{d_f}\right) - \left(1 + \frac{2x_0}{d_f}\right) + \frac{1}{1 + \frac{2x_0}{d_f}} \right]$$
$$\tag{3-12}$$

式中

$$\frac{2x_0}{d_f} = \left[1.12 \times \frac{2(2.00 - \ln Re)D_{BM}}{v d_f} \right]^{\frac{1}{3}} \tag{3-13}$$

其中

$$D_{BM} = \frac{ckT}{3\pi\mu d_p}$$

式中: D_{BM} ——微粒扩散系数;

k ——玻耳兹曼常数,$k = 1.38 \times 10^{-23}$ J/K;

T ——热力学温度;

c ——修正系数。

4. 静电吸附作用机理

干空气流通过介质滤层时,因运动摩擦作用会产生诱导电荷,纤维和树脂处理过的纤维,尤其是一些合成纤维表面产生电荷更为显著。悬浮在空气中的微生物微粒大多带有不同的电荷,例如枯草芽孢杆菌约有 20% 带正电荷,15% 带负电荷,其余为电中性。与不带电荷的微粒相比,带电荷的微粒因与过滤介质产生静电吸引作用而更容易被捕集。但至目前尚未有定量数据。

5. 重力沉降作用机理

当颗粒所受的重力大于气流对它的拖带力时,颗粒就容易沉降。就单一的重力沉降作用而言,大颗粒比小颗粒的沉降作用显著,当气流速度很低时,小颗粒才有沉降作用。

在空气的过滤除菌中,以上的几种机理对微粒的捕集效率随着参数变化有着复杂的关系,目前还不能进行准确的理论计算。一般认为惯性冲撞、拦截和布朗扩散运动对微粒的捕集效率较高,而静电吸附和重力沉降对微粒的捕集效率较小。图 3-15 表示惯性冲撞、拦截和布朗扩散对微粒的捕集工作原理。

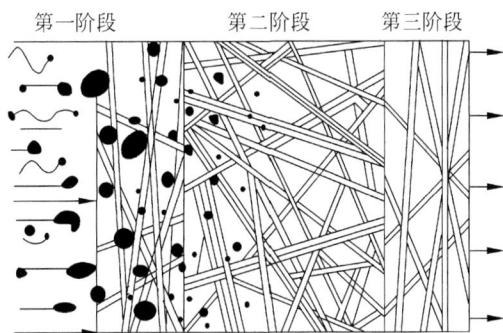

图 3-15　惯性冲撞、拦截和布朗扩散对微粒的捕集工作原理

若假定惯性冲撞、拦截和布朗扩散对微粒的捕集效率 η_1、η_2、η_3 彼此互不影响,则单纤维对微粒的总捕集效率 η_0 为

$$\eta_0 = \eta_1 + \eta_2 + \eta_3 \tag{3-14}$$

3.4.3　空气过滤器设计

1. 对数穿透定律

设过滤前空气中含有的微粒数为 N_1,过滤后空气中残留的微粒数为 N_2,则微

粒通过滤层的穿透率 p 为

$$p = \frac{N_2}{N_1} \tag{3-15}$$

滤层除菌效率 η 为

$$\eta = \frac{N_1 - N_2}{N_1} = 1 - \frac{N_2}{N_1} = 1 - p \tag{3-16}$$

例如，过滤前空气中含有的微粒数为 6000 个/m³，滤层通风量为 15 m³/min，发酵周期 100 h，要求分批发酵每千罐只允许有一个杂菌通过过滤层，即 $N_2 = 10^{-3}$，则菌体穿透率 p 为

$$p = \frac{10^{-3}}{6000 \times 60 \times 15 \times 100} = 1.85 \times 10^{-12}$$

研究空气过滤器的过滤规律时，假定过滤器中每一根纤维介质周围的空气流态不因其他临近纤维的存在而受影响；空气中的微粒与纤维表面接触后即被吸附，不再被空气流带走；过滤器的过滤效率与空气中的微粒浓度无关；空气中的微粒在滤层中均匀减递。则空气通过单位滤层厚度的微粒浓度下降与空气中的微粒浓度成正比

$$-\frac{\mathrm{d}N}{\mathrm{d}l} = KN \tag{3-17}$$

式中：$\dfrac{\mathrm{d}N}{\mathrm{d}l}$——单位滤层除去的微粒数，个/cm；

$\quad\quad N$——进入单位滤层的空气中的微粒数，个；

$\quad\quad K$——过滤常数，cm^{-1}。

将式(3-17)积分：

$$-\int_{N_1}^{N_2} \frac{\mathrm{d}N}{N} = K\int_0^L \mathrm{d}l$$

得

$$\ln \frac{N_2}{N_1} = -KL \quad\quad \text{或} \quad\quad \lg \frac{N_2}{N_1} = -K'L \tag{3-18}$$

式(3-18)称为对数穿透定律，它表示进入滤层的微粒数与穿透滤层的微粒数之比的对数是滤层厚度的函数。K 值的大小与很多因素有关，如空气流速、纤维的种类、纤维直径、纤维的填充密度、空气中微粒的大小等。可以选择特定的条件，通过实验求得 K 值。如棉花纤维的直径为 16 μm，填充系数为 8% 的条件下，测得的 K' 值如表 3-4 所示。

表 3-4　填充系数为 8% 的 16 μm 棉花纤维的 K' 值

空气流速 v/(m/s)	0.05	0.10	0.50	1.0	2.0	3.0
K'/cm^{-1}	0.193	0.135	0.1	0.195	1.32	2.55

当采用经糠醛树脂处理过的直径为 14 μm 的玻璃纤维时,以枯草杆菌实验时,测得的 K' 如表 3-5 所示。

表 3-5 14 μm 玻璃纤维的 K' 值

空气流速 v/(m/s)	0.03	0.15	0.30	0.92	1.52	3.15
K'/cm^{-1}	0.567	0.252	0.193	0.394	1.50	6.05

由于 K(或 K')值的大小随很多因素的变化而变化,有时实验有一定的局限性,因此也可以通过上面分析的单纤维捕集效率,通过参数关系来计算 K(或 K')值。K 值的计算可采用下面的经验公式

$$K = \frac{4\alpha(1 + 4.5\alpha)}{\pi d_{\mathrm{f}}(1 - a)}\eta_0 \tag{3-19}$$

式中:α——纤维填充率,$0 < \alpha < 1$。

当纤维直径较小,填充密度较大,滤层较薄时,用式(3-19)计算的 K 值是比较符合实际的;但对滤层较厚时,K 值的计算误差就大一些。

为了实验和计算的方便,可以采用过滤效率为 0.9 时作为设计计算对比基准:

$$\eta_{90} = \frac{N_1 - N_2}{N_1} = 1 - \frac{N_1}{N_2} = 0.9$$

即

$$\left(\frac{N_2}{N_1}\right)_{90} = 1 - 0.9 = 0.1$$

则

$$\lg\left(\frac{N_2}{N_1}\right)_{90} = \lg 0.1 = -1 = -K'L_{90}$$

将式(3-18)与上式相比,得

$$\frac{\lg \dfrac{N_2}{N_1}}{\lg\left(\dfrac{N_2}{N_1}\right)_{90}} = \frac{-K'L}{-K'L_{90}} = \frac{L}{L_{90}}$$

即

$$\left.\begin{aligned} \lg \frac{N_2}{N_1} &= -\frac{L}{L_{90}} \\ \lg \frac{N_1}{N_2} &= \frac{L}{L_{90}} \end{aligned}\right\} \tag{3-20}$$

与式(3-18)比较可见,$K' = 1/L_{90}$。这可以理解为常数 K' 是过滤效率为 90% 时所需滤层厚度的倒数。K' 越大,L_{90} 越小;反之 K' 越小,L_{90} 越大。采用 16 μm 的玻璃纤维为过滤介质时,用枯草芽孢杆菌作实验测得的 L_{90} 数据如表 3-6 所示。

当空气通过厚度小于 4 cm 的薄层纤维进行过滤时,对数穿透定律是正确的;但对于厚层纤维过滤而言,因为存在微粒的纵向分布问题,对数穿透定律不完全适用。但目前厚层纤维过滤也采用上述的计算方法。

表 3-6   直径 16 μm 玻璃纤维的 L_{90} 值

空气流速 v/(m/s)	0.03	0.15	0.30	1.52	3.05
L_{90}/cm	4.05	8.50	11.70	1.53	0.38

2. 过滤压力降

压缩空气通过滤层时,与过滤介质的摩擦作用引起的压力降是一种能量损失,压力降用 ΔP 表示。ΔP 值的大小随滤层厚度、空气流速、过滤介质的性质以及填充情况而变化,可用如下的经验公式计算:

$$\Delta P = cL\,\frac{2\rho v^2 \alpha^m}{\pi d_f} \tag{3-21}$$

式中:ΔP——过滤层的压力降,Pa;

L ——过滤层厚度,m;

ρ——空气密度,kg/m³;

α——过滤介质填充率;

v——空气实际流速,m/s,$v = \dfrac{v_s}{1-\alpha}$,$v_s$ 为过滤器空截面的空气流速,m/s;

d_f——纤维直径,m;

m——实验指数(棉花纤维 1.45,19 μm 玻璃纤维 1.35,8 μm 玻璃纤维 1.55);

c——阻力系数(是雷诺数的函数),当以棉花纤维为过滤介质时,$c \approx 100/Re$,当以玻璃纤维为过滤介质时,$c \approx 52/Re$。

在相同的气流雷诺数下,空气通过玻璃纤维的压力降比棉花纤维的要小。

要评价一种过滤介质是否优越,主要是看其过滤除菌效率 η。而 η 是 K 和 L 的函数,K 值越大,需要的 L 值则越小;同时,空气通过过滤介质层的压降 ΔP 越小越好,所以常把 $KL/\Delta P$ 值作为综合性的指标来评价空气过滤器的性能。

3. 空气过滤器设计计算

【例 3-1】   设计一台通风量为 50 m³/min 的玻璃纤维过滤器,空气压力为 4 kg/cm² 绝对压力,进入过滤器的空气含杂菌浓度为 4000 个/m³,发酵周期 100 h,要求在整个发酵周期内只允许有 1/1000 个微粒通过。工作温度 30℃。试确定过滤介质层厚度、过滤器直径和压力降。

解:(1)求算过滤层厚度 L

选用直径 16 μm 的玻璃纤维,填充率 $\alpha = 8\%$,空气流速(空截面流速)v_s 采用

1.52 m/s,按表 3-6 查得 $L_{90}=1.53$ cm,则

$$K' = 1/L_{90} = 1/1.53(\text{cm}^{-1})$$

按式(3-18),过滤层厚度为

$$L = -\frac{1}{K'}\lg\frac{N_2}{N_1} = -1.53\lg\left(\frac{10^{-3}}{4000 \times 50 \times 60 \times 100}\right)$$

$$= 1.53\lg(1.2 \times 10^{12}) = 18.48(\text{cm})$$

（2）求算过滤器直径

操作状态下$(P_2、V_2、T_2)$的空气体积流量 V_2 由气体状态方程求算。

空气压力　　　　　　$P_1 = 1$ kg/cm^2 = 98070 Pa

$$P_2 = 4 \text{ kg/cm}^2 = 392280 \text{ Pa}$$

空气体积流量　　　　$V_1 = 50\text{m}^3/\text{min} = 0.833 \text{ m}^3/\text{s}$

$$V_2 = V_1\frac{P_1}{P_2}\frac{T_2}{T_1} = 0.833 \times \frac{98070}{392280} \times \frac{273+30}{273+20}$$

$$= 0.2154(\text{m}^3/\text{s})$$

过滤器直径　　　　$D = \sqrt{\frac{4V}{\pi v_s}} = \sqrt{\frac{4 \times 0.2154}{\pi \times 1.52}} = 0.425(\text{m})$

（3）求算过滤器压力损失

按式(3-21)计算过滤器压力损失

$$\Delta P = cL\frac{2\rho v^2\alpha^m}{\pi d_f}$$

空气实际流速　　　$v = \frac{v_s}{1-\alpha} = \frac{1.52}{1-0.08} = 1.652(\text{m/s})$

空气在操作状态下的密度可由气体状态方程导出：

$$\rho = \rho_0\frac{P_2}{P_0}\frac{T_0}{T_2} = 1.293 \times \frac{4}{1} \times \frac{273}{273+30} = 4.67(\text{kg/m})^3$$

空气粘度　$\mu = 1.9 \times 10^{-6}(\text{kg} \cdot \text{s/m}^2) = 18.633 \times 10^{-6}(\text{N} \cdot \text{s/m}^2)$

气流雷诺数　$Re = \frac{d_f v \rho}{\mu} = \frac{16 \times 10^{-6} \times 1.652 \times 4.67}{18.633 \times 10^{-6}} = 6.625$

以玻璃纤维为过滤介质,阻力系数为

$$c \approx \frac{52}{Re} = \frac{52}{6.625} = 7.85$$

$$\Delta P = cL\frac{2\rho v^2\alpha^m}{\pi d_f}$$

$$= 7.85 \times 0.1848 \times \frac{2 \times 4.67 \times 1.652^2 \times 0.08^{1.45}}{\pi \times 16 \times 10^{-6}}$$

$$= 18896(\text{Pa})$$

【例 3-2】　设计一台通风量 20 m³/min 的玻璃纤维过滤器,玻璃纤维直径为 10 μm,进入过滤器的空气含杂菌浓度为 4000 个/m³,发酵周期 100 h,要求在整个发酵周期内只允许有 1/1000 个微粒通过。其他已知条件如下:

微粒直径　　　$d_p=1.1\ \mu m=1.1\times10^{-6}$ m

微粒密度　　　$\rho_p=1000$ kg/m³

纤维直径　　　$d_f=10\ \mu m=10^{-5}$ m

空气压力　　　$P=4$ kg/cm²$=392280$ Pa

空气密度(工作状态下)　　　$\rho=4.67$ kg/m³

空气粘度　　　$\mu=1.863\times10^{-5}$ N·s/m²

修正系数　　　$c=1.16$

工作温度　　　$T=30℃=303$ K

试确定过滤器介质层厚度。

解:当采用直径为 10 μm 的玻璃纤维为过滤介质时,由于没有滤层厚度计算的过滤常数的实验值,采用单纤维捕集效率进行计算。

(1) 求算空气的临界流速 v_c

由式(3-8)得

$$v_c=1.125\ \frac{\mu d_f}{c\rho_p d_p^2}=1.125\times\frac{1.863\times10^{-5}\times10^{-5}}{1.16\times10^3\times(1.1\times10^{-6})^2}=0.149\ (m/s)$$

此时,空气中微粒的惯性冲撞捕集效率 η_1 可忽略不计。

(2) 求算拦截捕集效率 η_2

$$Re=\frac{d_f v_c\rho}{\mu}=\frac{10^{-5}\times0.149\times4.67}{1.863\times10^{-5}}=0.373$$

$$R=\frac{d_p}{d_f}=\frac{1.1}{10}=0.11$$

$$\eta_2=\frac{1}{2(2.00-\ln Re)}\left[2(1+R)\ln(1+R)-(1+R)+\frac{1}{1+R}\right]$$

$$=\frac{1}{2(2.00-\ln0.373)}\left[2(1+0.11)\ln(1+0.11)-(1+0.11)+\frac{1}{1+0.11}\right]$$

$$=0.1674\times0.02168=0.0036292$$

(3) 求算扩散捕集效率 η_3

微粒扩散系数 D_{BM} 为

$$D_{BM}=\frac{ckT}{3\pi\mu d_p}=\frac{1.16\times1.38\times10^{-23}\times303}{3\pi\times1.863\times10^{-5}\times1.1\times10^{-6}}=2.51\times10^{-11}\ (m^2/s)$$

式中:k——玻耳兹曼常数,$k=1.38\times10^{-23}$ J/K。

$$\frac{2x_0}{d_{\mathrm{f}}} = \left[1.12 \times \frac{2(2.00 - \ln Re)D_{\mathrm{BM}}}{vd_{\mathrm{f}}}\right]^{\frac{1}{3}}$$

$$= \left[1.12 \times \frac{2(2.00 - \ln 0.373) \times 2.51 \times 10^{-11}}{0.149 \times 10^{-5}}\right]^{\frac{1}{3}}$$

$$= 0.04830$$

$$\eta_3 = \frac{1}{2(2.00 - \ln Re)}\left[2\left(1 + \frac{2x_0}{d_{\mathrm{f}}}\right)\ln\left(1 + \frac{2x_0}{d_{\mathrm{f}}}\right) - \left(1 + \frac{2x_0}{d_{\mathrm{f}}}\right) + \frac{1}{1 + \frac{2x_0}{d_{\mathrm{f}}}}\right]$$

$$= \frac{1}{2(2.00 - \ln 0.373)}\left[2(1 + 0.04830)\ln(1 + 0.04830)\right.$$

$$\left. - (1 + 0.04830) + \frac{1}{1 + 0.04830}\right]$$

$$= 0.1674 \times 0.00452$$

$$= 0.0007566$$

（4）求算单纤维捕集效率 η_0

$$\eta_0 = \eta_2 + \eta_3$$

$$= 0.0036292 + 0.0007566 = 0.004386$$

（5）求算 K 值

由式(3-19)有

$$K = \frac{4a(1 + 4.5a)}{\pi d_{\mathrm{f}}(1 - a)}\eta_0$$

$$= \frac{4 \times 0.08(1 + 4.5 \times 0.08)}{\pi \times 10^{-5}(1 - 0.08)} \times 0.004386$$

$$= 66.08$$

（6）求算滤层厚度 L

$$L = \frac{\ln\dfrac{N_2}{N_1}}{-K} = \frac{\ln\dfrac{10^{-3}}{4000 \times 20 \times 60 \times 100}}{-66.8} = 0.403\,(\mathrm{m})$$

习　　题

3-1　空气预处理流程中各单元设备的作用是什么？

3-2　列出几种常用的空气预处理流程，分析各流程的适用条件。

3-3　空气深层过滤除菌的机理是什么？

3-4　设计一台通风量为 55 m³/min 的玻璃纤维过滤器,空气压力为 4 kg/cm² 绝对压力,进入过滤器的空气含杂菌浓度为 3800 个/m³,发酵周期 100 h,要求在整个发酵周期内只允许有 1/1000 个微粒通过。工作温度 30℃。试确定过滤介质层厚度、过滤器直径和压力降。

符 号 说 明

T	热力学温度,K	d_f	纤维直径,m
P	压力,Pa	d_p	微粒直径,m
v	空气或微粒的流速,m/s	b	气流宽度,m
ρ_G	空气的密度,kg/m³	η	过滤效率
ρ_L	液滴的密度,kg/m³	c	修正系数,阻力系数
K	多变指数,绝热指数,比例系数,过滤常数	ρ_p	微粒密度,kg/m³
		μ	空气粘度,kg/(s·m)
c_p	比定压热容	s	距离,m
c_V	比定容热容	R	微粒直径与纤维直径的比
H	空气的湿含量,kg/kg(干空气)	Re	气流雷诺数
M_w	水的摩尔质量,取 18	D_{BM}	微粒扩散系数
M_g	空气的摩尔质量,取 29	p	菌体穿透率
P_w	空气中水蒸气的分压,Pa	L	滤层厚度,cm
P_g	干空气分压,Pa	α	过滤介质填充率
P_s	水蒸气的饱和蒸气压,Pa	ΔP	过滤层的压力降,Pa
φ	空气的相对湿度、惯性参数	m	实验指数

参 考 文 献

1. Aiba S, Humphrey A E, Millis N F. Biochemical Engineering. 2nd ed. New York: Academic Press, 1973

2. Holly Haughney. Filtration, air. In: Flickinger M C, Drew S W, ed. Encyclopedia of Bioprocess Technology: Fermentation, Biocatalysis, and Bioseparation. New York: John Wiley & Sons, Inc., 1999

3. 王成英. DJ-K 系列空气过滤器的研制及在发酵工业的应用. 医药工程设计杂志, 2004, 25(6): 1~3

4. 袁品坦. 各种空气过滤器的性能及其应用效果. 发酵科技通讯, 2002, 31(3): 26~31

　　5. 华南工学院，大连轻工业学院，天津轻工业学院，无锡轻工业学院. 发酵工程与设备.
北京:轻工业出版社,1981

　　6. 伦士仪.生化工程. 第 2 版. 北京:中国轻工业出版社,2008

阅 读 书 目

1. 梅乐和，姚善泾，林东强. 生化生产工艺学. 北京:科学出版社,2000

2. 俞俊堂，唐孝宣. 生物工艺学. 上海:华东理工大学出版社,1992

3. 俞俊堂，唐孝宣，邬行彦，等. 新编生物工艺学(上). 北京:化学工业出版社,2002

第4章 通气和搅拌

提 要

需氧微生物的生长繁殖和代谢需要氧气,对需氧微生物而言,氧犹如必需的基质之一。然而氧气在水中的溶解度很低,因此,在需氧微生物液体培养时,必须自始至终不间断地向微生物提供溶解氧。工业上采用向培养液通入无菌空气,同时用对培养液进行搅拌的方法提供溶解氧。搅拌的作用除了使反应体系混合均匀外,还在于打碎通入空气的气泡,提高溶氧效率。

微生物细胞的耗氧量常用比耗氧速率(呼吸强度)和摄氧率来表示。单位质量的细胞在单位时间内消耗的氧量称为比耗氧速率 Q_{O_2} (mol(O_2)/(g(干菌体)·s))。单位体积培养液在单位时间内消耗的氧量称为摄氧率 r(mol(O_2)/(L·s))。细胞比耗氧速率与摄氧率之间的关系为 $r = Q_{O_2} X$,X 为菌体浓度。

虽然氧在培养液中溶解度很低,但在培养过程中不需要使溶氧浓度达到或接近饱和值,而只要超过某一临界溶氧浓度即可。临界溶氧浓度是指当培养液中不存在其他限制细胞生长的基质时,不影响需氧微生物细胞生长繁殖的最低溶解氧浓度。微生物的临界溶氧浓度大约是饱和溶氧浓度的 $1\% \sim 25\%$。

微生物的比耗氧速率 Q_{O_2} 与溶氧浓度 C_L 之间的关系可用与米氏方程类似的方程来描述:$Q_{O_2} = \dfrac{(Q_{O_2})_m \cdot C_L}{K_o + C_L}$。

氧的溶解过程本质上是气体吸收过程。气体吸收是指气体从气相到液相单方向溶解的物质传递过程。双膜理论被认为是工程上解决氧气传质问题的基本理论。氧的传递过程可分为供氧过程和耗氧过程两个方面,供氧过程是指空气中的氧气从空气泡通过气膜、气液传质界面和液膜扩散到液相主体中;耗氧过程是指分子氧自液相主体通过液膜、液固界面、细胞壁和膜扩散到细胞内。氧从气相传递到液相要经历一系列传递过程,须克服各步骤传递阻力。供氧过程中氧在克服传递阻力进行传递时的总推动力是气相中氧的分压力与液相中氧浓度之差,这一总推动力消耗在各项传递阻力上。

根据双膜理论建立的氧气从气相传递到液相的基本方程式为 $N_v = K_L a(C^* - C)$,N_v 为体积溶氧速率(kmol/(m^3·h)),C^* 为与气相氧分压平衡的氧浓度,C 为液相的溶氧浓度。体积溶氧系数 $K_L a$ 有多种测量方法,如亚硫酸盐氧化法、氧的平衡法、动态溶氧电极法等。其中亚硫酸盐氧化法测定的是非培养情况下需氧反应器的 $K_L a$,但其参比价值不可低估。

发酵罐中常用的机械搅拌器可分为轴向流推进式和径向流推进式两大类,前者如螺旋桨式,后者如涡轮式。螺旋桨式搅拌器的特点是产生的液流循环量大,混合效果较好,但其对液体产生的剪切力较低,对气泡的分散效果差。涡轮式搅拌器的特点是对液体的剪切作用强烈,同时液流循环量大。常用的涡轮式搅拌器的叶片有平叶式、弯叶式和箭叶式。

搅拌功率是指搅拌器输入搅拌液体的功率。反应器的溶氧速率以及混合强度与搅拌功率关系密切。在保证传质速率和液体混合效果的前提下,输入功率应尽量减小。

影响搅拌功率大小的因素主要有反应器的结构参数、反应器操作参数以及反应液物性参数三类。功率准数 N_P $\left(N_P = \dfrac{P_0}{\rho N^3 D^5} = K \left(\dfrac{D^2 N \rho}{\mu} \right)^m = K \left(Re_m \right)^m \right)$ 是为了方便描述搅拌功率与各主要影响因素的关系而提出来的,它表示机械搅拌所施加于单位体积被搅拌液体的外力与单位体积被搅拌液体的惯性力之比。功率准数又可描述为搅拌雷诺数的函数。不通气条件下常用的搅拌器功率准数与搅拌雷诺数之间的关系已被标绘成曲线,利用 N_P-Re_m 曲线可方便地计算出不通气条件下的搅拌功率。同一搅拌器在相同的转速下,输入通气液体的搅拌功率要小于不通气液体的搅拌功率。

由于通气发酵罐中气体分散的不连续性和随机性,要得到准确计算通气时搅拌功率的关联式是困难的。学者们提出了多个用于描述通气液体搅拌功率分析与计算的关联式,例如福田秀雄提出的关联式 $P_g = 2.25 \left(\dfrac{P_0^2 N D^3}{Q^{0.08}} \right)^{0.39} \times 10^{-3}$,可用于 40 m³ 以下和稍大于 40 m³ 发酵罐的通气搅拌功率的计算。

牛顿型流体的流动特征是剪切应力与剪切速率成正比,粘度只是温度的函数,粘度不随剪切速率的变化而变化,其流动状态方程为 $\tau = \mu \gamma$,式中 τ 为剪切应力,μ 为粘度,γ 为剪切速率。不满足上述牛顿型流动特征的流体称为非牛顿型流体。很多丝状菌培养液显示非牛顿型流体特征。非牛顿型流体流动状态方程可表示为与牛顿型流体相似的形式 $\tau = \mu_a \gamma$,而 $\mu_a = k \gamma^{n-1}$,式中 μ_a 为表观粘度,k 为粘性常数,n 为流态特性指数。与 μ 不同的是,μ_a 是非牛顿型流体在某一流速的粘度。发酵液的表观粘度不但是剪切速率的函数,同时还是粘性常数 k 和流态特性指数 n 的函数,表现为随培养时间而变化。

非牛顿型流体的流动与功率消耗的关系很复杂,针对一些具体的反应物系已得到一些规律。非牛顿型流体搅拌功率的计算可借鉴牛顿型流体搅拌功率的计算方法,但是,非牛顿型流体的表观粘度随搅拌转速而变化,需先确定既定搅拌转速下的表观粘度 μ_a,再依次确定搅拌雷诺数 Re_m、功率准数 N_P、不通气与通气搅拌功率 P_0 和 P_g。

影响体积传氧系数 K_La 值大小的主要因素有反应器结构参数、反应器操作变量和反应液物性参数三类。已经建立了一些反应器结构参数和操作变量与 K_La 之间的关联式,这类关联式对量化分析影响 K_La 的因素,从而设计和操作生物反应器非常必要。建立这类关联式的另一个重要目的是用于反应器的比拟放大。K_La 与反应器结构参数和操作变量关联式应该适合较宽的设备尺寸范围和较大的操作参数范围。但是,建立这样的带有经验性质的准确的关联式是比较困难的。已经建立的这类关联式中,多数是依据设备容量和操作变量范围不大的数据而取得的,应用时具有一定的局限性。值得注意的是,建立这类关联式时,常常将反应液的物性参数作为常量来考虑,而实际的有生物代谢活动的反应液的物性参数并非都是常量。但这类关联式对实际反应体系具有非常重要的参比意义。

真实细胞培养液中的 K_La 值受多种因素的影响。为使培养过程的溶氧浓度自始至终地满足细胞生长代谢的需求,有时应该采取必要的措施提高传氧速率。提高传氧速率的途径有提高体积溶氧系数 K_La 和提高传氧推动力两个方面,增加搅拌转速、增加通风量,或同时增加搅拌转速与通风量、增加罐压、增加气体组成中的氧分压等措施都可提高传氧速率。

K_La 值的大小是评价通风生物反应器的一个重要指标,但不是唯一的指标。性能良好的通风反应器,应具有较高的 K_La 值,同时消耗的能量较小。

在微生物液体培养反应器内,为了保持微生物与反应基质的均匀混合,需要搅拌,但这只需要相对较小的搅拌功率。例如工业上利用乳酸杆菌的兼性厌氧乳酸发酵,用 $40\sim60$ r/min 的搅拌速度就可以满足微生物与反应基质均匀混合的需求;再例如兼性厌氧的酵母乙醇发酵,在发酵过程中产生的二氧化碳气泡造成的发酵液循环也可以满足这种需要。

对于需氧发酵系统而言,情况有所不同。需氧发酵系统的微生物需要有溶解氧参与代谢活动,无论是基质的氧化、菌体的生长、产物的代谢合成,均需要大量的氧。在需氧微生物培养系统中,氧犹如必须的基质之一。然而,氧气在水中的溶解度很低,是一种难溶气体,在 25℃ 的常压下,空气中的氧在纯水中的溶解度只有 0.25 mol/m³ 左右。微生物培养基中含有大量的有机物和无机盐,因而氧在培养基中的溶解度就更低,约为 0.21 mol/m³。1 mL 的微生物培养液中有 1 亿到 10 亿个细胞,对于这样数量庞大的生长旺盛的细胞培养系统来说,需氧量是非常大的。如果外界不能及时地供给氧,这些溶解氧仅能维持微生物菌体几秒到几十秒的正常呼吸,随后溶解氧浓度就接近 0 了。因此,与向微生物培养体系提供其他营养物质的方式不同,在需氧发酵系统中,必须自始至终不间断地向微生物提供溶解氧。在实验室中,可以通过摇瓶机的往复运动或旋转运动对摇瓶中的微生物供氧。工业上采用向需氧发酵系统通入无菌空气,并同时进行搅拌的办法来提供微生物需要的溶解氧,此时,搅拌的更重要作用在于打碎通入空气的气泡,提高溶氧效率。

在需氧液体发酵工业生产中,消耗在给微生物反应提供必需的氧气,包括气体的通入和搅拌等方面的费用占生产成本的比例很大。实际上微生物能利用的氧气量与向反应器中通入的空气中的氧气量相比是很低的,多数情况下不超过 20%,大部分氧气无法被利用而从反应器中排出。所以,对于需氧发酵系统来说,如何通过搅拌等手段提高氧气向反应液的传质速率是非常重要的。即使在今天,许多生化工程工作者仍然在探索开发氧传递性能高的反应器。

4.1 细胞对氧的需求

氧既是细胞的组成成分,又是细胞代谢产物的构成元素。培养基中的水及糖等物质可以提供氧元素,但需氧微生物细胞必须利用分子态的氧作为呼吸链电子传递系统末端的电子受体,将有机物氧化成二氧化碳和水。在呼吸链的电子传递过程中释放的大量能量供细胞的生长和代谢反应使用。对于这类需氧微生物细胞而言,溶解氧不足就会抑制细胞的生长与代谢。兼性厌氧微生物如酵母菌和乳酸菌,可在无氧的条件下通过酵解来获得生长和代谢需要的能量。

氧不能被微生物菌体单独利用,只能在培养过程中随着能源底物的利用而消耗。各种需氧微生物所含的氧化酶如过氧化氢酶、细胞色素氧化酶、黄素脱氢酶等的种类和数量不同,在不同的环境条件下,各种不同的微生物的需氧量是不同的。

4.1.1 耗氧速率

微生物细胞的耗氧速率常用比耗氧速率(呼吸强度)和摄氧率来表示。单位质量的细胞在单位时间内消耗的氧量称为比耗氧速率 Q_{O_2},又称为呼吸强度(respiration rate),单位为 $mol(O_2)/(g(干菌体) \cdot s)$;单位体积培养液在单位时间内消耗的氧量称为摄氧率(r),单位为 $mol(O_2)/(L \cdot s)$。细胞比耗氧速率与摄氧率之间的关系为

$$r = Q_{O_2} X \tag{4-1}$$

式中:r —— 摄氧率,$mol(O_2)/(L \cdot s)$;

Q_{O_2}——比耗氧速率,mol(O_2)/(g(干菌体)·s);

X——细胞浓度,g/L。

微生物的呼吸强度的大小受多种因素的影响,其中发酵液中的溶解氧浓度对呼吸强度的影响多用与米氏方程类似的方程来描述:

$$Q_{O_2} = \frac{(Q_{O_2})_m C_L}{K_o + C_L} \tag{4-2}$$

式中:Q_{O_2}——比耗氧速率,mol(O_2)/(g(干菌体)·s);

$(Q_{O_2})_m$——最大比耗氧速率,mol(O_2)/(g(干菌体)·s);

C_L——溶氧浓度,mol/m^3;

K_o——微生物对氧气的米氏常数,mol/m^3。

表 4-1 和表 4-2 分别列出了一些微生物对氧的米氏常数和最大比耗氧速率。

表 4-1   一些微生物对氧气的米氏常数

微生物	温度/℃	K_o/(mol/m^3)
产气杆菌(*Aerobacter aerogenes*)	35	3.75×10^{-4}
巨大芽孢杆菌(*Bacillus megaterium*)	34	3.43×10^{-3}
面包酵母(*Saccharomyces cerevisiae*)(葡萄糖)	19	6.56×10^{-4}
面包酵母(*Saccharomyces cerevisiae*)(乙醇)	25	4.06×10^{-4}
清酒酵母(*Saccharomyces sake*)	30	1.81×10^{-3}
产朊假丝酵母(*Candida utilis*)	30	1.31×10^{-3}
米曲霉(*Aspergillus oryzae*)	30	$5.0 \times 10^{-3} \sim 5.9 \times 10^{-3}$

表 4-2   一些微生物的最大比耗氧速率

微生物	$(Q_{O_2})_m$/(mol(O_2)/(kg(干菌体)·s))
大肠杆菌	3.0×10^{-3}
啤酒酵母	2.2×10^{-3}
灰色链霉菌	8.3×10^{-4}
黑曲霉	8.3×10^{-4}
产黄青霉菌	1.1×10^{-3}

4.1.2   临界溶氧浓度

虽然氧在培养液中溶解度很低,但在培养过程中不需要使溶氧浓度达到或接近饱和值,而只要超过某一临界溶氧浓度即可。临界溶氧浓度是指当培养基中不存在其他限制细胞生长的基质时,不影响需氧微生物细胞生长繁殖的最低溶解氧浓度。微生物的临界溶氧浓度大约是饱和溶氧浓度的 $1\%\sim25\%$。表 4-3 列出了一些微生物的临界溶氧浓度值。

表 4-3　一些微生物的临界溶氧浓度 C_{cr}

微生物	温度/℃	$C_{cr}/(mol/m^3)$
大肠杆菌	37.8	0.0082
大肠杆菌	15	0.0031
发光细菌	24	0.010
维涅兰德固氮菌	30	$0.018\sim0.049$
脱氮假单胞菌	30	0.009
酵母	34.8	0.0046
酵母	20	0.0037
产黄青霉菌	30	0.009
产黄青霉菌	24	0.0022
米曲霉	30	0.002

　　微生物的呼吸强度与溶氧浓度的关系如图 4-1 所示。如果培养液的溶氧浓度高于临界溶氧浓度,细胞的比耗氧速率保持恒定不变,细胞内呼吸体系的酶是被氧气完全饱和的,酶反应是限速步骤;如果溶氧浓度低于临界值,细胞的比耗氧速率就会大大下降,此时,呼吸酶类的氧气需求不饱和,溶氧是细胞生长的限制因子,这时细胞处于半厌氧状态,代谢活动受到影响。

　　为避免发酵处于限氧条件下,需要考察每一种发酵产物的临界溶氧浓度。从微生物培养系统取出微生物培养液样品(微生物浓度比较高时可进行适当的稀释),放入密闭容器中,立即用溶氧电极跟踪测定培养液溶氧浓度随时间的下降情况,可以得到类似于图 4-2 的曲线。当溶氧浓度数值大于临界溶氧浓度时,微生物

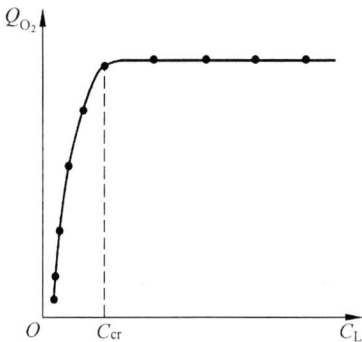

图 4-1　酵母的呼吸强度与溶氧浓度的关系　　　　图 4-2　临界溶氧浓度的测定

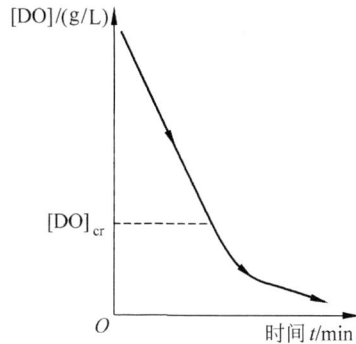

的呼吸强度 Q_{O_2} 随时间的变化直线下降,此时 Q_{O_2} 与溶氧浓度之间没有关系,Q_{O_2} 是定值;当溶氧浓度数值小于临界溶氧浓度时,Q_{O_2} 是溶氧浓度的函数,函数关系是二次曲线。临界溶氧浓度一般有一个大致的范围。

4.1.3   影响细胞需氧量的因素

在分批培养过程中,比耗氧速率和摄氧率都是变化的。在对数生长的初期,比耗氧速率达到最大值,此时细胞浓度较低,摄氧率不高。随着细胞浓度的快速增加,培养液的摄氧率也快速增加,在对数生长的后期达到最大值。然后,由于培养基中营养基质的消耗,代谢产物的积累,对数生长阶段结束,细胞活力降低,其比耗氧速率下降,培养液的摄氧率也下降。

培养基中碳源的种类对细胞的需氧量有较大的影响。一般来说,微生物细胞利用葡萄糖的速度比利用其他糖的速度快,所以在含葡萄糖的培养液中显示出较高的需氧量。当以烃类或油脂为碳源时,微生物细胞显示的需氧量更多,因此在以石油或油脂为底物的发酵工程中,发酵罐应有良好的供氧能力。

培养基中碳源的浓度对细胞的需氧量也有较大的影响。碳源浓度较低时,碳源成为细胞培养的限制性基质,细胞的比耗氧速率下降,如果此时补加碳源,细胞的比耗氧速率往往明显增加。此外,温度、pH 等培养条件对细胞的需氧量也有影响。一些对细胞有害的代谢产物的积累也会影响细胞的呼吸。

保持培养液溶氧浓度高于临界溶氧浓度可以满足微生物对氧的最大需要,从而可以获得最高的微生物细胞产量。但很多培养过程的目的不是为了获得细胞本身,而是为了获得细胞的代谢产物,溶解氧浓度对细胞生长和代谢产物生成的影响可能是不一致的,对于细胞生长的最适溶氧浓度不一定就是生成代谢产物的最适溶氧浓度。Hirose 等[1]考查了用黄色短杆菌生产各种氨基酸时溶氧浓度对氨基酸产量的影响,溶氧浓度与临界溶氧浓度之比定义为氧的满足度,各种氨基酸的生产与氧的满足度的关系如图 4-3 所示。溶氧浓度高于临界溶氧浓度时,谷氨酸、脯氨酸、精氨酸、赖氨酸、苏氨酸、异亮氨酸的产量增加;在溶氧浓度低于临界值时,苯丙氨酸、缬氨酸和亮氨酸的产量达到最大值,它们的最佳溶氧浓度分别为临界溶氧浓度的 0.55、0.60、0.85 倍。这是因为谷氨酸、赖氨酸等的生产都是通过三羧酸循环进行的,合成它们的前体是 α-酮戊二酸和草酰乙酸,供氧充分时,三羧酸循环的中间产物丰富,因此谷氨酸、赖氨酸等的产量就高;而苯丙氨酸、缬氨酸和亮氨酸则是通过糖酵解产物丙酮酸和磷酸烯醇式丙酮酸而得到的,供氧不充足时,通过三羧酸循环的糖代谢受到影响,所以有利于苯丙氨酸、缬氨酸和亮氨酸的生产。

微生物次级代谢产物的生产也有相似的情况。如 Feren 等[2]发现头孢菌素和

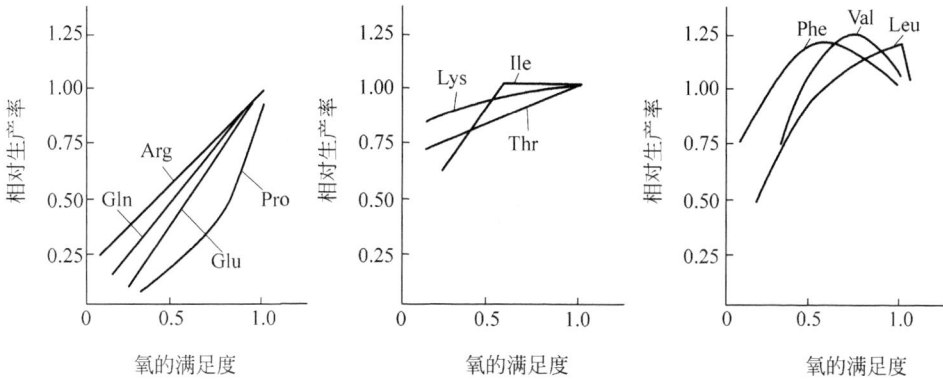

图 4-3　溶氧的浓度对氨基酸生产的影响

卷须霉素产生菌的临界溶氧浓度分别为饱和溶氧浓度的 $0\%\sim7\%$ 和 $13\%\sim23\%$，在二者的发酵生产中，头孢菌素的生产在溶氧浓度低于饱和溶氧浓度的 $10\%\sim20\%$ 时受到抑制，而卷须霉素的生产则在溶氧浓度低于饱和溶氧浓度的 8% 时受到抑制，所以，在头孢菌素生产中溶氧浓度应高于临界值，而卷须霉素的生产则应低于临界值。

4.2　液体培养过程中氧传递及速率

4.2.1　氧气的溶解度

气体在液相中的溶解度受气体分压、温度、液相中溶质的种类和浓度等因素的影响。气相中氧气的分压 P_{O_2} 与液相中氧的溶解度 C 之间的关系有亨利定律来描述，用下面的方程表达

$$P_{O_2} = HC \tag{4-3}$$

式中：P_{O_2}——气相中氧气的分压，atm；

　　　C——与 P_{O_2} 平衡时的氧气的溶解度，mol/m^3；

　　　H——与温度有关的亨利系数。

氧是一种难溶气体，在 25℃ 和 1.01×10^5 Pa 时，纯氧在纯水中的溶解度是 $1.26\ mol/m^3$，由于空气中氧气的体积分数是 0.21，因此，与空气平衡的水相中溶氧浓度是 $0.265\ mol/m^3$。氧在水中的溶解度随温度的升高而降低，表 4-4 是在

1.01×10^5 Pa的压力下,纯氧在不同温度的纯水中的溶解度。

表 4-4　纯氧气在不同温度的纯水中的溶解度(1.01×10^5 Pa)

温度/℃	溶解度/(mol/m³)	温度/℃	溶解度/(mol/m³)
0	2.18	25	1.26
10	1.70	30	1.16
15	1.54	35	1.09
20	1.38	40	1.03

在 1.01×10^5 Pa 的压力和 4~33℃ 的温度范围内,与空气平衡的纯水中,氧的浓度也可由以下经验公式来计算:

$$C_w = \frac{14.6}{t+31.6} \qquad (4-4)$$

式中：C_w——与空气平衡的水中溶氧浓度,mol/m³;

　　　t ——温度,℃。

氧气在盐水中的溶解度比纯水中的溶解度小。当水中含有葡萄糖、蔗糖等非电解质时,氧气的溶解度降低。用于培养微生物的培养基中,由于含有多种类型的低浓度盐和糖,氧气的溶解度降低。

4.2.2　氧传递过程

对于微生物液相培养体系,细胞分散在培养液中,只能利用溶解氧。工业生产中的供氧方式是向培养液中通入除菌后的空气,用搅拌的方法把空气分散成细小的气泡,尽可能增大气液两相的接触面积和接触时间,以提高空气中氧的利用率。氧从气泡传递到细胞内要克服一系列的传递阻力,需经历一系列的传递过程。这些传递过程可分为供氧和耗氧两个方面,供氧是指空气中的氧气从空气泡通过气膜、气液界面和液膜扩散到液相主体中;耗氧是指分子氧自液相主体通过液膜、液固界面、细胞壁和膜扩散到细胞内。图 4-4 是氧从空气泡传递到微生物细胞内的过程示意图。

由图 4-4 可知,氧从空气泡传递到细胞内涉及如下过程:

① 从气相主体扩散到气液界面;

② 穿过气液界面;

③ 从气液界面扩散通过液膜到液相主体中;

④ 通过液相主体到细胞或细胞团外的液膜;

⑤ 通过细胞或细胞团外的液膜;

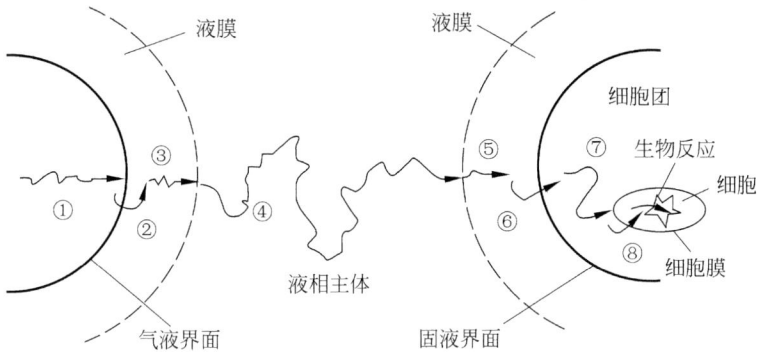

图 4-4　氧从气泡传递到细胞内的过程示意图

⑥ 穿过液相主体与细胞团之间的液固界面；

⑦ 扩散进入细胞团内；

⑧ 穿过细胞壁和细胞膜到达反应位点。

上述氧传递的每个步骤都需要克服传递阻力,阻力的相对大小决定于流体力学性质、温度、细胞的活性和浓度,液体的组成,界面特性以及其他因素。

氧在克服上述阻力进行传递时需要推动力,传递过程的总推动力就是气相中氧的分压与细胞内的氧浓度之差。这一总推动力消耗在从气相到细胞内的各项传递阻力上。当氧的传递速率达到稳定时,总传递速率与串联的各步传递速率相等,这时通过单位面积的传递速率为

$$N_{O_2} = \frac{推动力}{阻力} = \frac{\Delta P_i}{\dfrac{1}{R_i}}$$

式中：N_{O_2}——氧的传递通量,$kmol\,(O_2)/(m^2 \cdot h)$；

ΔP_i——各传递步骤的推动力(分压差),atm；

$\dfrac{1}{R_i}$——各传递步骤的传递阻力,$m^2 \cdot h \cdot atm/kmol\,(O_2)$。

4.2.3　氧传递速率(双膜理论)

氧的溶解过程本质上是气体吸收过程。气体吸收是指气体从气相到液相单方向溶解的物质传递过程。描述气体吸收物质传递速率的主要模型有 Whitman 提出的稳态模型[3]、Higbie 提出的非稳态模型[4] 等。这两个模型分别以双膜理论和渗透学说而闻名。工程领域中,双膜理论的研究已有长久的历史,从理论到解决工程问题的方法都较为成熟,模型简单,应用较广泛,因而目前仍被认为是工程上解

决氧气传质问题的基本理论。

双膜理论是建立在以下三个假设前提上的。

（1）在气泡与包围着气泡的液体之间存在着界面,在界面的气泡一侧存在着一层气膜,在界面的液相一侧存在着一层液膜,气膜内的气体分子和液膜内的液体分子都处于层流状态,分子间无对流运动,氧的分子只能以扩散方式,即借助于浓度差推动而穿过双膜进入液相主体。另外,气泡内除气膜以外的气体分子处于对流状态,称为气相主体,气相主体中任一点的氧分子浓度相等,液相主体中也是如此。因此传递阻力都集中在气膜和液膜之中。

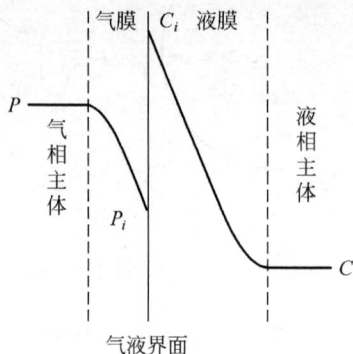

图 4-5　气体吸收的双膜理论图示

（2）两相界面上氧的分压强与溶于界面液膜中的氧的浓度之间达到气液平衡状态,因此在界面上没有物质传递的阻力。

（3）传质过程处于稳定状态,传质途径上各点的氧浓度不随时间而变。

氧分子通过双膜的溶解过程如图 4-5 所示。

设：P_i 为气液界面上氧的分压强,atm;

C_i 为气液界面上氧的浓度,kmol（O_2）/m^3;

P 为气相主体中氧的分压强,atm;

C 为液相主体的溶氧浓度,kmol（O_2）/m^3;

P^* 为与液相主体中溶氧浓度 C 平衡的气相氧的分压强,atm;

C^* 为与气相主体中氧的分压强 P 平衡的液相溶氧浓度,kmol（O_2）/m^3。

从图 4-5 可知,氧通过气膜的传质推动力为 $P-P_i$,通过液膜时的传质推动力为 C_i-C。用氧的压差表示的总传质推动力为 $P-P^*$,用氧的浓度差表示的总传质推动力为 $C-C^*$。在稳定传质过程中,通过气膜、液膜的传氧速率与总的传氧速率相等

$$N_{O_2} = \frac{P-P_i}{\frac{1}{k_G}} = \frac{C_i-C}{\frac{1}{k_L}} = \frac{P-P^*}{\frac{1}{K_G}} = \frac{C^*-C}{\frac{1}{K_L}} \tag{4-5}$$

式中：N_{O_2}——氧的传递通量,kmol（O_2）/（$m^2 \cdot h$）;

k_G——氧气的气膜传质系数,kmol/（$m^2 \cdot h \cdot atm$）;

k_L——氧的液膜传质系数,m/h;

K_G——以氧的分压差为总推动力的总传质系数,kmol/（$m^2 \cdot h \cdot atm$）;

K_L——以氧的浓度差为总推动力的总传质系数,m/h。

式(4-5)中，P_i 和 C_i 是气液界面参数，均难以测量。溶氧浓度 C 较易于测量，C^* 可以通过亨利定律计算出来，故以 $C^* - C$ 为传氧推动力计算比较方便。

总传质系数 K_L 与 k_G 及 k_L 的关系如下

$$\frac{1}{K_L} = \frac{C^* - C}{N_{O_2}} = \frac{C^* - C_i + C_i - C}{N_{O_2}} = \frac{C^* - C_i}{N_{O_2}} + \frac{C_i - C}{N_{O_2}}$$

根据亨利定律，$P_i = HC_i$，得

$$\frac{1}{K_L} = \frac{P - P_i}{HN_{O_2}} + \frac{C_i - C}{N_{O_2}}$$

$$\frac{1}{K_L} = \frac{1}{Hk_G} + \frac{1}{k_L}$$

对于难溶气体(如氧气)，气膜传递阻力与液膜传递阻力之比很小，可以忽略不计，即 $\frac{1}{Hk_G} \ll \frac{1}{k_L}$，$K_L \approx k_L$。氧气溶解于水的速率是液膜阻力控制的，因此，

$$N_{O_2} = K_L(C^* - C) \tag{4-6}$$

上式中 N_{O_2} 的单位是单位面积界面上单位时间内的传氧量。由于界面面积难以测量，N_{O_2} 不好测定。在式(4-6)的两边各乘以单位体积液体中气液两相的总界面面积 $a(\mathrm{m^2/m^3})$，分别计算 K_L 和 a 是比较困难的，通常是将 K_L 与 a 合并在一起成 $K_L a$，作为一个参数处理。则有

$$N_V = K_L a(C^* - C) \tag{4-7}$$

式中：N_V——体积溶氧速率，$\mathrm{kmol/(m^3 \cdot h)}$；

　　　$K_L a$——以氧的浓度差($C^* - C$)为推动力的体积溶氧系数，又称液膜体积传质系数，$\mathrm{h^{-1}}$。

式(4-7)就是通气液体中氧气传递到液相的基本方程式。N_V、C^*、C 均较容易测量或计算。

4.3　体积溶氧系数 $K_L a$ 的测定方法

$K_L a$ 是发酵罐传氧速率大小的表示。测量 $K_L a$ 方法有亚硫酸钠氧化法、溶氧电极法、氧的物料衡算法、极谱法、排气法等。

4.3.1　亚硫酸钠氧化法[5]

亚硫酸钠氧化法用于非培养情况下测定发酵罐的体积溶氧系数 $K_L a$，进而估

算设备的通气效率。

在发酵罐中加入含有铜离子 Cu^{2+} 或钴离子 Co^{2+} 为催化剂的亚硫酸钠溶液，进行通气搅拌，亚硫酸钠与溶解氧生成硫酸钠。反应式为

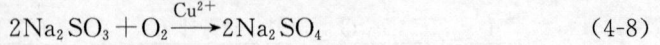

$$2Na_2SO_3 + O_2 \xrightarrow{Cu^{2+}} 2Na_2SO_4 \tag{4-8}$$

实验表明，亚硫酸根浓度在 $0.5 \sim 0.018\ mol/L$ 范围内时，氧化反应速率变化很小，只下降 3%。氧分子一经溶解于液体中就立即被还原耗尽，亚硫酸钠的氧化速率远高于氧的溶解速率，氧的溶入速度决定氧化反应速度。用碘量法测定亚硫酸钠的消耗速率，即可根据亚硫酸钠的氧化量来求出氧的传递速率 N_V。

因为反应进行得很快，在搅拌充分的条件下，液相中的氧浓度为零 ($C = 0$)。则可得

$$N_V = K_L a C^*$$

在小型设备中，可忽略发酵罐进出口空气的压力变化，在 $0.1\ MPa$ 下，$25\ ℃$ 时空气中氧的分压为 $0.021\ MPa$，与之平衡的纯水中的溶氧浓度 $C^* = 0.265\ mol/m^3$，但由于亚硫酸钠的存在，C^* 的实际值低于 $0.265\ mol/m^3$，一般规定 $C^* = 0.21\ mol/m^3$。所以，

$$K_L a = \frac{N_V}{C^*} \tag{4-9}$$

由于 C^* 的实际值难以准确估计，也常测定发酵罐的另一种体积溶氧系数 K_d。K_d 是以氧的分压差为总传氧推动力的体积溶氧系数，即

$$N_V = K_d(P - P^*) \tag{4-10}$$

对于亚硫酸钠氧化法，因 $C = 0$，与之平衡的气相氧浓度 $P^* = 0$。所以，

$$\left. \begin{array}{l} N_V = K_d P \\ K_d = \dfrac{N_V}{P} \end{array} \right\} \tag{4-11}$$

由亨利定律可知，$K_L a$ 与 K_d 之间的关系为

$$K_d = K_L a \frac{1}{H} \tag{4-12}$$

自 1944 年 Cooper 等[5]首先采用亚硫酸钠氧化法研究通气搅拌罐的氧传递特性以来，亚硫酸钠氧化法测定 $K_L a$ 得到广泛的应用。这种方法的优点是反应速度快，不需要特殊仪器，适用于摇瓶和小型试验设备的 $K_L a$ 的测定。大型发酵罐中使用此法，将耗用大量的亚硫酸钠。

然而，亚硫酸盐对微生物的生长有影响，故测定不能在培养状态的真实条件下进行。亚硫酸钠溶液与微生物的培养液在物理性质上有较大差别，不能很好地模拟培养液的情况。亚硫酸钠的初始浓度约为 $0.5\ kmol/m^3$，盐的含量比一般发酵

液高很多,因而气泡直径较小,气液比表面积较大,测定的氧传递系数较高,与容易发生气泡凝并的微生物真实培养系统有较大区别,这一点在应用时应加以注意。尽管如此,亚硫酸钠氧化法测定的 K_La 值表示发酵罐通气效率的优劣,具有重要的参比意义。

4.3.2　氧的物料衡算法

通过对培养液中的氧进行物料衡算,可直接测定溶氧速率。对发酵罐来说,在氧供需平衡的条件下,溶氧速率等于耗氧速率,即进入发酵罐的氧,等于微生物摄入的氧和排出发酵罐的氧之和。

由理想气体方程和物料衡算式可得体积溶氧速率

$$N_V = \frac{1}{V_L R}\left(\frac{P_i X_i Q_i}{T_i} - \frac{P_o X_o Q_o}{T_o}\right) \tag{4-13}$$

式中: Q_i、Q_o——进、出空气的流率,L/min,由空气流量计测定;

　　　P_i、P_o——进、出空气的总压力,atm;

　　　X_i、X_o——进、出空气中氧的摩尔分率,由氧分析仪测定;

　　　V_L——发酵液体积,L;

　　　R——摩尔气体常数。

由(4-13)式可计算体积溶氧速率 N_V,则 K_La 可由下式计算:

$$K_La = \frac{N_V}{C^* - C}$$

对于理想混合的小型反应器, C^* 为与排气中氧分压平衡的氧浓度。如果已知氧在培养液中的溶解特性,测定了液相氧浓度 C,就可求出 K_La。

对于大型发酵罐来说,一般不能获得理想混合,这时可用平均推动力 $(C^* - C)_m$ 代替 $(C^* - C)$。有

$$(C^* - C)_m = \frac{(C_i^* - C) - (C_o^* - C)}{\ln \dfrac{C_i^* - C}{C_o^* - C}} \tag{4-14}$$

式中: C_i^*、C_o^*——与进气和排气氧分压平衡的液相氧浓度;

　　　C——液相氧浓度。

此法可测量真实发酵体系中的 K_La,准确度比较好。

4.3.3　动态溶氧电极法[6]

自 20 世纪 50 年代以来,经过对溶氧电极的研究与改进,现在可应用溶氧电极

直接测定发酵过程中的体积溶氧系数。动态溶氧电极法是在供氧速率与耗氧速率不相等的条件下,通过测定发酵液中溶氧浓度随时间的变化来确定 K_La 值的。在发酵过程中,一方面以一定的供氧速率向培养液中供氧,另一方面培养液中正在生长的微生物以一定的摄氧速率消耗氧气,因而,培养液中溶氧浓度随培养时间的变化,决定于溶氧速率和耗氧速率之差,即

$$\frac{\mathrm{d}C}{\mathrm{d}t} = K_La(C^* - C) - Q_{O_2}X \tag{4-15}$$

式中:Q_{O_2}——微生物的比耗氧速率,$\mathrm{mol}(O_2)/(g(干菌体)\cdot h)$;

　　X——菌体密度,g/L;

　　C——发酵液中溶氧浓度,$\mathrm{mol/m^3}$;

　　t——培养时间,h。

　　在发酵过程中,这种氧的供需不平衡可以人为造成,而不影响正常的发酵。采用的方法是首先提高发酵液的溶氧浓度,使之在远高于临界溶氧浓度的 C_0 处,然后停止通气而继续搅拌,此时溶氧浓度开始直线下降,待溶氧浓度未降到临界溶氧浓度之前,恢复供气,发酵液中溶氧浓度随即上升。由于从停气到恢复通气时间较短,微生物的增量不计,菌体浓度 X 不变,所以摄氧率 $Q_{O_2}X$ 为常量。把停止通气到恢复通气的 C 对时间 t 作图(图4-6),在停止通气阶段,C 的降低与 t 呈线性关系,直线的斜率给出了此微生物的 $Q_{O_2}X$ 值。恢复通气后,发酵液中的溶氧浓度 C 逐渐回升至正常值。

　　将式(4-15)重排列为

$$C = -\frac{1}{K_La}\left(\frac{\mathrm{d}C}{\mathrm{d}t} + Q_{O_2}X\right) + C^* \tag{4-16}$$

　　根据恢复通气后溶解氧浓度随时间变化的曲线,用图解法求出一定溶解氧浓度 C 对应的 $\frac{\mathrm{d}C}{\mathrm{d}t}$(即曲线的斜率),将 C 对 $\left(\frac{\mathrm{d}C}{\mathrm{d}t} + Q_{O_2}X\right)$ 作图,得如图4-7所示的

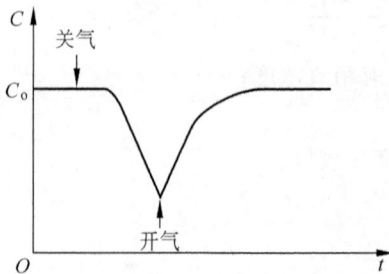

图 4-6　用动态法测量 K_La 的典型 C-t 曲线　　图 4-7　用动态法测量 K_La 的典型 $\frac{\mathrm{d}C}{\mathrm{d}t}+Q_{O_2}X$ 图

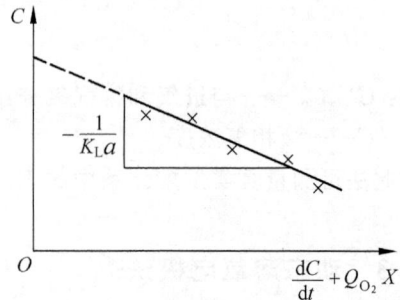

直线,直线的斜率为$-\dfrac{1}{K_L a}$,在 C 轴上的截距为 $C^{*[7]}$。

动态法测量 $K_L a$ 时,只需要测定一个变量——溶解氧浓度随时间的变化,因此对于安装有溶氧电极的发酵罐来说,可以从记录仪上记录的溶氧浓度变化曲线,非常方便地求出 $K_L a$。

对于高粘度的发酵液,停止供气后,发酵液中气泡释放速度缓慢,或由于高搅拌速度所产生的表面曝气作用,会影响测定的准确性。

4.4　搅拌器轴功率的计算

4.4.1　搅拌器的型式及流型

根据搅拌器所产生流体运动的初始方向,发酵罐中常用的机械搅拌器可分为轴向流推进搅拌器和径向流推进搅拌器两大类。轴向流推进搅拌器使流体一开始就沿其轴向而流动;径向流搅拌器将流体向外推进,使流体沿叶轮半径方向排出,当流到反应器内壁和挡板后再向上下折返而产生次生流。

搅拌器在反应器内造成的液流形式对液、固、气相的混合,氧气的溶解以及热量的传递有重大的影响。液流型式不仅决定于搅拌器本身,还受罐内其他附件如挡板、拉力筒及安装位置的影响。

螺旋桨式搅拌器是一种以产生轴向流动为主的搅拌器。它将反应器内的液体向下或向上推进,形成轴向的螺旋流动。其特点是直径小、转数高,产生的液流循环量大,混合效果较好,但其产生的剪切率较低,对气泡的分散效果差。螺旋桨式搅拌器适合于要求反应器内流体混合均匀、剪切性能温和的细胞培养过程,或用在靠压差循环的反应器内,以提高其循环速度。常用的螺旋桨叶数多为 3 片,最大叶端线速度不超过 25 m/s。图 4-8 为螺旋桨式搅拌器示意图。

在反应器中心垂直安装的螺旋桨,在无挡板的情况下,使液体在轴中心形成凹陷的漩涡,如果在罐内壁安装多块垂直挡板,液体的螺旋状流受挡板折流,被迫流向轴心,使漩涡消失,如图 4-9 所示。消除漩涡所必需的最小挡板数为全挡板条件。

涡轮式搅拌器是一种典型的径向流搅拌器。由于涡轮的叶片对液体施以径向离心力,导致液体从叶片轴向流入后再从径向流出,并在反应器内循环。涡轮搅拌器的特点是对流体的剪切作用较为强烈,有利

图 4-8　螺旋桨式搅拌器

于气泡破碎以增大氧的传递速率,同时由于涡轮的叶片较宽,因此在反应器内造成较大的流体循环量。在气液混合中为避免较大的气泡在阻力较小的搅拌器中心部位沿搅拌器轴上升,在搅拌器中央常安装有圆盘,以保证气泡更好地分散。常用的涡轮式搅拌器的叶片有平叶式、弯叶式和箭叶式三种,如图 4-10 所示。涡轮式搅拌器的叶片数一般为六个,也有少至四个或多至八个的。该类搅拌器多用于对剪切力不敏感的好氧细胞的培养中。

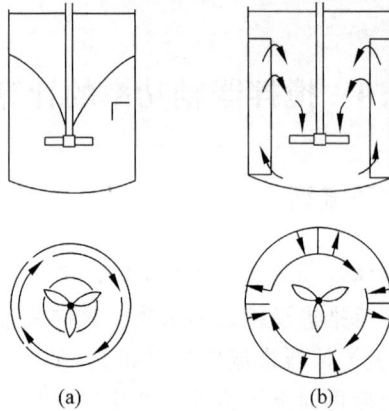

图 4-9　螺旋桨搅拌器的搅拌流型

(a) 无垂直挡板;(b) 有垂直挡板

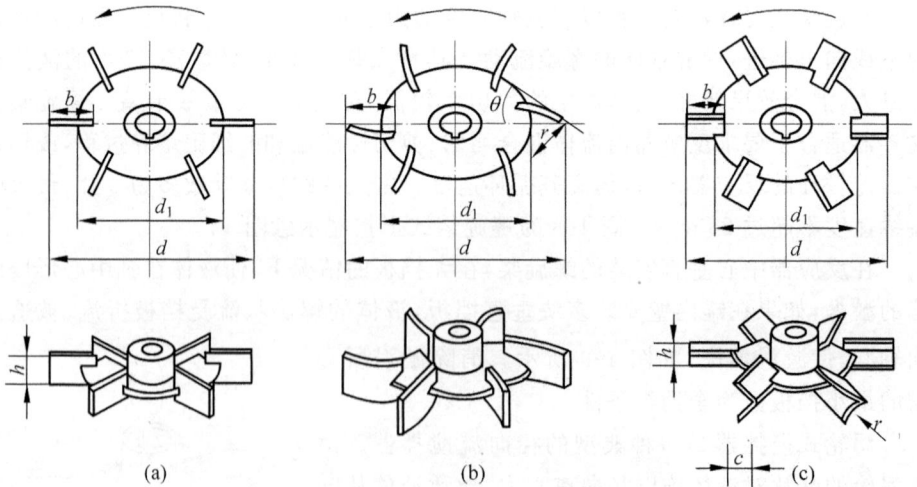

图 4-10　圆盘平直叶、弯叶、箭叶涡轮搅拌器

(a) 六平叶;(b) 六弯叶;(c) 六箭叶

　　圆盘涡轮搅拌器与没有圆盘的涡轮相比,其搅拌特性差别较小,但在发酵罐中无菌空气是由单开口管通至搅拌器下方,大的气泡可受到圆盘的阻挡,避免从轴部的叶片空隙上升,保证了气泡的更好分散。圆盘平直叶、弯叶、箭叶涡轮搅拌器产生的流型基本相似,流体在涡轮平面的上下两侧造成向上和向下的翻腾。反应器内安装的冷却蛇管可代替挡板。图 4-11 是反应器内具有全挡板条件时的涡轮搅拌流型。

　　圆盘平直叶涡轮搅拌器具有很大的循环输送量和功率输出,适用于包括粘性流体及非牛顿型流体在内的各种流体的搅拌混合。圆盘平直叶涡轮搅拌器已标准化。与平直叶涡轮搅拌器相比,弯叶涡轮搅拌器造成的液体径向流动较为强烈,在相同的搅拌转数下混合效果较好,输出的功率较小。在混合困难而溶氧速率要求相对较低的情况下,可选用圆盘弯叶涡轮。与平直叶和弯叶涡轮搅拌器相比,箭叶涡轮搅拌器对液体造成的轴向流动较为强烈,混合效果较好,但在相同的转数下对液体造成的剪切作用较低,输出的功率也较低。

　　在反应器内与垂直的搅拌器同轴线安装套筒,可以大大加强循环输送效果,并能将液体表面的泡沫从套筒上部入口抽吸到液体之中,具有自消泡的能力。图 4-12 是罐中心安装套筒的搅拌流型。

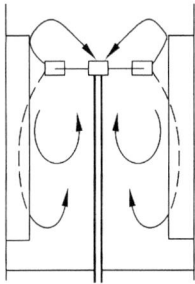

图 4-11　有挡板的涡轮搅拌器的
搅拌流型

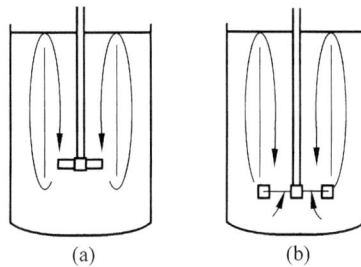

(a)　　　　　　(b)

图 4-12　有中心套筒的搅拌流型
(a) 套筒内螺旋桨;(b) 套筒外涡轮桨

　　对于大型生物反应器,常在中心轴上安装多组相同类型的搅拌器,以满足反应器内液体混合、气液传质的需求。有时,也将涡轮式搅拌器和螺旋桨式搅拌器组合使用,既可利用涡轮式搅拌器强化小范围的涡流扩散,又可利用螺旋桨式搅拌器强化主体对流扩散。

4.4.2　牛顿型流体搅拌功率的计算

　　搅拌功率是指搅拌器输入搅拌液体的功率,即用以克服流体阻力所需用的功率,简称为轴功率。它不包括机械传动的摩擦所消耗的功率,因此它不是电动机的轴功率或耗用功率。

反应器液体中的溶氧速率以及气、液、固相的混合强度与单位体积液体中输入的搅拌功率有很大的关系。输入功率的电耗在好氧发酵操作费用中占很大比例,是反应器设计中的重要因素。因此在保证传质速率和液体混合效率的前提下,输入功率应尽量小。

1. 不通气时牛顿型流体的搅拌功率

影响搅拌功率大小的因素主要有反应器的设备参数(包括反应器直径、液层高度、搅拌器直径、挡板的数量和宽度)、反应器操作参数(包括搅拌转数、通气量)以及反应液物性参数(包括液体密度、粘度)等。由于反应器直径、液层高度、挡板宽度都与搅拌器直径有一定比例关系,故可不作为独立变量,因此有

$$P = f(D, N, \rho, \mu, g)$$

为更方便地描述搅拌功率与各参数之间的关系,引入无量纲功率准数 N_P 的概念,其定义为

$$N_P = \frac{P_0}{\rho N^3 D^5} \tag{4-17}$$

功率准数 N_P 表示机械搅拌所施于单位体积被搅拌液体的外力与单位体积被搅拌液体的惯性力之比。

功率准数 N_P 通常与搅拌雷诺数 Re_m 和搅拌弗劳德数 Fr 关联,但对于带挡板的搅拌罐,重力的影响不大,因此,通常可忽略弗劳德数,而将功率准数描述为搅拌雷诺数的函数。Rushton 等[8,9]通过无量纲分析和实验证明,对于全挡板条件下几何相似的罐,存在如下的关系

$$N_P = \frac{P_0}{\rho N^3 D^5} = K \left(\frac{D^2 N \rho}{\mu} \right)^m = K (Re_m)^m \tag{4-18}$$

式中:P_0——不通气时搅拌器输入液体的功率,W;

　　　　ρ——液体密度,kg/m^3;

　　　　μ——液体粘度,N·s/m^2;

　　　　D——涡轮直径,m;

　　　　N——涡轮转数,r/s。

式(4-18)中的 K 和 m 决定于搅拌器的型式、挡板尺寸及流体的流态。Rushton[8,9]等研究了不通气时,安装不同型式搅拌器的一系列几何相似反应罐的功率准数 N_P 与搅拌雷诺数 Re_m 之间的关系,得到不同型式搅拌器的 N_P-Re_m 曲线簇,如图 4-13 所示。试验搅拌罐的数据见表 4-5。

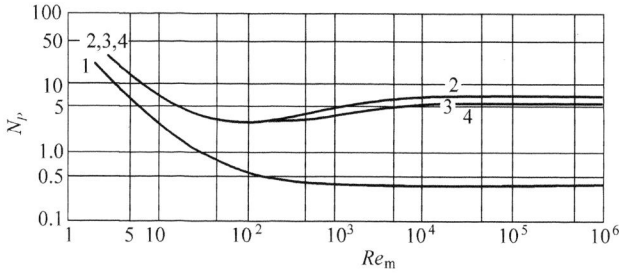

图 4-13　各类搅拌器的 N_P-Re_{m} 线图

图 4-13 表明,当搅拌雷诺数 $Re_{\mathrm{m}} < 10$,流体处于层流状态时,$m = -1$,功率准数 N_P 与搅拌雷诺数 Re_{m} 成反比,即

$$N_P = K \, (Re_{\mathrm{m}})^{-1}$$

当搅拌雷诺数 $Re_{\mathrm{m}} > 10^4$,流体处于充分湍流之后,随搅拌雷诺数 Re_{m} 增加,搅拌功率 P_0 虽然增大,但功率准数 N_P 保持不变,此时,$m = 0$,则

$$\left. \begin{aligned} N_P &= K \\ P_0 &= N_P N^3 D^5 \rho \, (\mathrm{W}) \end{aligned} \right\} \tag{4-19}$$

不同搅拌器的 K 值如表 4-6 所示。

表 4-5　图 4-13 试验搅拌罐的比例尺寸及搅拌器的型式

搅拌器型式	反应罐比例尺寸		
	罐径/搅拌器直径	液面高度/搅拌器直径	底部涡轮至罐底距离/搅拌器直径
螺旋桨	2.5/6	2/4	1
圆盘平直叶涡轮	2/7	2/4	0.7/1.6
圆盘弯叶涡轮	2/7	2/4	0.7/1.6
圆盘箭叶涡轮	2/7	2/4	0.7/1.6

注:挡板只数 4,挡板宽/罐直径 = 0.1。螺旋桨的螺距等于涡轮桨叶直径。

表 4-6　不同搅拌器的 K 值

搅拌器的型式	K(滞流)	K(湍流)
三叶螺旋桨,螺距 $= D$	41.0	0.32
三叶螺旋桨,螺距 $= 2D$	43.5	1.0
六平叶涡轮搅拌器	71.0	6.10
六弯叶涡轮搅拌器	71.0	4.80
六箭叶涡轮搅拌器	70.0	4.0

在多数情况下,搅拌器在湍流状态下操作。使用 N_P-Re_m 曲线图计算不通气时的搅拌轴功率非常方便。

与试验罐几何尺寸比例不一致的实际反应器,其搅拌功率可按下式求算:

$$P^* = \frac{1}{3}\sqrt{(T/D)^* (H_L/D)^*}\, P_0 \tag{4-20}$$

式中,带 $*$ 的值为实际反应器的值;T 为罐直径;H_L 为液层深度;D 为搅拌器直径。

在层流和湍流两种流动状态之间则是过渡流,此时功率准数 N_P 与搅拌雷诺数 Re_m 之间的关系较为复杂,目前尚无较好的关联式。

大的发酵罐液层较深,一般在同一搅拌轴上安装尺寸相同的多只涡轮。在相同的转数下,多只涡轮比单只涡轮输出更多的功率。与单只涡轮相比,多只涡轮输出功率的增加程度与涡轮只数和涡轮间距有关。如将两只涡轮相隔一定距离安装,使两只涡轮形成的液流互不干扰,则这两只涡轮所消耗的功率约等于单只涡轮的两倍。若两只涡轮之间的距离较小,两涡轮造成的液流在相邻的区间内部分重合,输出的功率小于单个涡轮的两倍。

对于牛顿型流体来说,涡轮间距可取 $(2.5\sim3.0)D$,静液面至上涡轮的距离可取 $(0.5\sim2)D$,下涡轮至罐底的距离可取 $(0.5\sim1.0)D$。多只涡轮输出的功率也可用下式计算

$$P_m = P_0(0.4 + 0.6m)$$

式中：P_m——搅拌器的功率；

m——搅拌器的只数。

2. 通气状态下牛顿型流体的搅拌功率

由于通气时气体分散在液相中,液体的密度和粘度减小,导致液体流动的阻力减小,因此,同一搅拌器在相同的转数下,输入于通气液体的搅拌功率要小于不通气液体的搅拌功率,其降低程度与通风量及液体翻动量等因素有关,一般情况下,通气时搅拌功率是不通气时功率的 $1/2\sim1/3$。由于搅拌罐中气体分散的不连续性和随机性,要得到一准确计算通气时搅拌功率输出的关联式是困难的。

Ohyama[10] 用通气准数 N_a 来描述通气对搅拌功率的影响,N_a 定义为空气的空罐线速度与搅拌器顶端液体的线速度之比,即

$$\left.\begin{aligned}
N_a &= \frac{Q/D^2}{ND} = \frac{Q}{ND^3}\\[2mm]
\frac{P_g}{P_0} &= f(N_a) = f\!\left(\frac{Q}{ND^3}\right)
\end{aligned}\right\} \tag{4-21}$$

式中：Q——气体的体积流率,$\mathrm{m^3/s}$；

N——搅拌器的转数,$\mathrm{r/s}$；

D——搅拌器的直径,m;

P_g——通气时的搅拌功率,W;

P_0——不通气时的搅拌功率,W。

P_g/P_0 和通气准数 N_a 之间的关系如图 4-14 所示。从图 4-14 可看出,随着通气数 N_a 的增加,通气时的搅拌功率下降。当 N_a 的值在 0~0.12 范围时,P_g/P_0 的数值在 1.0~0.4 之间。

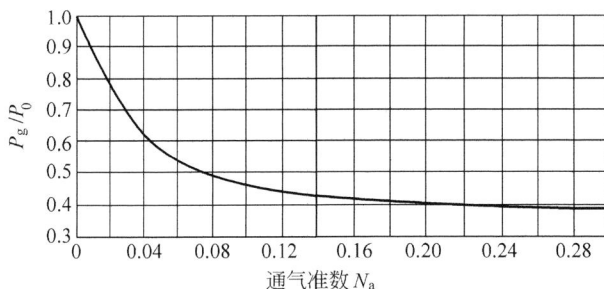

图 4-14　P_g/P_0 与通气准数 N_a 的关系(六平叶涡轮搅拌器)

Hughmark[11] 根据几位学者的实验数据,提出适合于小型反应罐的关联式为

$$\frac{P_g}{P_0} = 0.1 \left(\frac{Q_g}{NV_L}\right)^{-1/4} \left(\frac{N^2 D^4}{g B V_L^{2/3}}\right)^{-1/5} \tag{4-22}$$

式中:V_L——液相体积;

B——搅拌桨叶宽度。

Michel 和 Miller[12] 采用直径为 30.5 cm 的小型反应罐进行实验,用六平叶涡轮搅拌器将空气分散到液体中,测量其输出功率,在双对数坐标上把 P_g 标绘为涡轮直径 D、转数 N、空气流量 Q 和不通气时的搅拌功率 P_0 的函数,如图 4-15 所示,发现 P_g-$P_0^2 N D^3/Q^{0.56}$ 之间的关系近似直线。Michel 又总结了其他人的试验数据,提出如下的关联式:

$$P_g = m \left(\frac{P_0^2 N D^3}{Q^{0.56}}\right)^{0.45} \tag{4-23}$$

式中:P_g、P_0——通气与不通气时搅拌器的轴功率,kW;

N——搅拌器转速,r/min;

D——搅拌器直径,m;

Q——通气量,m³/min。

福田秀雄等[13] 使用 100~42000 L 的一系列反应罐进行实验,取得了大量实验数据,在双对数坐标中把 P_g 标绘成 $P_0^2 N D^3/Q^{0.08}$ 的函数,如图 4-16 所示,这是一条很好的直线。

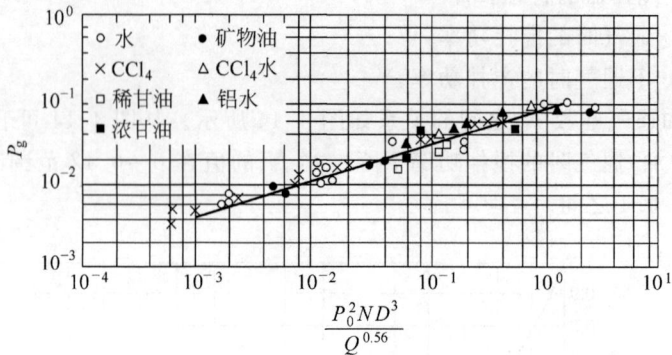

图 4-15 P_g-$\dfrac{P_0^2 ND^3}{Q^{0.56}}$ 关系

注：实验罐直径 30.5 cm，涡轮直径 10.2 cm，液体密度 $0.8 \sim 1.65$ g/cm^3，粘度 $9 \times 10^{-4} \sim 1 \times 10^{-1}$ Pa·s。

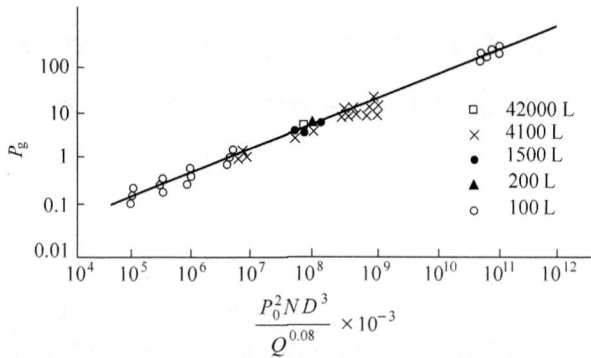

图 4-16   福田秀雄对 Michel 关系的修正式

注：实验反应罐的重要尺寸比例为：罐高/罐径＝$1.87 \sim 2.08$，液层高/罐径＝$0.84 \sim 1.38$，挡板宽/罐径＝$0.056 \sim 0.127$，涡轮直径/罐径＝$0.30 \sim 0.55$，搅拌涡轮数 $1 \sim 3$ 只。

福田秀雄得到的关联式为

$$P_g = 2.25 \left(\frac{P_0^2 ND^3}{Q^{0.08}} \right)^{0.39} \times 10^{-3} \qquad (4\text{-}24)$$

式中：P_g、P_0——通气与不通气时搅拌器的轴功率，kW；

$\qquad N$——搅拌器转速，r/min；

$\qquad D$——搅拌器直径，cm；

$\qquad Q$——通气量，mL/min。

这个关联式可用于较大的反应罐的设计计算，可外推于 40 m^3 以上的反应罐的设计计算。

一般情况下,在计算通气搅拌罐的功率 P_g 时,可先计算出搅拌雷诺数 Re_m,确定功率准数 N_P,然后根据 N_P 计算出不通气情况下的搅拌功率 P_0,最后利用福田秀雄修正 Michel 的关系式(4-24)计算通气条件下的搅拌功率 P_g。

【例 4-1】　某细菌醪发酵罐,罐直径 $T = 1.8$ m,圆盘六平叶涡轮直径 $D = 0.6$ m,安装一只涡轮,罐内安装四块标准挡板,罐压 $P = 1.5 \times 10^5$ Pa(绝压),搅拌器转数 $N = 150$ r/min,通气量 $Q = 1.50$ m³/min(罐内状态流量),醪液密度 $\rho = 1010$ kg/m³,醪液粘度 $\mu = 1.90 \times 10^{-3}$ N·s/m²,求算通风状态下的搅拌功率 P_g。

解:已知此细菌醪为牛顿型流体。先计算出搅拌雷诺数 Re_m,由 N_P-Re_m 曲线查出 N_P,自 N_P 计算出 P_0,再用福田秀雄的公式计算出 P_g。

$$Re_m = \frac{D^2 N\rho}{\mu} = \frac{0.6^2 \times (150/60) \times 1010}{1.90 \times 10^{-3}} = 4.78 \times 10^5$$

$$N_P = 6.1$$

$$P_0 = N_P N^3 D^5 \rho$$

$$= 6.1 \times \left(\frac{150}{60}\right)^3 \times 0.6^5 \times 1010$$

$$= 7.486 \text{ (kW)}$$

$$P_g = 2.25 \left(\frac{7.486^2 \times 150 \times 60^3}{1500000^{0.08}}\right)^{0.39} \times 10^{-3}$$

$$= 5.9 \text{ (kW)}$$

4.4.3　非牛顿型流体特性及其对搅拌功率计算的影响

1. 粘度概念、剪切速率及牛顿型流体的流变特性

粘性是表现流体流动性质的指标。水和油都是很容易流动的液体,但当我们把水和油分别倒在玻璃平板上,就会发现水的摊开流动速度比油要快,这一现象说明油比水更粘。这种阻碍流体流动的性质称为粘性。粘性从微观上讲,就是流体受力作用,其质点间作相对运动时产生阻力的性质。这种阻力来自流体内部分子运动和分子引力。粘性的大小用粘度来表示。

由流体力学可知,当流体在一定速度范围内流动时,就会产生与流动方向平行的层流流动。以流体平行流过固体平板为例,紧贴板壁的流体质点,往往因与板壁附着力大于分子的内聚力,所以流速为零,并在贴着板壁处形成一层静止液层。越远离板壁的液层流速越大,流体内部在垂直于流动方向就会形成速度梯度。层与

层间存在粘性阻力,如图 4-17(a)所示。如果从流体的层流流动沿平行于流动方向取一流体微元,如图 4-17(b)所示,微元的上下两层流体接触面积为 $A(m^2)$、两层距离为 $dy(m)$,两层间粘性阻力为 $F(N)$,两层的流速分别为 u 和 $u+du(m/s)$。对于这一流体微元,可以看成是在某一瞬时间隔 $dt(s)$ 内发生了剪切变形的过程。剪切应变一般用它在剪切应力作用下转过的角度来表示,即 $\theta = dx/dy$,则剪切应变的速率为

$$\gamma = \frac{\theta}{dt} = \frac{dx/dy}{dt} = \frac{dx/dt}{dy} = \frac{du}{dy} \qquad (4-25)$$

可见液体的流动是一个不断变形的过程。可用应变大小与应变所需时间之比表示变形速率。式(4-25)表示的剪切应变速率就是液体的应变速率,也称剪切速率或速度梯度,单位为 s^{-1}。

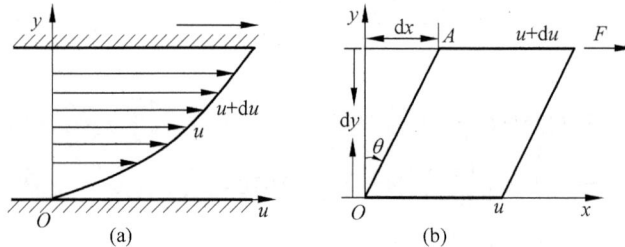

图 4-17　牛顿流动(a)与剪切速率(b)

不同粘度的液体,应力与应变速率存在一定函数关系,把表示液体所受剪切应力与剪切速率的函数关系式称为"流动状态方程"。

牛顿型流体的流动状态方程为

$$\tau = \frac{dF}{dA} = \mu \frac{du}{dy} = \mu \gamma \qquad (4-26)$$

式中：τ——剪切应力,Pa；

　　　　μ——粘度,Pa·s；

　　　　γ——剪切速率,s^{-1}。

μ 为剪切应力与剪切速率(应变速率)之间的比例系数,表示液体流动阻力的大小,被定义为粘度。

牛顿型流体的流动特征是,剪切应力与剪切速率成正比,粘度只是温度的函数,不随剪切速率的变化而变化。牛顿型流体流动剪切速率与剪切应力的关系、剪切速率与粘度的关系如图 4-18 所示。这表明牛顿型流体的粘度与流动状态无关,搅拌罐内搅拌转数的高低对流体的粘度没有影响,整个搅拌罐内粘度分布均匀。

低分子量的液体或溶液一般为牛顿型流体。用水解糖或废糖蜜等原料为培养液的细菌醪、酵母醪为牛顿型流体。

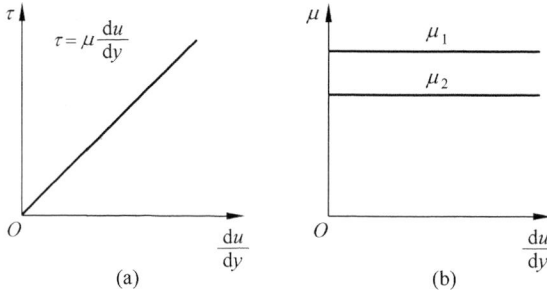

图 4-18　牛顿流动特性曲线
（a）剪切速度与剪切应力的关系；（b）剪切速率与粘度的关系

2. 非牛顿型流体的流变特性

通常将不服从牛顿型流体定律的流体称为非牛顿型流体。非牛顿型流体的流动状态方程可用下面的经验公式表示

$$\tau = k\gamma^n \tag{4-27}$$

式中：k 为粘性常数，$Pa \cdot s^n$；n 为流态特性指数。显然当 $n=1$ 时，上式就是牛顿型流体公式，这时 $k=\mu$。上式中，设 $\mu_a = k\gamma^{n-1}$，则非牛顿型流体流动状态方程可写为与牛顿型流体相似的形式

$$\tau = \mu_a \gamma$$

由上式可以看出，μ 与 μ_a 有同样的量纲，表示同样物理特性，所以称 μ_a 为表观粘度。然而与 μ 不同的是，μ_a 与粘性常数 k 和流态特性指数 n 有关，且是剪切速率 γ 的函数。因此，μ_a 对应着一定的剪切速率，也就是说，μ_a 是非牛顿型流体在某一定流速的粘度。

在非牛顿型流动状态方程式中，当 $0<n<1$ 时，即表观粘度随着剪切应力或剪切速率的增大而减少的流动，称作拟塑性流动，亦称准塑性流动或假塑性流动。因为随着流速的增加，表观粘度减少，所以也称为剪切稀化流动。符合拟塑性流动规律的液体称为拟塑性液体。拟塑性液体的流动特性曲线如图 4-19 所示。图中 $\mu_a = \tan\theta_i (i=1,2,\cdots)$ 为表观粘度。

青霉、曲霉、链霉菌等丝状菌的培养液、高浓度的植物细胞、酵母悬浮液往往表现出拟塑性流体的流动特性。一些生产多糖的微生物发酵液，也因微生物分泌的多糖而呈拟塑性的流动特征。

在非牛顿型流动状态方程式中，当 $1<n<\infty$ 时，称为胀塑性流动。它的流动

特性曲线如图 4-20 所示。即表观粘度随着剪切应力或剪切速率的增大而逐渐增大,由于这一特点,胀塑性流动也被称为剪切增稠流动。链霉素、四环素和卡那霉素的前期发酵液往往表现出胀塑性流动特征[14]。

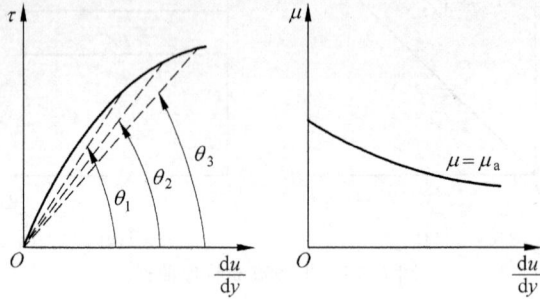

图 4-19   拟塑性流动特性曲线

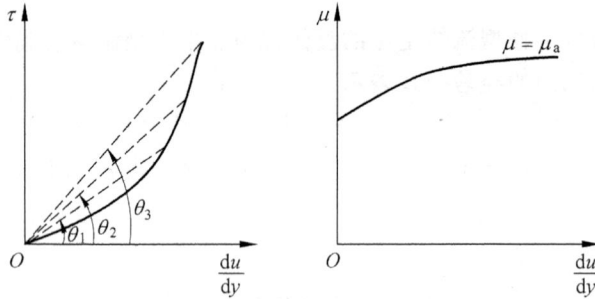

图 4-20   胀塑性流动特性曲线

塑性流动是指流动特性曲线不通过原点的流动。某些发酵液在小的应力作用时并不发生流动,当应力超过某一界限值 τ_0 时才开始流动。其流动特性曲线如图 4-21 所示。对于塑性流动,当应力超过 τ_0 时,流动特性符合牛顿型流动规律的流动称为宾汉流动,对于不符合牛顿型流动规律的流动,称为非宾汉塑性流动。

黑曲霉、产黄青霉、灰色链霉菌等丝状菌的发酵液表现出宾汉塑性流动特征。

应当注意的是,某些非牛顿型发酵醪的流变特性曲线还随着培养时间而变化。图 4-22 是真菌 *Aspergillus awamori* 发酵液的粘性常数 k 和流态特性指数 n 随发酵时间的变化情况。

发酵液的表观粘度不但是剪应速率的函数,同时还是 k 和 n 的函数,表现为随培养时间而变化。培养液流变特性主要取决于细胞的浓度和形态。培养液的组成十分复杂,除了溶解于水的各种营养成分和代谢产物之外,还有大量的细胞。随着培养时间的变化,丝状细胞的数量和形态是变化的;此外,随培养时间变化的培养

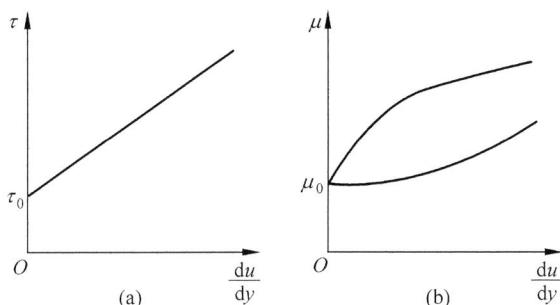

图 4-21　塑性流动曲线

（a）宾汉流动；（b）非宾汉塑性流动

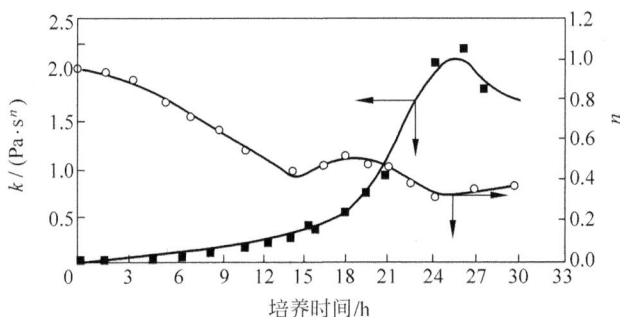

图 4-22　*Aspergillus awamori* 培养液的粘性常数 k 和
流态特性指数 n 随培养时间的变化

基中不溶性固形物的量、多糖和胞外大分子代谢产物也均在一定程度上影响粘度
系数 k 和流态特性指数 n。

3. 非牛顿型流体的搅拌功率计算

非牛顿型流体的流动与功率消耗的关系很复杂，针对一些具体的反应物系已
得到一些规律。非牛顿型流体搅拌功率的计算可借鉴牛顿型流体搅拌轴功率的计
算方法。但是，不同搅拌转数下，非牛顿型流体的表观粘度是不同的，这就不能确
定搅拌雷诺数，所以不能像牛顿型流体那样做出功率准数 N_P 与搅拌雷诺数 Re_m 的关
系图。因此，必须先知道粘度与搅拌转数之间的关系，再依次确定 Re_m、N_P、P_0 和 P_g。

Metzner 等[15~17]对非牛顿型流体进行了大量的实验，发现搅拌造成的平均剪
应速率主要取决于叶轮转数，与其他变数基本无关。提出非牛顿型流体的平均剪
应速率与搅拌转数成正比

$$\gamma_{平均} = kN \tag{4-28}$$

式中：$\gamma_{平均}$——液体的平均剪应速率，s^{-1}；

　　N——搅拌器转数，r/s；

　　k——比例系数。

比例系数 k 的范围为 $10\sim13$，对常用的几种搅拌叶轮，建议 k 可取 11.0。

将在非牛顿型流体中的功率准数与搅拌雷诺数在双对数坐标上标绘，得到的曲线与牛顿型流体的相似，如图 4-23 所示。

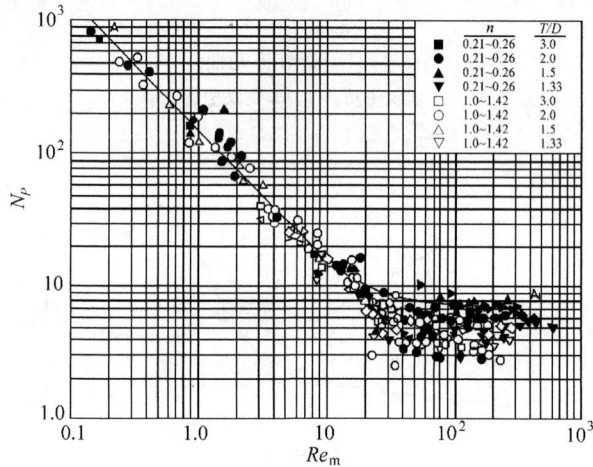

	n	T/D
■	0.21~0.26	3.0
●	0.21~0.26	2.0
▲	0.21~0.26	1.5
▼	0.21~0.26	1.33
□	1.0~1.42	3.0
○	1.0~1.42	2.0
△	1.0~1.42	1.5
▽	1.0~1.42	1.33

图 4-23　拟塑性流体的功率准数与搅拌雷诺数的关系[17]

注：n—流态特性指数；T—反应器直径；D—搅拌器直径

当 $Re_m<10$ 时，液体处于层流状态；当 $Re_m>300$ 时，液体处于湍流状态，N_P 保持恒定；而 $10<Re_m<300$ 时，液体为过渡流状态，N_P 与 Re_m 之间的关系比较复杂。

计算非牛顿型流体搅拌功率时，首先确定搅拌转数，利用 Metzner 等提出的剪应速率与搅拌转数的经验式(4-28)计算该搅拌转数下的平均剪应速率；第二，测定给定温度下菌体生长最旺盛时发酵醪的流变特性曲线，根据既定转数下计算出的平均剪应速率查得显示粘度 μ_a；第三，在几何相似的小试验罐里，绘制 N_P 与 Re_m 曲线；第四，对于几何相似的大型搅拌罐，按牛顿型流体计算搅拌功率的方法计算 P_0 和 P_g。

Metzner 等的大量实测数据表明，非牛顿型流体与牛顿型流体的 N_P 与 Re_m 曲线的差别仅存在于 $10<Re_m<300$ 区间内，当 $Re_m>300$ 之后，非牛顿流体与牛顿型流体的 N_P 与 Re_m 曲线基本重合。所以，只要避开 $10<Re_m<300$ 区间，可以用牛顿型流体的 N_P 与 Re_m 曲线代替非牛顿型流体的 N_P 与 Re_m 曲线，近似计算非牛顿流体的搅拌功率。

4.5　影响 $K_L a$ 的因素

从一定意义上讲,深层培养反应器体积传氧系数 $K_L a$ 值愈大,好氧生物反应器的传质性能愈好。因此,有必要了解影响 $K_L a$ 值大小的主要因素。

影响 $K_L a$ 值大小的主要因素有反应器结构、操作变量和反应液的理化性质三类。反应器结构指反应器类型、反应器结构尺寸、空气分布器的型式等,操作变量包括通风量、转数、搅拌功率、温度、罐压等,反应液的理化性质指发酵液粘度、密度、表面张力等。

4.5.1　反应器结构参数和操作变量对 $K_L a$ 的影响

通用式发酵罐中搅拌器的型式、组数以及搅拌器之间的适宜距离对氧传递能力有一定的影响。往往要根据发酵液的性质来确定搅拌器的型式、组数以及搅拌器之间的适宜距离。通常情况下,当高径比为 2.5 时,在搅拌器之间的距离适合的前提下,用多组搅拌器可提高体积传氧系数 10% 左右;当高径比为 4 时,采用较高空气流速和较大的功率时,多组搅拌器可提高体积传氧系数 25% 左右。

在单位体积功耗和空气流量不变的前提下,体积传氧系数随高径比的增大而增大。当反应器的高径比由 1 增加到 2 时, $K_L a$ 可增加 40% 左右;当高径比由 2 增加到 3 时, $K_L a$ 可增加 20% 左右。因此,进行好氧发酵罐设计时,人们常常采用较大的高径比。

好氧的机械搅拌罐安装的挡板或以垂直冷却管兼当的挡板,可以避免搅拌时液体在反应罐中心形成凹陷的漩涡,它迫使液体产生次生流折向反应器中心,减少液体回旋运动,不让大量空气通过漩涡外逸,从而提高气液混合效果。

4.5.2　反应器结构参数和操作变量与 $K_L a$ 之间的关联式

建立 $K_L a$ 与设备参数、操作变数之间的关系式对于准确量化分析影响 $K_L a$ 的因素,从而设计和操作生物反应器是非常必要的。建立 $K_L a$ 与设备参数、操作变数之间的关系式的另一个重要目的是用于深层培养反应设备的比拟放大。如果在小的试验设备里获得了好氧培养的满意成绩,同时还证明溶氧速率是影响生产成绩的关键,那么,就可采用适当的方法测定这个小型试验设备的 $K_L a$ 值,然后根据 $K_L a$ 与设备参数以及操作参数之间的关系式,在保证小型反应罐和生产设备具有

相同的 K_La 值的前提下,确定设备的几何尺寸和操作参数,设计大的反应罐。

由此看来,K_La 与设备参数以及操作参数之间的关系式是深层培养反应器设计和放大的根本,而且关系式应该适合较宽的设备尺寸范围和较大的操作参数范围。但是,建立这样的带有经验性质的准确的关系式是比较困难的。已建立的这类关系式中,多数是在设备容量和操作变量变化范围不大的情况下取得的,应用时具有一定的局限性。

由于测定 K_La 的方法具有不同的机制,因此采用不同的方法测定的 K_La 值可能存在明显的差别。迄今所获得这类关系式中的 K_La 值多是采用亚硫酸盐氧化法测定的。

Richards[18]根据 Rushton[19] 和 Calderbank[20] 的量纲分析式,将自己和其他学者在 2.5～8500 L 通气搅拌罐中获得的试验数据按 $K_La\text{-}K'(P_g/V)^{0.4}V_s^{0.5}N^{0.5}$ 在坐标中进行标绘,提出了下面的关联式:

$$K_La = K'(P_g/V)^{0.4}V_s^{0.5}N^{0.5} \tag{4-29}$$

式中:P_g——通气条件下搅拌轴功率,kW;

V——装液体积,m^3;

V_s——空截面气速,cm/min;

N——转数,r/min。

试验的通气搅拌罐采用的搅拌器,为一组圆盘平直叶涡轮或螺旋桨,用亚硫酸钠氧化法测定 K_La。但是,Richards 发现,如果按照不同大小反应罐的数据点进行过细的分析,就会出现不同斜率或不同截距的线。

福田秀雄等采用体积为 100 L～42 m^3 的各种比例的通风搅拌罐,用亚硫酸盐氧化法测定 K_d,进行了 60 组实验。首先按 Richards 提出的关系式 $K_La = K'(P_g/V)^{0.4}V_s^{0.5}N^{0.5}$ 在双对数坐标纸上标绘,发现数据是相互平行的直线,斜率为 1.4,截距不同,如图 4-24 所示。福田秀雄还发现,搅拌涡轮的只数 N_i,不仅对通气时的搅拌功率 P_g 有影响,还影响上述关系式中直线截距的大小。经过对试验数据进行整理和分析,福田秀雄借鉴 Richards 的关联式,提出下列关系式[21]:

$$K_d = (2.36 + 3.30N_i)(P_g/V)^{0.56}V_s^{0.7}N^{0.7} \times 10^{-9} \tag{4-30}$$

式中:K_d——以氧的分压差为推动力的体积溶氧系数,mol/(mL·min·atm);

P_g——通气条件下搅拌轴功率,kW;

V——装液体积,m^3;

V_s——空截面气速,cm/min;

N——转数,r/min。

按福田秀雄的关系式把试验数据标绘在双对数坐标上,如图 4-25 所示。

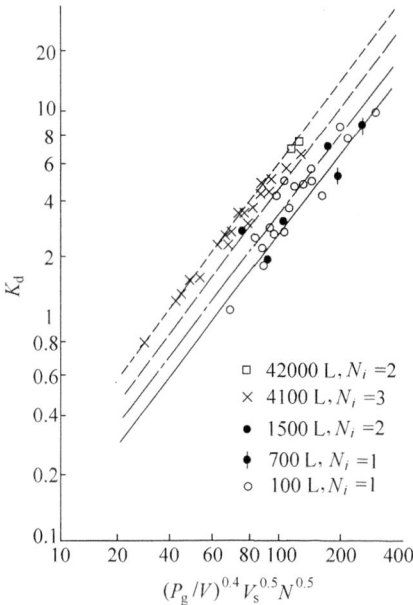

图 4-24 K_d-$(P_g/V)^{0.4}V_s^{0.5}N^{0.5}$ 的关系[18]

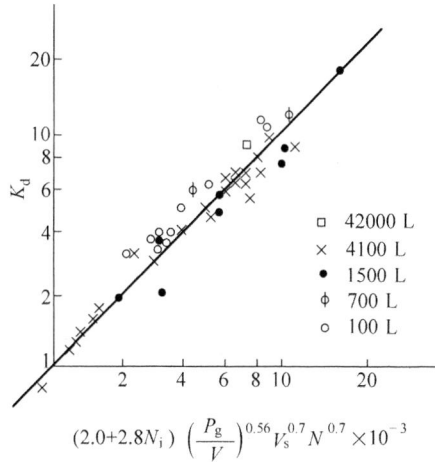

图 4-25   福田秀雄的修正式[21]

注：其中 P_g 的单位为马力

1 马力＝735.499 W

多位学者提出的 $K_L a$ 与设备参数、操作变量之间的关系式可归纳为下面的一般式：

$$K_L a = K (P_g/V)^{\alpha}V_s^{\beta} \qquad (4-31)$$

式中的 K、α、β 随试验搅拌通风罐的型式、几何尺寸、搅拌器的形式、操作参变量范围以及 $K_L a$ 的测定方法而变化。Bartholomew[22]指出，α 值随反应罐的体积增加呈下降趋势，装液量为 9 L 培养罐的 α 为 0.95，装液量 500 L 反应罐的 α 降低为 0.67，而装液量 27～54 m³ 反应罐的 α 只有 0.50。表 4-7 是反应器规模对 α 和 β 值的影响。表 4-8 是带有两层搅拌器的小型发酵罐中，不同型式搅拌器的 α 和 β 值。Sideman 等[23]指出，通常 $0<\alpha<1$，$0.43<\beta<0.95$。

表 4-7   反应器规模对 α 和 β 值的影响

反应器尺寸/L	α	β
5	0.95	0.67
500	0.6～0.7	0.67
50000	0.4～0.5	0.50

表 4-8   搅拌器型式对 α 和 β 值的影响

搅拌器型式	α	β
六平叶涡轮	0.933	0.488
六弯叶涡轮	1.00	0.713
六箭叶涡轮	0.755	0.578

在其他条件相同时,非牛顿型流体与牛顿型流体相比,非牛顿型流体的 K_La 关系式中的 K 与 α 都相对较低。

对气流搅拌式生物反应器,当采用非粘性液体的发酵物系时,有下列关系式:

$$K_La = KV_s{}^{\alpha} \tag{4-32}$$

式中:V_s——气体的空塔速率,m/s;

$\quad K$——经验常数;

$\quad \alpha$——经验常数。

K 值一般在 $0.24\sim1.45$ 范围内,α 在 $0.78\sim1$ 范围内。K 值主要受喷嘴形式影响,当喷嘴由单孔改为烧结板式的时候,K 值增加 3 倍,其次被流体的性质所影响。当气流搅拌式生物反应器的直径大于 15 cm 之后,K_La 值与反应器的直径($15\sim5500$ cm)无关。

值得注意的是,建立这类关系式时,常常将液相的物性参数作为常量来考虑。而实际的有生物代谢活动的发酵液的物性参数并非都是常量。但是,如果把微生物的代谢活动对 K_La 的影响也体现在这类关系式内,那么,K_La 将同时是发酵时间的复杂函数,这样一来,在一定程度上可能限制了关系式的广泛应用。因此,K_La 与设备参数、操作变数之间的关系式对实际发酵体系具有非常重要的参比意义。

4.5.3   液体性质和其他因素对 K_La 的影响

如上所述,有关体积传氧系数的关系式多是在没有微生物生长的亚硫酸钠稀溶液的牛顿型流体中经实验而得到的。物性参数都作为常量归入常数项内。然而,对于有细胞生长的培养液来说,无论是牛顿型流体,还是非牛顿型流体,随着培养的进行,底物在不断消耗,菌体在生长,细胞代谢产物在积累,培养液的物性参数随之变化,K_La 值会受到诸多因素的综合影响而变化。

1. 离子强度

发酵液中常含有多种盐类,其离子强度可达 $0.2\sim0.5$ g/L。氧气在电解质溶液中形成的气泡比在水中小得多,所以有较大的比表面积。因此,在相同的操作条件下,电解质溶液的 K_La 值比在水中的大,并且随电解质浓度的增加,K_La 值也有较大的增加。图 4-26 表示电解质溶液的浓度对 K_La 值的影响。一些有机溶剂如甲醇、乙醇和丙酮也有类似的现象。

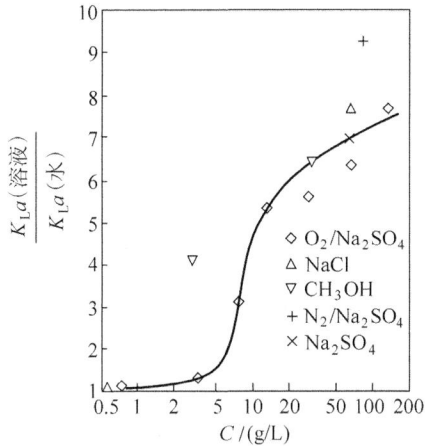

图 4-26　溶液浓度对 K_La 的影响

2. 表面活性剂

深层培养过程中,为防止大量泡沫产生,常加入少量的消泡剂。消泡剂是具有亲水基和亲油基的表面活性剂。另外,细胞在代谢过程中也会产生一些具有表面活性的物质,如蛋白质等。表面活性剂对氧传递有两方面影响,一方面,它使液体表面张力下降,气泡直径变小,单位体积液体中气泡的总表面积 a 值增加;另一方面,表面活性剂易吸附在气液界面处,它减小了气液界面附近液体的流动性,使氧的液膜传递阻力增加,增大了界面的传递阻力。图 4-27 表明在水中加入表面活性剂月桂基磺酸钠(NaLSO$_4$)对体积传氧系数 K_La 和液膜传质系数 k_L 的影响[24]。

水中的月桂基磺酸钠浓度很低就使得 K_La 和 k_L 急剧下降,虽然此时气泡直径也有一定程度的减小,造成单位体积中气泡比表面积 a 增加,但 k_L 下降的影响超过 a 增加的作用,所以 K_La 仍然下降很多;随着月桂基磺酸钠浓度的增加,k_L 值不再继续下降,而气泡直径继续减小,因此 K_La 降至最低点之后,稍有增加的趋势。

发酵旺盛期间,发酵液中会产生大量不易破碎的泡沫,容易造成逃液现象。在这类泡沫中,氧分压很低,而二氧化碳的分压则很高。这样的情况下加入消泡剂消泡,虽然会因 K_La 值的下降引起液相溶氧浓度明显的下降,但在发酵过程中却是必须的操作。

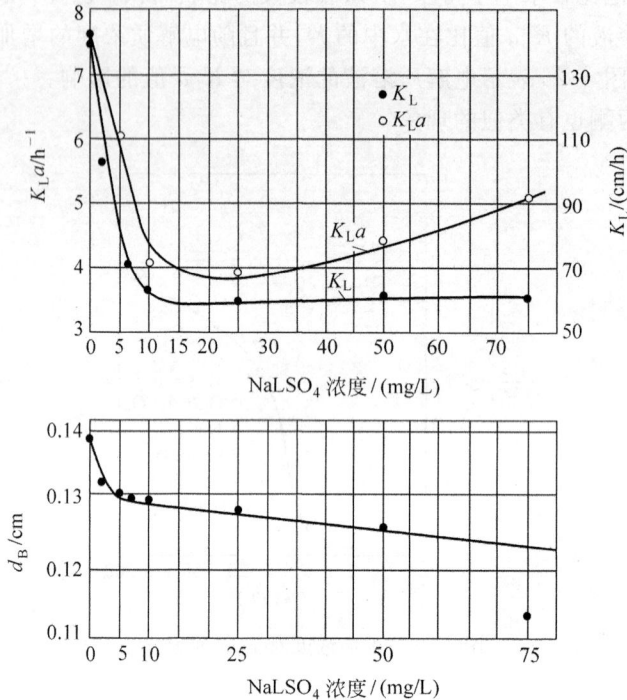

图 4-27　表面活性剂月桂基磺酸钠($NaLSO_4$)浓度对 K_La、k_L 和 d_B 的影响

3. 细胞形态和浓度

一般来说,细胞的形态对 K_La 值有显著的影响。例如,丝状菌悬浮液的 K_La 值只有相同浓度球状菌 K_La 值的一半。这主要是由于丝状菌和球状菌悬浮液的流动特性差别较大,丝状菌悬浮液的稠度系数约为球状菌的 10 倍,且流动特性指数几乎为零,而球状菌的流动特性指数约为 0.4,因此,丝状菌悬浮液非常粘稠,非牛顿特性明显,氧从气相到液相的传递速率低。

丝状菌细胞的浓度对 K_La 值也有显著的影响。培养液中丝状菌细胞浓度的增加,会使 K_La 值显著降低。图 4-28 是黑曲霉浓度与 K_La 的关系。对于细菌和酵母类的培养液而言,细胞浓度的增加对 K_La 的影响一般较小。

值得注意的是,当丝状菌在培养液中形成细小的菌丝球时,培养液的氧传递特性得到明显改善,K_La 值较不成球状的菌丝体悬浮发酵体系要大很多。发酵工业中,菌丝成球的现象并不少见,如以淀粉类原料为主要底物的黑曲霉的柠檬酸发酵过程,黑曲霉菌丝体形成细小且较均匀的约 0.3～0.5 mm 菌丝球。

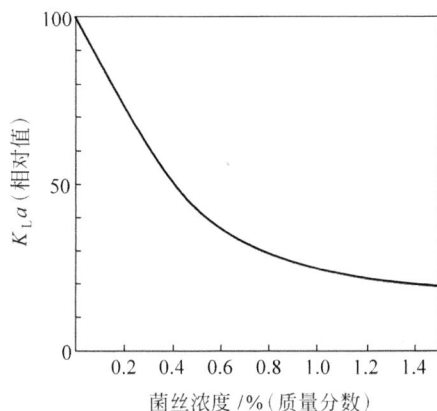

图 4-28　菌丝浓度对 $K_L a$ 的影响

4.6　培养液中传氧速率的调节

工业上深层培养过程中,需要保持培养液具有一定的溶氧浓度,以满足细胞生长代谢的需求。如前所述,真实细胞培养液中的 $K_L a$ 值受多种因素的影响,这就可能导致培养液中溶氧浓度的显著降低,以至于可能影响目标产物的产量和产率。例如,培养过程中菌体的对数生长期到来时,菌体的耗氧速率迅速增加,导致原有供氧、耗氧平衡的改变,有可能使培养液内溶氧浓度降低到临界浓度以下,此时应该采取必要的措施提高传氧速率。此时如果未能及时采取措施提高传氧速率,也许由于传氧推动力的自动增加以及微生物在临界溶氧浓度以下呼吸强度的减弱,而在短时间内使溶氧浓度暂时回升到临界值以上。但是,如果此时因需要刚加了消泡剂,或刚刚补了料,就很可能使溶氧浓度在临界值以下停留较长的时间,从而造成产量和产率的下降,甚至生产的彻底失败。

由体积传氧速率方程 $N_v = K_L a(C^* - C)$ 分析,提高传氧速率的途径主要有提高体积溶氧系数 $K_L a$ 值和提高传氧推动力两个方面。可根据具体的情况采用如下的主要途径:

(1) 增加搅拌转数

增加搅拌转数可以使通入的空气被充分破碎并被分散成细小的气泡,防止小气泡的凝并,从而增加气液接触面积;增加搅拌转数还使液体湍动程度增加,减小气泡周围液膜厚度,减小菌体细胞周围液膜厚度,从而减小气液传递阻力。

由搅拌功率的计算式以及 $K_L a$ 与设备参数和操作变数的关系式也可知,增加

搅拌转数 N,可以提高通气时的搅拌功率 P_g,从而可以有效提高 K_La 值。但是,搅拌速度的增加是有限度的。过度强烈的搅拌会产生较高的剪切力,对细胞可能造成损伤,尤其是对于丝状菌和动植物细胞的培养体系,更应该考虑细胞对搅拌剪切力的耐受程度。同时,强烈的搅拌还会产生大量的搅拌热,会加重反应器传热的负荷。

（2）增大通风量

在原有通风量较低的时候,增大通风量可以显著提高气体的空截面气速,有利于对流的产生,可以有效提高 K_La 值。但是,空气流速的增加是有一定限度的,通气量过大,搅拌器不能有效地打碎气泡并使气泡分散到液相中,气泡就会合并成大气泡在搅拌器的周围逸出,此时 K_La 值反而会下降。实际操作中一定要考虑通风量和搅拌转数的合理配合,才能有利于氧气传递速率的提高。

对于鼓泡式和气升式的气体搅拌式生物反应器,通气既起到气流搅拌的作用,同时又提供细胞反应需要的氧。在一定的气体流速范围内,体积传氧速率直接与气体流速相关联,增大空气流速,有利于传氧速率的提高。但是,由于在反应器内除了空气分布器外,没有空气破碎装置,大量气体的通入会使气泡合并,使得反应器内的流体从均匀的鼓泡流到非均匀鼓泡流,再到节涌流,气液传递效果变差。

（3）增加罐压

可通过提高罐压的方法来提高气液传质推动力。但是,在实际操作中要考虑到如下问题,首先,增加罐压虽然提高了氧的分压,从而增加了氧的溶解度,可是其他气体成分如二氧化碳的分压也同时增加,同时还使得发酵过程中产生的二氧化碳溶解度增加,不利于排出,导致培养液的酸度增加;其次,提高罐压就要相应增加空压机的出口压力,这就增加了动力消耗。因此,提高罐压是有一定限度的。

（4）增加气体组成中的氧分压

增加空气中氧含量可提高氧的分压,从而提高传氧推动力。例如,深冷分离法可制备纯度 99.6%～99.8% 的氧,制备的高纯度氧可通入培养罐、或再与空气混合后使用;吸附分离法使空气通过装有吸附剂的柱子,吸附氮和二氧化碳;膜分离法利用有机高分子膜制备含氧 30% 左右的富氧空气。目前制备富氧空气的成本都还较高,富氧通气还处于研究阶段。

（5）改变发酵液的理化性质

发酵过程中,丝状菌的繁殖使得发酵液的粘度增加,K_La 值下降。除了适当提高通风量和搅拌转数以外,可重复地放出一部分发酵液,补充新鲜灭菌的等体积培养基,这就可使 K_La 值大幅度回升。还可以采用补加无菌水的方法降低培养液粘度,改善通气效果。

（6）加入氧载体

向培养液中添加少量的水不溶性的另一液相,例如正十二烷,氧在这一液相中具有比在水中高得多的溶解度,这类液体称为氧载体。氧载体的应用起源于用正烷烃生产单细胞蛋白的研究。在生产 2,3-丁二醇的体系中添加正十二烷,$K_L a$ 值提高 3.5 倍[25]。

氧载体在搅拌的气液体系中被分散成比气泡小得多的微滴,一方面附着在气泡表面,在气泡和水的界面之间形成一层薄膜,使得氧气通过水膜溶于水相主流的推动力加大,相应提高传氧效率;另一方面,它发挥着类似表面活性剂的作用,降低水的表面张力,使得气持率不变的条件下,增加了单位体积液体中的气液接触面积。可以认为,在添加了氧载体的培养体系中,氧从气相溶入水相主流的途径有两个,一是氧从气相到液相,二是氧从气相到氧载体再到液相。优化操作条件可以有效增大第二个传递途径的传氧量,明显提高反应器的氧传递速率。

4.7　传氧效率

$K_L a$ 值的大小是评价通风生物反应器的一个重要指标,但不是唯一的指标。性能良好的反应器,应具有较高的 $K_L a$ 值,同时消耗的能量应该小。不同形式、不同大小的反应器欲获得相等的 $K_L a$ 值所消耗的能量可能有很大的差别。因此,把每溶解 1 kg 溶氧所消耗的电能（kW·h/kg(O_2)）定义为传氧效率指标。

习　　题

4-1　通风与搅拌的作用是什么? 为什么提高溶氧效率是好氧发酵罐设计的关键?

4-2　什么是细胞的比耗氧速率（呼吸强度）? 什么是摄氧率? 二者的关系如何?

4-3　什么是临界溶氧浓度? 临界溶氧浓度如何测定? 是否所有的好氧培养过程都必须控制溶氧浓度在临界溶氧浓度以上?

4-4　简述氧从气相到液相的传递过程特征,双膜理论的基本论点是什么?

4-5　体积传氧系数 $K_L a$ 的测定方法有哪几种? 简述各方法的基本原理。

4-6　好氧发酵罐常用的涡轮式搅拌器有哪几种形式? 带圆盘的涡轮式搅拌器与不带圆盘的涡轮搅拌器相比,有什么特点?

4-7　计算搅拌功率的基本思路如何？

4-8　某细菌醪发酵罐的直径为 1.8 m，安装一只直径为 0.6 m 的圆盘六平叶涡轮，罐内安装四块标准挡板，罐压为 1.5×10^5 Pa(绝压)，搅拌器转数为 160 r/min，通气量为 1.45 m^3/min(已换算为罐内状态流量)，醪液密度为 1020 kg/m^3，醪液粘度为 1.80×10^{-3} N·s/m^2。求通风状态下的搅拌功率 P_g。

4-9　什么是非牛顿型流体？几种典型的非牛顿型流体的流变特征是什么？表观粘度如何计算？

4-10　非牛顿型流体搅拌功率计算的基本思路如何？

4-11　了解 $K_L a$ 与设备参数及操作变数之间的关联式。

4-12　提高发酵罐体积传氧速率的途径有哪些？

符 号 说 明

Q_{O_2}	比耗氧速率，呼吸强度，$mol(O_2)/$(g(干菌体)·s)	k_G	氧气的气膜传质系数，$kmol/(m^2$·h·atm)
$(Q_{O_2})_m$	最大比耗氧速率，$mol(O_2)/$(g(干菌体)·s)	k_L	氧的液膜传质系数，m/h
r	摄氧率，$mol(O_2)/(L·s)$	K_G	以氧的分压差为总推动力的总传质系数，$kmol/(m^2$·h·atm)
X	细胞浓度，g/L		
C_L	溶氧浓度，mol/m^3	K_L	以氧的浓度差为总推动力的总传质系数，m/h
K_o	微生物对氧气的米氏常数，mol/m^3	N_V	体积溶氧速率，$kmol/(m^3$·h)
P_{O_2}	气相中氧气的分压，atm	$K_L a$	以氧的浓度差($C^* - C$)为推动力的体积溶氧系数，h^{-1}
H	与温度有关的亨利系数		
T	温度，℃	K_d	以氧的分压差为总传氧推动力的体积溶氧系数，$mol/(mL·min·atm)$
N_{O_2}	氧的传递通量，$kmol(O_2)/(m^2$·h)		
ΔP_i	各传递步骤的推动力(分压差)，atm	Q_i、Q_o	进、出空气的流率，L/min
P_i	气液界面上氧的分压强，atm	P_i、P_o	进、出空气的总压力，atm
C_i	溶于界面液膜中的氧的浓度，$kmol(O_2)/m^3$	X_i、X_o	进、出空气中氧的摩尔分率
		V_L	发酵液体积，L
P	气相主体中氧的分压强，atm	C_i^*、C_o^*	与进气和排气氧分压平衡的液相氧浓度
C	液相主体中溶氧浓度，$kmol(O_2)/m^3$		
		N_P	功率准数
P^*	与液相主体中溶氧浓度 C 相平衡的气相氧的分压强，atm	P_0	不通气时搅拌器输入液体的功率，W
		ρ	液体密度，kg/m^3
C^*	与气相主体中氧的分压强 P 相平衡的液相溶氧浓度，$kmol(O_2)/m^3$	μ	液体粘度，N·s/m^2
		D	涡轮直径，m

N	涡轮转数,r/s		τ	剪切应力,Pa
N_a	通气准数		μ	粘度,Pa·s
Q_g、Q	通气量,m^3/min		γ	剪切速率,s^{-1}
P_g	通气时的搅拌功率,W		k	比例系数
V_L	液相体积		V_s	空截面气速,cm/min
B	搅拌桨叶宽度			

参 考 文 献

1. Hirose Y H, Shibai H. Effect of oxygen on amino acids fermentation. In: Moo-Young M, Robinson C W, Vezina C, ed. Advances in Biotechnology. Toronto: Pergamon Press, 1988. 329~333

2. Feren C F, Squires R W. The relationship between critical oxygen level and antibiotic synthesis of capreomycin and cephalosporin C. Biotechnol Bioeng, 1969, 11: 583~592

3. Whitman W G. The two-film theory of gas absorption. Chem Met Eng, 1923, 29: 146~148

4. Higbie R. The Rate of Absorption of a Pure Gas into a Still Liquid During Short Periods of Exposure. Trans AIChE, 1935, 31: 365~388

5. Cooper O M, Fernstrum Q A, Miller S A. Performance of agitated gas-liquid contactors. Ind Eng Chem, 1944, 36:504~509

6. Bandyopadhyay B, Humphrey A E, Taguchi H. Dynamic Measurement of the Volumetric oxygen transfer coefficient in fermentation systems. Biotechnol Bioeng, 1967, 9:533~544

7. Taguchi H, Humphrey A E. Dynamic measurement of the volumetric oxygen transfer coefficients in fermentation systems. J Ferm Tech, 1966, 44(12): 881~889

8. Rushton J H, Costich E W, Everett H J. Power Characteristics of Mixing Impellers, Part Ⅰ. Chem Eng Prog, 1950, 46(8): 395~404

9. Rushton J H, Costich E W, Everett H J. Power characteristics of mixing impellers, Part Ⅱ. Chem Eng Prog, 1950, 46: 467~476

10. Ohyama Y, Endoh K. Power characteristics of gas-liquid contacting mixers. Chem Eng (Japan), 1955, 19:2~11

11. Hughmark G. Power requirements and interfacial area in gas-liquid turbine agitated systems. Ind Eng Chem Proc Des Dev, 1980, 19:638~641

12. Michel B J, Miller S A. Power requirements of gas-liquid agitated systems. AIChE Journal, 1962, 8:262~266

13. 福田秀雄, 等. Scale up Fermentors (Ⅱ) Modified Equations for Power Requirement. 发酵工学杂志, 1968, 46(10):838

14. 朱守一, 陈静, 施幽芳. 抗生素发酵液的流变特性. 抗生素, 1981, 6(4):24~31

15. Metzner A B, Otto R E. Agitation of non-newtonian fluids. AIChE Journal, 3(1):3~10, 1957

16. Metzner A B, Taylor J S. Flow patterns in agitated vessels. AIChE Journal, 1960, 6(1):109~114

17. Metzner A B, Feehs R H, Ramos H L, Otto R E, Tuthill J D. Agitation of viscous newtonian and non-newtonian fluids. AIChE Journal, 1961, 7(1): 3~9

18. Richards J W. Studies in aeration and agitation. Progress in Industrial Microbiology, 3, 143~172, 1961

19. Rushton J H. The use of pilot plant mixing data. Chem Eng Prog, 1951, 47(9): 485~488

20. Calderbank P H. Physical Rate Processes in Industrial Fementation. Part 1: The Interfacial Area in Gas-Liquid Contacting with Mechanical Agitation. Trans Inst Chem Eng, 1958, 36: 443~463

21. 福田秀雄, 等. Scale up of Fermentors (Ⅰ) Modified Equations for Volumetric Oxygen Transfer Cofficient. 发酵工学杂志, 1968, 46(10):829

22. Bartholomew W H. Scale-up of submerged fermentation. Adv Appl Microbiol, 1960, 2: 289~300

23. Sideman S O, Hortacsu O, Fulton J H. Mass transfer in gas-liquid contacting system. Ind Eng Chem, 1966, 58(7):32~47

24. Eckenfelder W W, Barnhart E L. The effect of organic substances on the transfer of oxygen from air bubbles in water. AIChE J, 1961, 7(4):631~634

25. Rols J L, Condoret J S, Fonanda C, Goma G. Mechanism of enhanced oxygen transfer in fermentation using emulsified oxygen vectors. Biotechnology and Bioengineering, 1990, 35: 427~435

阅 读 书 目

1. 贾士儒. 生物反应工程原理. 第3版. 北京:科学出版社, 2008

2. 李帧, 朱守一, 吴膺铮, 等. 五种不同搅拌型式在气液接触中的功应暨其动力消耗的特性. 见:上海市科学技术论文编选委员会编. 1960 上海市科学技术论文选集, 工程技术册(二). 上海:上海科学技术出版社. 1960. 106~122

3. 伦士仪. 生化工程. 北京:中国轻工业出版社, 1993

4. 梅乐和, 姚善泾, 林东强. 生化生产工艺学. 北京:科学出版社, 2000

5. 戚以政, 汪叔雄. 生物反应动力学与反应器. 第3版. 北京:化学工业出版社, 2007

6. 戚以政, 夏杰. 生物反应工程. 北京:化学工业出版社, 2004

7. 俞俊堂, 唐孝宣. 生物工艺学. 上海:华东理工大学出版社, 1992

8. 张元兴, 许学书. 生物反应器工程. 上海:华东理工大学出版社, 2001

第5章 培养技术与理论

提　　要

　　微生物反应是在细胞内进行的复杂的酶催化反应。根据操作方式不同,微生物培养过程可以分为分批培养、连续培养和分批补料培养三种基本模式。微生物反应动力学包括细胞生长动力学、基质消耗动力学和代谢产物生成动力学。由于微生物反应过程的复杂性,需要对反应模型进行简化,一般采用均衡生长的非结构模型描述微生物反应的动力学。

　　在分批培养过程中,可以把微生物的生长分成延迟期、对数生长期、减速期、稳定期和衰亡期五个阶段。Monod 方程描述了微生物细胞生长速率与单一限制性底物浓度之间的关系。在有基质抑制和产物抑制的情况下,Monod 方程又有不同的表达形式。在微生物培养过程中,基质的一部分形成细胞物质,一部分形成产物。如果基质为碳源,碳源的一部分还供细胞维持生命活动之用,由此可以得到基质消耗动力学方程。根据产物生成速率与细胞生长速率之间的关系,代谢产物生成的动力学模型分为产物生成与生长相关、产物生成与生长部分相关和产物生成与生长非相关三种类型。

　　在连续培养中,不断向反应器中加入新鲜培养基,同时不断地取出培养基,微生物可长时间处于高活力的对数生长期,连续培养可运行较长时间。根据连续培养的特点,分别对细胞、基质和产物进行物料衡算,并结合细胞生长动力学模型可以得到菌体细胞浓度、基质浓度以及产物浓度与稀释速率之间的量化关系。连续培养可以实现菌体细胞和代谢产物的优化生产。连续培养是研究发酵动力学和细胞生理特征、改进培养基、筛选富集菌种以及研究微生物遗传稳定性的重要实验手段。

　　分批补料培养又称流加培养,根据流加物料的方式不同,分为恒速流加、指数流加和限制性底物线性流加等几种类型。根据它们的特点分别进行物料衡算,可以得到它们各自的反应动力学方程。

5.1　微生物反应过程概论

　　微生物反应是由细菌、放线菌、酵母菌和霉菌等微生物催化的一类生化反应过程,由于其原料来源丰富、反应条件温和,在工业生产中得到了广泛的应用。

5.1.1　微生物反应过程的主要特征

1. 反应过程的主体是微生物细胞

细胞如同微小的反应容器,在反应过程中,一方面细胞从外界摄取营养物质,使营养物质透过其细胞壁和细胞膜进入细胞内,在细胞内经过各种化学变化转化为微生物细胞自身的组成物质,即所谓同化作用;另一方面细胞内的组成物质又不断地被分解成为代谢物而排出体外,即所谓异化作用。在细胞内特定酶系的催化作用下,完成原料到产物的转化,并从细胞中释放出一些产物。在此过程中,微生物细胞的特性及其在反应过程中的变化是影响反应过程的关键因素。

2. 反应的本质是复杂的酶催化反应

细胞内的一切生物化学反应几乎都是在酶催化下进行的。从简单的小分子物质转化为较复杂或较大物质的合成过程需要能量;通过分解作用形成的小分子物质可作为合成作用的原料,分解作用伴有能量的释放。微生物细胞通过分解与合成作用保持自身的物质和能量平衡。

微生物反应与酶催化反应在对环境条件的要求、基本的动力学规律等方面有很多相同之处,但二者也有明显的不同。酶催化反应仅为分子之间的反应,在反应过程中,酶本身不能再生产;而微生物反应为细胞内发生的分子之间的反应以及细胞与分子之间的作用,在反应的同时伴随细胞的再生产(即生长与繁殖)。

3. 反应过程非常复杂

(1) 在微生物反应过程中,细胞要经历生长、繁殖、维持、死亡等阶段,细胞的形态、组成、活性都是动态变化的。

(2) 微生物反应有多种代谢途径。例如,微生物主要通过两条途径对糖类进行分解代谢。一条途径是葡萄糖先经酵解途径(EMP 途径)降解成丙酮酸。如果系统无氧,则丙酮酸将进一步转化为乙醇、乳酸、丙酮等代谢产物。如果系统有氧,则丙酮酸进入三羧酸循环(TCA 循环),最终使葡萄糖完全氧化分解为 CO_2 和 H_2O。另一条途径是在有氧条件下葡萄糖直接经磷酸己糖支路途径(HMP 途径或戊糖磷酸途径)被彻底氧化成 CO_2 和 H_2O。因此,微生物反应过程因条件不同而代谢途径不同,最终得到的产物也不同。

(3) 反应体系中有细胞的生长、基质的消耗和产物的生成,三者的动力学规律既有联系,又有明显的差别,各有其最佳反应条件。例如,青霉素产生菌的最适生长温度为 30℃,而其合成青霉素的最适温度是 24.7℃,所以,应该对整个发酵周期实行变温控制操作。

上述因素造成了描述、控制和开发微生物反应过程的复杂性。

5.1.2　微生物反应过程的计量关系

1. 化学计量式

若把微生物反应视为生成多种产物的复合反应,将产物分为细胞和代谢产物两大类,则微生物反应可定性地表示为

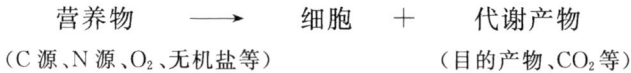

$$营养物 \longrightarrow 细胞 + 代谢产物$$
$$（C 源、N 源、O_2、无机盐等） \qquad （目的产物、CO_2 等）$$

上式只表示微生物反应的物质变化情况,而不是其计量关系式。

对于由 C、H、O 构成的碳源和以 NH_3 作为氮源组成的培养基,在通过需氧微生物反应只生成 CO_2、H_2O 和另外一种产物 P 时,可建立如下关于化学元素的平衡方程式:

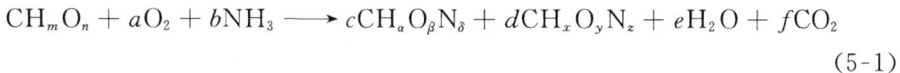

$$CH_mO_n + aO_2 + bNH_3 \longrightarrow cCH_\alpha O_\beta N_\delta + dCH_x O_y N_z + eH_2O + fCO_2 \tag{5-1}$$

式中,CH_mO_n 是碳源的元素组成;$CH_\alpha O_\beta N_\delta$ 是无灰干菌体的元素组成;$CH_x O_y N_z$ 为代谢产物的元素组成;a、b、c、d、e、f 分别代表了碳源氧、氨、菌体、代谢产物、水和二氧化碳的计量系数。

对式(5-1)中的 C、H、O、N 进行元素平衡得方程式(5-2)。

$$\left.\begin{array}{l} C：1 = c + d + f \\ H：m + 3b = c\alpha + dx + 2e \\ O：n + 2a = c\beta + dy + e + 2f \\ N：b = c\delta + dz \end{array}\right\} \tag{5-2}$$

在方程式(5-2)中,通过分析菌体和产物的元素组成,可得到 α、β、δ 和 x、y、z。用气体分析仪测量 O_2 和 CO_2 的含量,可求得 a 和 f。

根据实验数据确定的某些关系式可建立相关计量系数之间的关系,如根据需氧反应中的呼吸商 RQ 建立下式:

$$RQ = \frac{CO_2 \ 释放速率}{O_2 \ 消耗速率} = \frac{CER}{OUR} = \frac{f}{a} \tag{5-3}$$

式中：RQ——细胞反应中每消耗 1 mol O_2 所产生的 CO_2 物质的量,mol/mol,RQ 值可以通过实验进行测定。

【例 5-1】　以乙醇为基质好氧培养酵母的方程式为

$$C_2H_5OH + aO_2 + bNH_3 \longrightarrow c(CH_{1.75}N_{0.15}O_{0.5}) + dCO_2 + eH_2O$$

已知该培养过程的呼吸商 RQ=0.6，求各系数 a、b、c、d、e。

解：根据元素平衡式(5-2)

$$\left.\begin{array}{l} \text{C 平衡}: 2 = c + d \\ \text{H 平衡}: 6 + 3b = 1.75c + 2e \\ \text{O 平衡}: 1 + 2a = 0.5c + 2d + e \\ \text{N 平衡}: b = 0.15c \end{array}\right\} \tag{5-4}$$

RQ=0.6，即 $d=0.6a$，与式(5-4)联立求解，得 $a=2.394$，$b=0.085$，$c=0.564$，$d=1.436$，$e=2.634$。

反应式为

$$C_2H_5OH + 2.394O_2 + 0.085NH_3 \longrightarrow 0.564(CH_{1.75}N_{0.15}O_{0.5})$$
$$+ 1.436CO_2 + 2.634H_2O \tag{5-5}$$

2. 得率系数

用元素平衡的方法来寻求微生物反应的计量关系十分复杂。为简化起见，引入得率系数 Y 作为描述微生物反应中计量关系的宏观参数，用得率系数 $Y_{i/j}$ 对碳源等物质形成菌体或产物的潜力进行定量评价。

（1）对基质的细胞得率系数 $Y_{x/s}$

$$Y_{x/s} = \frac{\text{生成细胞的量}}{\text{消耗基质的量}} = \frac{\Delta X}{-\Delta S} \tag{5-6}$$

式中：ΔX——细胞的生成量，g；

　　　$-\Delta S$——基质的消耗量，mol。

在分批培养时，基质和细胞浓度不断变化，细胞得率系数一般不为常数。在某一瞬时的细胞得率系数常称为微分细胞得率系数（或瞬时细胞得率系数），其定义式如下：

$$Y_{x/s} = \frac{r_x}{r_s} \tag{5-7}$$

式中：r_x——细胞的生长速率，g/h；

　　　r_s——基质的消耗速率，mol/h。

在分批培养过程中，可用式(5-6)计算总细胞得率系数：

$$Y_{x/s} = \frac{X_t - X_0}{S_0 - S_t} = \frac{\Delta X}{\Delta S} \tag{5-8}$$

式中：X_0——反应开始时细胞的浓度，g/L；

　　　S_0——反应开始时基质的浓度，mol/L；

X_t——反应结束时细胞的浓度,g/L;

S_t——反应结束时基质的浓度,mol/L。

（2）对碳的细胞得率系数 Y_C

基质作为碳源时,无论是需氧还是厌氧培养,宏观上碳源的一部分被同化为细胞组成物质,其余部分则被分解为二氧化碳及其他代谢产物。用对碳的细胞得率系数 Y_C 表示由碳同化为细胞过程的转化效率:

$$Y_C = \frac{生成细胞量 \times 细胞含碳量}{基质消耗量 \times 基质含碳量}$$

$$= \frac{X_C \Delta X}{S_C(-\Delta S)} = Y_{X/S}\frac{X_C}{S_C}(\text{g/mol 或 g/g}) \tag{5-9}$$

式中: X_C——细胞含碳量;

S_C——基质含碳量。

由于 Y_C 仅考虑基质与菌体共同含有的碳元素,比 $Y_{X/S}$ 更合理。$1-Y_C$ 表示转化成细胞以外其他产物中碳的分数。

（3）对 ATP 的细胞得率 Y_{ATP}

微生物通过基质的氧化获得细胞合成、物质代谢和能动的物质传递过程等生命活动所必需的能量。但是,微生物并未利用基质氧化的全部能量,只有在氧化反应中以 ATP 形式生成的能量才能被微生物生命活动所利用,其余能量作为反应热释放到环境中。据此,应以异化代谢过程中 ATP 的生成量作为细胞得率系数的基准,即每生成 1 mol ATP 时所增加的细胞量,用 Y_{ATP} 表示,定义如下:

$$Y_{ATP} = \frac{\Delta X}{\Delta ATP} = \frac{Y_{X/S}M_S}{Y_{ATP/S}}(\text{g/mol}) \tag{5-10}$$

式中: $Y_{ATP/S}$——相对于基质的 ATP 生成得率,即每消耗 1 mol 基质生成的 ATP 的量,mol/mol;

M_S——基质的摩尔质量。

大量实验发现,厌氧培养时的 Y_{ATP} 值与微生物、基质的种类无关,基本为常数,即 $Y_{ATP} \approx 10$ g/mol,该值可看作是微生物生长的普遍特征值。

（4）得率系数与化学计量系数的关系

当微生物反应服从式（5-1）所表述的计量关系时,可推导出得率系数与化学计量系数的关系为:

对基质的细胞得率系数: $Y_{X/S} = \frac{M_X}{M_S}c$ \qquad (5-11)

对基质的产物得率系数: $Y_{P/S} = \frac{M_P}{M_S}d$ \qquad (5-12)

对氧的细胞得率系数: $Y_{X/O} = \frac{M_X}{M_O}\frac{c}{a}$ \qquad (5-13)

式中：M_X、M_S、M_P、M_O——细胞、基质、产物和氧的摩尔质量；

　　　a、c、d——计量系数。

表 5-1 汇集了部分得率系数的定义。

表 5-1　部分宏观得率系数汇总表[1]

得率系数	组分间的反应或关系	定义及单位
$Y_{X/S}$	S→X	消耗 1 mol 基质所获得的细胞质量(g)，g(细胞)/mol(基质)
$Y_{X/O}$	O_2→X	消耗 1 mol O_2 所获得的细胞质量(g)，g(细胞)/mol(O_2)
$Y_{X/P}$	P~X	每得到 1 mol 产物同时得到的细胞质量(g)，g(细胞)/mol(产物)
$Y_{X/C}$	CO_2~X	每得到 1 mol CO_2 同时得到的细胞质量(g)，g(细胞)/mol(CO_2)
Y_{ATP}	ATP→X	消耗 1 mol ATP 同时得到的细胞质量(g)，g(细胞)/mol(ATP)
$Y_{P/S}$	S→P	消耗 1 mol 基质所获得的产物量(mol)，mol(产物)/mol(基质)
$Y_{C/S}$	S→CO_2	消耗 1 mol 基质所获得的 CO_2 量(mol)，mol(CO_2)/mol(基质)
$Y_{P/O}$	O_2→P	消耗 1 mol O_2 所获得的产物量(mol)，mol(产物)/mol(O_2)
$Y_{C/P}$	P~CO_2	每得到 1 mol 产物同时得到的 CO_2 量(mol)，mol(CO_2)/mol(产物)

【**例 5-2**】　以葡萄糖为碳源，以 NH_3 为氮源，好氧培养某细菌，已知消耗的葡萄糖中有 2/3 用于合成细胞，反应式为

$$C_6H_{12}O_6 + aO_2 + bNH_3 \longrightarrow c(C_{4.4}H_{7.3}O_{1.2}N_{0.86}) + dH_2O + eCO_2$$

计算此反应的得率系数 $Y_{X/S}$ 和 $Y_{X/O}$。

解：1 mol 葡萄糖中含碳 72 g，转化为细胞的碳量为

$$72 \times 2/3 = 48 \text{ g}$$

因此

$$c = 48/(4.4 \times 12) = 0.91$$

转化为 CO_2 的碳量为

$$72 - 48 = 24 \text{ g}$$

所以

$$e = 24/12 = 2$$

N 平衡：$14b = 0.86c \times 14$，$b = 0.78$

H 平衡：$12 + 3b = 7.3c + 2d$，$d = 3.85$

O 平衡：$6 \times 16 + 2 \times 16a = 1.2 \times 16c + 16d + 2 \times 16e$，$a = 1.47$

消耗 1 mol 葡萄糖生成的菌体量：

$$0.91 \times (4.4 \times 12 + 7.3 \times 1 + 0.86 \times 14 + 1.2 \times 16) = 83.1 \text{ g}$$

$$Y_{x/s} = \frac{83.1}{1} = 83.1(g/mol) \text{ 或者 } Y_{x/s} = \frac{83.1}{180} = 0.46(g/g)$$

$$Y_{x/s} = \frac{83.1}{1.47} = 56.5(g/mol) \text{ 或者 } Y_{x/o} = \frac{83.1}{1.47 \times 32} = 1.77(g/g)$$

5.1.3　微生物反应动力学的描述方法

微生物反应动力学包括细胞生长动力学、基质消耗动力学和代谢产物生成动力学,其中细胞生长动力学是其核心。

1. 模型的简化

细胞的生长、繁殖是复杂的生物化学过程,其中包括细胞内的生化反应和细胞内与细胞外物质的交换,还包括胞外的物质传递及反应。该体系具有多相、多组分、非线性的特点。多相是指体系内常含有气相、液相和固相;多组分是指在培养液中有多种营养成分和多种代谢产物,在细胞内也有生理功能和分子大小各异的化合物;非线性是指细胞的代谢过程通常需用非线性方程来描述。通常每 1 mL培养液含 $10^6 \sim 10^9$ 个细胞,每个细胞都经历着生长、成熟直至衰老的过程,同时还伴有退化、变异。因此,精确描述这样一个复杂体系几乎是不可能的,工程应用的前提是在对该体系进行合理简化的基础上,建立过程的物理模型和推出数学模型。主要简化内容如下:

（1）微生物反应动力学是描述在一定条件下大量聚集的细胞群体动力学行为,而不是描述单一细胞的行为。

（2）不考虑细胞之间的差别,取其性质上的平均状态。在此基础上建立的模型为确定论模型;如果考虑每个细胞之间的差别,则建立的模型为概率论模型。在应用时一般取前者。

（3）细胞的物质组成包括蛋白质、脂肪、碳水化合物、核酸、维生素等成分,这些成分的含量随环境条件变化而变化。在考虑细胞组成变化的基础上建立的模型为结构模型,该模型能从机理上描述细胞的动态行为,一般选取 RNA、DNA、糖类及蛋白质的含量作为过程的变量,将其表示为细胞组成的函数。由于微生物反应过程极其复杂,加上检测手段的限制,以致缺乏可直接用于在线确定反应系统状态的传感器,给动力学研究带来了困难,使结构模型的应用受到限制。如果把菌体视为单组分,则可忽略环境变化对菌体组成的影响,在此基础上建立的模型称为非结构模型,它是在实验研究基础上通过物料衡算建立起经验或半经验的关联模型。

在细胞生长过程中,如果细胞内各组分以相同的比例增加,则为均衡生长。如果细胞各组分的合成速率不同而使各组分增加的比例不同,则为非均衡生长。从模型简化考虑,一般采用均衡生长的非结构模型。

(4) 如果将细胞作为与培养液分离的生物相,可建立分离化模型,一般在细胞浓度很高时采用此模型,在此模型中需要说明培养液与细胞之间的物质传递作用。如果把细胞和培养液视为单一的液相,可建立均一化模型。

根据上述讨论,对细胞群体反应动力学的描述有图 5-1 所示的 4 种模型。[2]

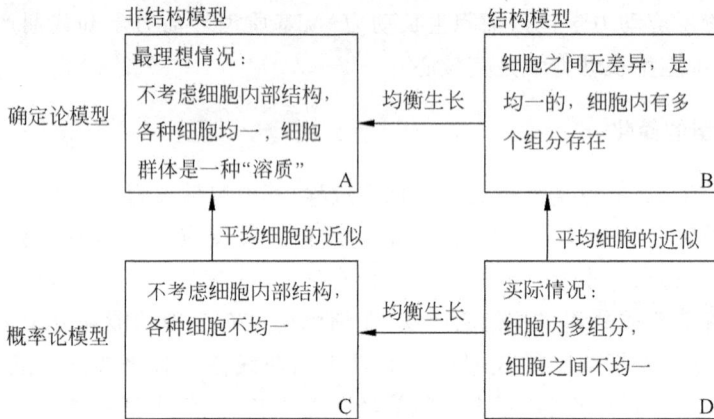

图 5-1   对细胞群体反应动力学的描述模型

在图 5-1 中,A 为确定论的非结构模型,此模型不考虑细胞内各组分和细胞之间的差异,把细胞看成一种"溶质",从而简化了细胞内外的传递过程分析和过程的数学模型,是最简化的均衡生长模型,可以满足对很多微生物反应过程的分析,特别满足对过程控制的要求;B 为确定论结构模型;C 为概率论非结构模型,实际应用较少;D 为细胞群体的实际情况,其求解及分析最繁杂,应用很困难。

2. 反应速率的定义

图 5-2 是典型的微生物好氧反应模式。在液相反应中,营养物 S_i 和氧 O_2 必须通过各相及其界面传递进入细胞,细胞内的产物 P_i、CO_2 和反应热 H_v 也需传递出去。

要描述一个微生物反应过程的动力学,必须可以测量其有关变量,反应如下:

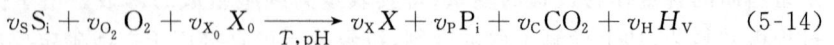

$$v_S S_i + v_{O_2} O_2 + v_{X_0} X_0 \xrightarrow{T, pH} v_X X + v_P P_i + v_C CO_2 + v_H H_v \qquad (5-14)$$

式中:S_i、O_2、P_i 和 CO_2——基质、氧、产物和二氧化碳;

X_0——接种细胞量;

X——细胞量;

H_v——反应热;

v_S、v_{O_2}、v_{X_0}、v_X、v_P、v_C、v_H——相应变量的计量系数。

如果在一间歇操作的反应器中进行上述反应,则上述变量随时间变化的曲线见图 5-3。

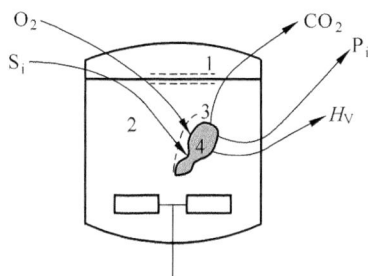

图 5-2　典型的微生物好氧反应模式

1—气液界面上液膜;2—液相主体;3—液固界面上液膜;4—细胞膜

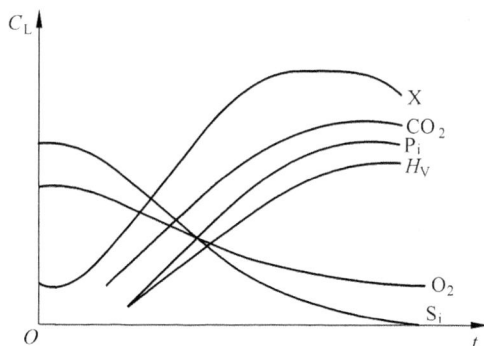

图 5-3　间歇反应过程中的典型浓度—时间曲线[3]

X、S_i、O_2、P_i、CO_2 分别为细胞、基质、氧和产物;H_V 为产热强度(生成的反应热)

在图 5-3 中可以观察到细胞 X 的生长、反应基质 S_i 和 O_2 的消耗以及 P_i、CO_2 和 H_V 的积累。要描述它们的消耗速率和积累速率,常采用绝对速率和比速率两种速率概念。

(1) 绝对速率(又称为速率)

图 5-3 中各曲线可用式(5-15)来表示其速率。

细胞生长速率 r_X:
$$r_X = \frac{dX}{dt} \tag{5-15}$$

X 为细胞浓度,一般不考虑细胞中的大量水分,常用单位体积培养液中所含细胞(或称菌体)的干燥质量表示。

基质和氧的消耗速率 r_S、r_{O_2}: $r_S = \dfrac{-dS}{dt}$, $r_{O_2} = \dfrac{-dO_2}{dt}$ $\tag{5-16}$

产物 CO_2 和反应热的生成速率 r_P、r_C、r_{H_V}：

$$r_P = \frac{dP}{dt}, \quad r_C = \frac{dCO_2}{dt}, \quad r_{H_V} = \frac{dH_V}{dt} \tag{5-17}$$

以上各速率的单位是 $g/(L \cdot h)$ 或 $kJ/(L \cdot h)$，表示在恒温（$T=$常数）和恒容（V_R = 常数）情况下的各组分的生长、消耗以及生成的绝对速率值。

（2）比速率

为了对不同反应的动力学进行比较，定义比速率如下：

细胞生长比速率：
$$\mu = \frac{1}{X} \frac{dX}{dt} \text{ h}^{-1} \tag{5-18}$$

基质消耗比速率：
$$Q_S = \frac{1}{X} \frac{dS}{dt} \text{ h}^{-1} \tag{5-19}$$

氧消耗比速率：
$$Q_{O_2} = \frac{1}{X} \frac{dO_2}{dt} \text{ h}^{-1} \tag{5-20}$$

产物生成比速率：
$$Q_P = \frac{1}{X} \frac{dP}{dt} \text{ h}^{-1} \tag{5-21}$$

反应热生成比速率：
$$Q_{H_V} = \frac{1}{X} \frac{dH_V}{dt} \text{ kJ}/(g \cdot h) \tag{5-22}$$

式中：X、S、O_2、P——分别为细胞、基质、氧和产物的浓度，mol/L 或 g/L。

从上述各式可见，比速率与催化活性物质的量有关，因此比速率的大小反映了细胞活力的大小。

5.2 微生物分批培养及动力学

5.2.1 微生物生长的不同时期

分批培养是指在一封闭培养系统内含有初始限制量基质的发酵方式。

根据均衡生长模型的假设，可以用细胞浓度的变化来描述细胞生长过程。取细胞浓度的对数值与细胞生长时间的对应关系作图，可得分批培养的细胞浓度变化曲线（图 5-4）。由图 5-4 可见，根据细胞浓度变化规律，分批培养过程分为延迟期、指数生长期、减速期、静止期和衰亡期五个阶段。

1. 延迟期

在培养基接种后，细胞在新环境中表现出的适应阶段称延迟期。在此阶段，细胞浓度无明显增加，但细胞内部变化很大。产生延迟期的主要原因是细胞所处环

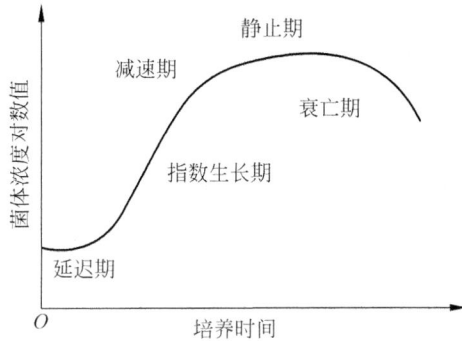

图 5-4　分批培养的细胞浓度—培养时间曲线

境的变化(营养改变、物理环境变化、存在抑制剂等)。如果新培养环境中存在原培养环境所缺少的营养物质,则细胞在转移到新环境后就合成有关的酶来利用该物质,从而表现出延迟期。许多胞内酶需要一些小分子或离子形式的辅酶或激活剂,这些分子或离子较易通过细胞膜,当细胞转移到新环境时,这些物质可能因扩散作用从细胞中向外流失,导致产生延迟期。

例如,将大肠杆菌接入以葡萄糖(100 mg/L)和山梨醇(100 mg/L)为碳源的培养基中,大肠杆菌首先利用葡萄糖,当葡萄糖耗尽后,出现延迟期,然后再利用山梨醇发生二阶段生长,如图 5-5 所示。培养产气杆菌时,以氨基酸为氮源无延迟期,但用硫酸铵为氮源则产生延迟期。培养基中的镁离子浓度增加可缩短产气杆菌的延迟期,如图 5-6 所示。

延迟期也可能是由于种子带入了一些有害的代谢产物抑制生长而造成的,随着有害代谢产物的分解,延迟期结束。例如乳杆菌科的一些细菌,在厌气培养后接入新培养基好气培养时,因产生过氧化氢而抑制生长。过氧化氢诱导菌体内过氧

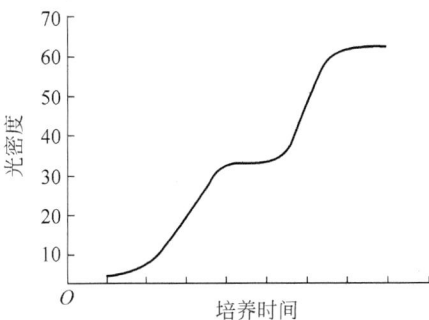

图 5-5　大肠杆菌在葡萄糖-山梨醇培养基
延迟期中的二次生长[4]

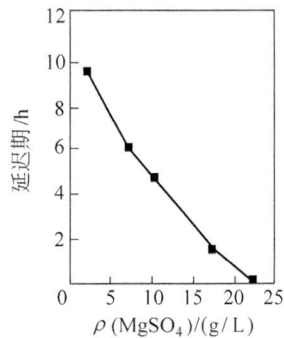

图 5-6　镁离子浓度与产气杆菌
的关系[4]

化氢酶的生成,使过氧化氢分解,从而解除抑制,延迟期结束。这种情况下,加大接种量会使延迟期延长。

种龄和接种量对延迟期也有很大影响。种龄对产气杆菌延迟期的影响如图 5-7 所示,在以天冬氨酸为氮源时,接种静止期的种子开始出现延迟期,种龄越大延迟期越长;在以硫酸铵为氮源时,接种对数期的种子表现出很长的延迟期,对数末期的种子延迟期最短,不过接入种龄更长的种子延迟期又延长。增加接种量(种液体积)明显缩短延迟期。

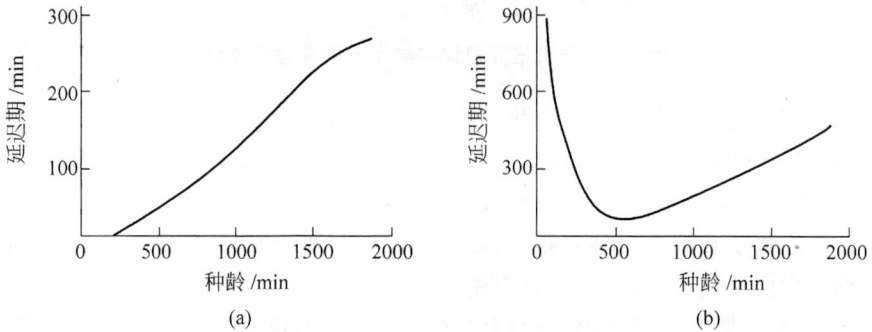

图 5-7　产气杆菌延迟期与种龄的关系[5]
(a) 以天冬氨酸为氮源;(b) 以硫酸铵为氮源

培养温度也影响延迟期。表 5-2 展示了在不同温度培养链球菌的延迟期 t_{Lag} 和倍增时间 t_d,可见,随培养温度的升高,菌体生长的倍增时间缩短,延迟期也相应缩短。

表 5-2　不同培养温度下链球菌的延迟期和倍增时间[6]

温度/℃	t_{Lag}/min	t_d/min	t_{Lag}/t_d
25	120	64	1.9
30	60	38	1.7
35	50	29	1.7
40	39	27	1.5

Lankford[7]发现巨大芽孢杆菌的一些代谢产物(如 3-羟基-1,4-吡喃酮、曲酸和罂粟酸等化合物)有缩短其延迟期的作用。Lodge[5]等认为培养液中存在某种菌体生长所必需的物质,当该物质达到一定浓度时,延迟期结束。

延迟期的存在使发酵生产周期延长,为提高设备的使用率及降低生产成本则需缩短延迟期。根据延迟期出现的原因,在工业生产中可以采取一定的措施来缩短延迟期：接种的微生物应尽可能是高活力的，一般要用处于对数生长期的微生物作为接种的种子；种子培养基和培养条件应尽可能接近生产上使用的发酵液组成和培养条件；采用大接种量接种。在工业生产中，向生产罐中接入的种子量一般为 10% 左右。

2. 指数生长期

在延迟期结束后，培养基中营养物质较充分，细胞生长不受限制，细胞浓度快速增长，在一段时间内菌体的比生长速率 μ 保持不变，此阶段为指数生长期，又称对数生长期。

根据比生长速率的定义：

$$\frac{\mathrm{d}X}{\mathrm{d}t} = \mu X \tag{5-23}$$

如果在时间 t_0 的菌体浓度为 X_0，将式（5-23）积分得

$$X = X_0 \exp[\mu(t - t_0)] \tag{5-24}$$

可见，在此阶段细胞浓度随时间呈指数规律增大，故此阶段称为指数生长期，菌体浓度的对数值与培养时间表现为直线关系，所以也称为对数生长期。菌体浓度增加一倍所需时间称为倍增时间或增代时间 t_d，由式（5-24）可以得出在指数生长阶段的倍增时间：

$$t_d = \frac{\ln 2}{\mu} = \frac{0.693}{\mu} \tag{5-25}$$

在分批培养中，菌体生长伴随着培养液 pH 值等的变化，菌体的生长速率和指数生长期的长度会受到影响。在复合培养基中，有时观察不到菌体的指数生长期，这是因为随着菌体的生长培养基中限制菌体生长的因素（如氨基酸等物质）不断减少。在分批培养一些丝状菌的过程中也常常观察不到指数生长期，其菌体浓度与培养时间显示立方根关系，因为丝状菌的形态特点使生长过程中的营养物质传递受到限制。

在指数生长期的细胞分裂繁殖最旺盛、生理活性最高，因此在工业微生物反应中，常转接处于指数生长期中期的细胞，以保证转接后细胞能迅速生长，微生物反应能快速进行。

3. 减速期

随着菌体的生长，发酵液中的营养物质逐渐消耗，有害的代谢产物不断积累，菌体生长受到影响，比生长速率逐渐下降，进入减速期。事实上，自然界中细胞生长通常都处于受限制的状态。例如，在不受限制的条件下，大肠杆菌的倍增时间大

约是 20 min，一个细胞经 48 h 可变成 2.2×10^{43} 个，其质量已大大超过地球质量，这显然是不可能的。

4. 静止期

由于营养物质的耗尽或有害代谢产物的积累，菌体的生长速率不断下降，当生长速率和死灭速率相等时，菌体浓度不变，菌体处于静止期。此时，菌体的表观比生长速率为 0，菌体浓度达到最大。如果在菌体生长过程中菌体得率系数 $Y_{X/S}$ 不变，则在静止期细胞浓度为

$$X_{\max} = X_0 + Y_{X/S} S_0 \qquad (5\text{-}26)$$

式中：$X_{\max}$——最大菌体浓度，g/L；

X_0——接种后的菌体浓度，g/L；

S_0——限制性底物的初始浓度，mol/L。

因此，$X_{\max}$ 与限制性底物的初始浓度呈线性关系，当 X_0 很低时，$X_{\max}$ 与 S_0 成正比。

有时，发酵液中的营养物质尚未耗尽，菌体即已进入静止期，这往往是代谢产物抑制造成的。乳酸、丙酸、乙醇、水杨酸等发酵都有明显的产物抑制现象。在培养基因工程大肠杆菌的过程中，葡萄糖的代谢产物乙酸对细胞生长有很强的抑制作用，在动物细胞培养中，代谢产物乳酸和氨都抑制细胞生长。静止期往往是微生物大量生产有用代谢产物（如抗生素等次级代谢产物）的阶段。一些芽孢杆菌胞外酶的大量生产往往伴随着芽孢的生成，而此时菌体生长不明显。

5. 衰亡期

由于营养物质的耗尽或有害代谢产物的大量积累，菌体的生活环境恶化，造成细胞不断死亡，活细胞浓度下降，细胞生长速率为负值，进入衰亡期。一般在衰亡期之前结束培养过程，但对在衰亡期尚有明显的产物生成的培养过程，则应视产物生成情况结束培养。比如，在 1000 L 气升式反应器中分批培养鼠杂交瘤细胞 NBI 生产抗体 IgG 时，绝大部分抗体都在衰亡期生产，应在产物积累较多时结束培养。

【例 5-3】 以乙醇为唯一碳源进行产气气杆菌培养，菌体初始浓度 $X_0 = 0.1 \, \text{kg/m}^3$，培养至 3.2 h，菌体浓度为 $8.44 \, \text{kg/m}^3$，如果不考虑延迟期，比生长速率 μ 一定，求倍增时间 t_d。

解：根据式(5-23)，$\dfrac{\mathrm{d}X}{\mathrm{d}t} = \mu X$

在 $t = 0$ 时，$X = X_0$，积分上式得 $\ln X - \ln X_0 = \mu t$，即 $\ln \dfrac{X}{X_0} = \mu t$

在 $t=3.2$ h 时，$X=8.44$ kg/m³，则 $\mu=\dfrac{1}{t}\ln\dfrac{X}{X_0}=\dfrac{1}{3.2}\ln\dfrac{8.44}{0.1}$

倍增时间为 $\dfrac{X}{X_0}=2$ 所需要的时间，因此 $\ln 2=\mu t_d$

$$t_d=\frac{\ln 2}{\mu}=\frac{\ln 2}{\dfrac{1}{3.2}\ln\dfrac{8.44}{0.1}}=0.5\ (\text{h})$$

5.2.2　微生物生长速率与底物浓度的关系

早在 1942 年，现代细胞生长动力学的奠基人 Monod 就根据经验建立起 Monod 方程(式(5-27))，描述细胞比生长速率与限制性基质浓度的关系：

$$\mu=\frac{\mu_{max}S}{K_S+S} \tag{5-27}$$

式中：μ——比生长速率，h^{-1}；

　　　μ_{max}——最大比生长速率，h^{-1}；

　　　S——限制性底物浓度，mol/L；

　　　K_S——半饱和常数，mol/L。

K_S 值等于比生长速率恰为最大比生长速率的一半时的限制性底物浓度。

根据 Monod 方程，细胞比生长速率与限制性基质浓度的关系如图 5-8 所示。

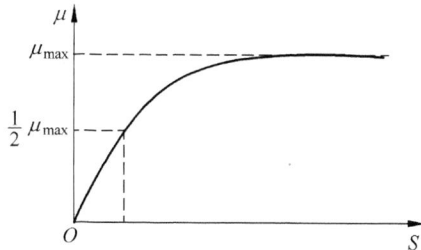

图 5-8　细胞比生长速度与限制性基质浓度的关系

由式(5-27)可知，当限制性基质浓度很低，即 $S\ll K_S$ 时，细胞的比生长速率与基质浓度为下式所描述的一级动力学关系：

$$\mu=\frac{\mu_{max}S}{K_S} \tag{5-28}$$

当限制性底物浓度 $S\gg K_S$ 时，$\mu=\mu_{max}$，细胞比生长速率与基质浓度无关，为零级动力学特点。若继续提高基质浓度，细胞生长速率基本不变。

由细胞的生长速率公式推导,得

$$r_X = \frac{dX}{dt} = \mu X = \frac{\mu_{max} S}{K_S + S} X \tag{5-29}$$

当 $S \ll K_S$ 时,

$$r_X = \frac{\mu_{max}}{K_S} S X \tag{5-30}$$

当 $S \gg K_S$ 时,

$$r_X = \mu_{max} X \tag{5-31}$$

Monod 方程在形式上与酶反应动力学的 M-M 方程相似,但 Monod 方程是从经验得出,M-M 方程是由反应机理推导而成。Monod 方程是典型的均衡生长模型,其基本假设为:①细胞为均衡式生长,细胞浓度是描述细胞生长的唯一变量;②培养基中只有一种生长限制性基质,而其他组分过量,不影响细胞生长;③细胞生长为简单的单一反应,细胞得率为一常数。

Monod 方程表述简单,有时不足以完整地说明复杂的生化反应过程,在某些情况下与实验结果不符,因此,提出了另外一些描述限制性底物浓度影响细胞比生长速率的经验方程,这些模型基本上是对 Monod 方程的修正,归纳于表 5-3。

表 5-3   描述比生长速率的代表性模型

提出人	模 型	文 献
Teisseir	$\mu = \mu_{max}[1 - \exp(-S/K_S)]$	本章文献[8]
Moser	$\mu = \dfrac{\mu_{max} S^n}{K_S + S^n}$	本章文献[9]
Shehata	$\mu = \sum\limits_{i=0}^{n} \dfrac{\mu_{mi} S^n}{K_S + S^n}$	本章文献[10]
Tan	$\mu = \dfrac{\sum\limits_{i=0}^{n} \alpha_i S^i}{\sum\limits_{i=0}^{n} \beta_i S^i}$	本章文献[11]
Contois	$\mu = \dfrac{\mu_{max} S}{K_S X + S}$	本章文献[12]

5.2.3　有抑制的细胞生长

1. 基质抑制动力学

在有些情况下,当培养基中某种基质的浓度高到一定程度后,细胞的比生长速率随基质浓度的升高反而下降,表现出基质抑制。一些描述基质抑制的动力学模型列于表 5-4 中。

表 5-4　基质抑制模型

提出人	模　　　型	备　　注	文　　献
Andrew	$\mu=\dfrac{\mu_{\max}S}{K_S+S+S^2/K_{IS}}$	普遍化基质抑制模型	本章文献[13]
Webb	$\mu=\dfrac{\mu_{\max}S(1+S/K_S')}{K_S+S+S^2/K_S'}$	变构基质抑制	本章文献[14]
Yano	$\mu=\dfrac{\mu_{\max}}{1+K_S/S+\sum\limits_{i}(S/K_{IS})^i}$	多重失活的酶—基质复合物	本章文献[14]
Aiba	$\mu=\dfrac{\mu_{\max}S}{K_S+S}\exp\left(-\dfrac{S}{K_{IS}}\right)$	经验式	本章文献[14]
Teissier	$\mu=\mu_{\max}\left[\exp\left(-\dfrac{S}{K_{IS}}\right)-\exp\left(-\dfrac{S}{K_S}\right)\right]$	半经验式	本章文献[14]
Webb	$\mu=\dfrac{\mu_{\max}S(1.17\sigma)}{S+K_S(1+\sigma/K_{IS})}$	离子影响	本章文献[14]
Tseng	$\mu=\dfrac{\mu_{\max}S}{K_S+S}-K_{IS}(S-S_C)$		本章文献[14]

注：K_{IS}—基质抑制常数，mol/L；σ—离子浓度，mol/L；S_C—基质临界浓度，mol/L；K_S'—变构基质抑制常数，mol/L。

在上述基质抑制动力学模型中，Andrew 模型最常用，其函数曲线见图 5-9。可根据图 5-9 估计其参数值。当基质浓度为 $\sqrt{K_S K_{IS}}$ 时，细胞生长速率达到最大 $\dfrac{\mu_{\max}}{1+2\sqrt{K_S/K_{IS}}}$；当 $S \gg K_S$ 时，可由式（5-32）确定 K_{IS} 值。

$$\frac{1}{\mu}=\frac{1}{\mu_{\max}}+\frac{S}{\mu_{\max}K_{IS}} \tag{5-32}$$

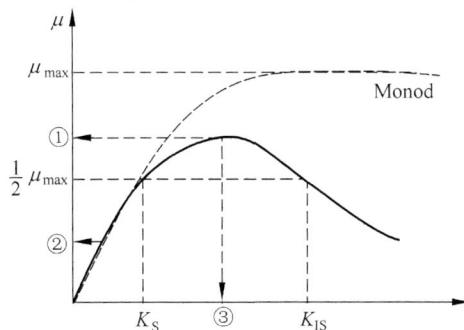

图 5-9　有基质抑制的动力学曲线之一（Andrew 模型）

① $\mu=\dfrac{\mu_{\max}}{1+2\sqrt{K_S/K_{IS}}}$；② $\mu=\dfrac{\mu_{\max}S}{K_S}$；③ $S=\sqrt{K_S K_{IS}}$

2. 产物抑制动力学

有时细胞的一些代谢产物会影响细胞生长,如在厌氧环境下酵母产生的乙醇会抑制酵母生长,乳酸菌生产的乳酸会抑制乳酸菌生长。产物浓度影响细胞比生长速率的可能抑制类型分为线性下降式、指数下降式或分段函数式,如图 5-10 所示。

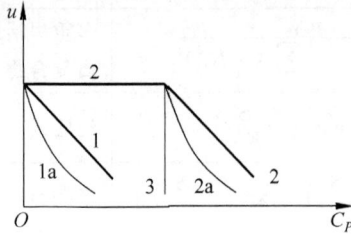

图 5-10   产物抑制的几种模型曲线

1—线性;1a——级下降;2、2a——先不影响后影响;3—突然终止

表 5-5 列出了存在产物抑制时,描述限制性底物浓度影响细胞比生长速率的一些经验方程。

表 5-5   产物抑制模型

提出人	模 型	备 注	文 献
Dagley	$\mu = \dfrac{\mu_{\max} S}{K_S + S}(1 - kP)$	线性关系	本章文献[15]
Holzberg	$\mu = \mu_{\max} - k_1(P - k_2)$	上式的修正	本章文献[16]
Ghose	$\mu = \mu_{\max} - k_1(1 - P/P_{\max})$	乙醇对酵母	本章文献[17]
Aiba	$\mu = \dfrac{\mu_{\max} S}{K_S + S} \exp(-kP)$		本章文献[18]
Taniguchi	$\mu = \mu_{\max} \exp(k_1 - k_2 P)$		本章文献[19]

注:μ—有基质限制和产物抑制时的比生长速率,h^{-1};P—产物浓度,mol/L;$P_{\max}$—允许的最大产物浓度,mol/L;k_1、k_2、k_3—相应方程的经验参数。

5.2.4 基质的消耗

对细胞生长反应,底物消耗主要用于合成新细胞物质、胞外产物以及提供能量,提供的能量则主要用于合成新细胞物质、胞外产物以及维持活细胞的结构和生命活性。在需氧培养过程中,氧作为呼吸的最终电子受体,最终生成水并释放出反应的能量,因此氧随着能源基质的消耗而消耗。

1. 基质的消耗速率与比消耗速率

基质的消耗速率可通过细胞得率系数与细胞生长速率相关联。单位体积培养液中基质 S 的消耗速率 r_S 可用下式表示：

$$r_S = \frac{1}{Y_{X/S}} r_X = \frac{1}{Y_{X/S}} \mu X = \frac{1}{Y_{X/S}} \mu_{max} \frac{SX}{K_S + S} \tag{5-33}$$

基质的比消耗速率 Q_S 定义为相对单位质量细胞单位时间内的基质消耗量：

$$Q_S = \frac{1}{X} r_S = \frac{1}{X} \frac{1}{Y_{X/S}} r_X = \frac{1}{Y_{X/S}} \mu = \frac{1}{Y_{X/S}} \mu_{max} \frac{S}{K_S + S} \tag{5-34}$$

若定义基质最大比消耗速率：

$$Q_{S,max} = \frac{1}{Y_{X/S}} \mu_{max}$$

则

$$Q_S = Q_{S,max} \frac{S}{K_S + S} \tag{5-35}$$

2. 基质消耗动力学

在分批培养时，培养液中基质的减少是由于细胞和产物的生成，如果限制性基质是碳源，消耗掉的碳源中一部分形成细胞物质，一部分形成产物，一部分供细胞维持生命活动之用。基质消耗速率物料衡算可表示为

$$r_S = \frac{1}{Y_G} r_X + mX + \frac{1}{Y_P} r_P \tag{5-36}$$

式中：Y_G——细胞的生长得率系数，g/mol；

　　　Y_P——产物得率系数，mol/mol；

　　　m——细胞的维持系数，mol /(g・s)或 g/(g・h)或 h^{-1}。

Y_G 是生成细胞的干重与完全消耗于细胞生长的基质量之比，表示在无维持代谢时的细胞得率，为最大细胞得率。Y_G 与 Y_P 分别是对用于生长和用于产物生成所消耗的基质而言的得率系数，而 $Y_{X/S}$ 和 $Y_{P/S}$ 是对碳源的总消耗而言的得率系数。

因为

$$Q_P = \frac{dP}{X dt} = \frac{1}{X} r_P \tag{5-37}$$

所以

$$r_S = \frac{1}{Y_G} r_X + mX + \frac{1}{Y_P} Q_P X \tag{5-38}$$

将式(5-38)两边均除以 X 得

$$Q_S = \frac{1}{Y_G}\mu + m + \frac{1}{Y_P}Q_P \tag{5-39}$$

上述有关基质消耗动力学的讨论都是建立在单一限制性基质的基础上。对同时有多种基质存在的微生物反应,基质的消耗利用机理可为同时消耗、依次消耗和交叉消耗等多种情况,此时的基质消耗动力学模型十分复杂。

5.2.5 产物的生成

微生物反应生成的代谢产物范围很广,有醇类、有机酸、抗生素和酶等。由于细胞的生物合成途径复杂以及代谢调节机制各具特点,因此,至今还没有描述代谢产物生成动力学的统一模型。

根据产物生成速率与细胞生长速率之间的关系,Gaden 将代谢产物生成的动力学模型分为三种类型。

类型 I 为相关模型,反映产物生成与细胞生长相关的过程,此时的产物通常是基质分解代谢的产物,代谢产物的生成与细胞的生长同步。属于此类型的反应有乙醇、葡萄糖酸、乳酸发酵等。其动力学方程可表示为

$$r_P = Y_{P/X} r_X = Y_{P/X}\mu X \tag{5-40}$$

$$Q_P = Y_{P/X}\mu \tag{5-41}$$

式中: $Y_{P/X}$——单位质量细胞生成的产物量,g/g 或 mol/g。

图 5-11 是产物生成与细胞生长相关动力学模型示意图。此时产物浓度-时间曲线与细胞浓度-时间曲线相似;产物、细胞和基质三者的速率-时间曲线和比速率-时间曲线的变化趋势是同步的,都有一最大值,最大值出现的时间相近。

类型 II 为部分相关模型,反映产物生成与细胞生长仅有间接关系的过程。在细胞生长期,有产物生成,细胞停止生长后仍有产物生成。柠檬酸和氨基酸发酵属于此类型,如图 5-12 所示。其动力学方程可用 Luedeking-Piret 方程表示为式(5-42)和式(5-43)。

$$r_P = \alpha r_X + \beta X \tag{5-42}$$

式中, α、β 为常数; αr_X 与细胞生长有关, βX 仅与细胞浓度有关。

$$Q_P = \alpha\mu + \beta \tag{5-43}$$

类型 III 为非相关模型,反映产物生成与细胞生长无直接联系的过程。在细胞生长阶段,无产物积累,而当细胞生长停止后,产物却大量生成。抗生素、微生物毒素等代谢产物的生成属于此类型,如图 5-13 所示。此时产物生成速率可表示为

$$r_P = \beta X \tag{5-44}$$

$$Q_P = \beta \tag{5-45}$$

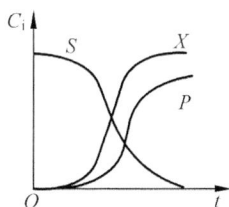

图 5-11　产物生成相关
模型动力学特征示意图[20]

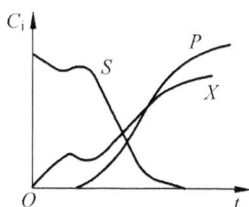

图 5-12　产物生成部分相关
模型动力学特征示意图[20]

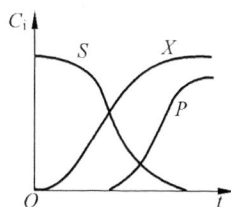

图 5-13　产物生成非相关
模型动力学特征示意图[20]

5.3　微生物连续培养及动力学

在分批培养过程中,菌体浓度、营养物质浓度和产物浓度不断变化,当营养物质耗尽或有害代谢产物大量积累时,菌体和产物浓度不再增加,培养过程即将结束。在连续培养中,不断向反应器中加入培养基,同时不断取出培养液,培养过程可以长期进行,且可以达到稳定状态,过程的控制和分析也比较简单。分批培养在工业上应用普遍,连续培养在科学研究中目前应用较多。

5.3.1　单级恒化器

对图 5-14 所示的单级连续培养,在反应器中的培养基接种以后,通常先进行一段时间的分批培养,待菌体达到一定浓度后,以恒定的流量 F 将新鲜培养基送入反应器,同时以同样的流量抽出培养液,因此反应器中的培养液体积 V 保持不变。假定培养系统处于理想混合状态,即培养液中各处的菌体浓度、溶氧浓度和产

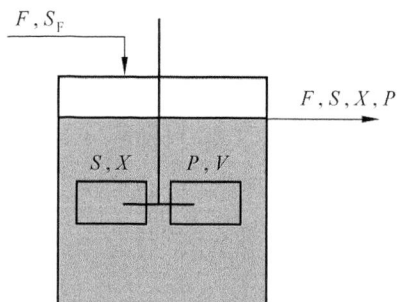

图 5-14　单级连续培养示意图

物浓度分别相同,则流出液和反应器中培养液的组成完全相同。对这个系统的菌体、限制性底物和产物分别建物料平衡方程。

菌体:
$$V \frac{\mathrm{d}X}{\mathrm{d}t} = F X_\mathrm{F} - F X + \mu X V \tag{5-46}$$

限制性底物:
$$V \frac{\mathrm{d}S}{\mathrm{d}t} = F S_\mathrm{F} - F S - \frac{\mu X V}{Y_\mathrm{x/s}} \tag{5-47}$$

产物:
$$V \frac{\mathrm{d}P}{\mathrm{d}t} = F P_\mathrm{F} - F P - Q_\mathrm{P} X V \tag{5-48}$$

式中: X、S、P——发酵罐中的菌体、限制性底物和产物浓度;

X_F、S_F 和 P_F——加入的培养基中的菌体、限制性底物和产物浓度。

通常培养基中不含菌体和产物,因此,式(5-46)可写为式(5-49),式中,D 为稀释率。

$$\frac{\mathrm{d}X}{\mathrm{d}t} = \left(\mu - \frac{F}{V}\right)X = (\mu - D)X \tag{5-49}$$

$$D = \frac{F}{V} \tag{5-50}$$

一般通过 3～5 倍培养液体积后,连续培养可达到稳定状态,此状态下培养液的菌体浓度、限制性底物浓度和产物浓度恒定,即

$$\frac{\mathrm{d}X}{\mathrm{d}t} = 0, \quad \frac{\mathrm{d}S}{\mathrm{d}t} = 0, \quad \frac{\mathrm{d}P}{\mathrm{d}t} = 0 \tag{5-51}$$

因此也称为恒化(chemostat)培养。由式(5-49)可得

$$\mu = D \tag{5-52}$$

可见,在连续培养达到稳定状态时,菌体的比生长速率和稀释率相等。比生长速率是菌体的特性,而稀释率则是操作变量,因此,在连续培养中,只要改变加料速率,很容易改变稳态下的菌体比生长速率,从而达到控制菌体生长的目的,这是单级连续培养的一个重要特性。同样,在稳态下,由式(5-47)和式(5-48)分别得到

$$X = Y_\mathrm{x/s}(S_\mathrm{F} - S) \tag{5-53}$$

$$P = \frac{Q_\mathrm{P} X}{D} \tag{5-54}$$

如果菌体生长规律符合 Monod 方程,根据式(5-27)和式(5-52),在稀释率 D 下的稳态限制性底物浓度为

$$S = \frac{K_\mathrm{S} D}{\mu_\mathrm{max} - D} \tag{5-55}$$

将式(5-55)代入式(5-53),得稀释率 D 下的稳态菌体浓度:

$$X = Y_\mathrm{x/s}\left(S_\mathrm{F} - \frac{K_\mathrm{S} D}{\mu_\mathrm{max} - D}\right) \tag{5-56}$$

在连续培养中,操作的稀释率有一定限度,不可以随意改变。根据式(5-49)和式(5-56),增大稀释率会造成菌体浓度下降,如果菌体的生长跟不上稀释的速率,发酵罐内的菌体浓度会不断降低,直至菌体被洗光(washout)。因此,在连续培养时存在一个临界稀释率,超过此稀释率,连续培养就无法进行。临界稀释率取决于微生物的生长动力学特性以及加料中的限制性底物浓度,即菌体在此培养基中能达到的最大比生长速率。在 Monod 方程适用的情况下,可通过下式计算临界稀释率 D_C:

$$D_C = \frac{\mu_{\max} S_F}{K_S + S_F} \tag{5-57}$$

假定微生物的 $\mu_{\max} = 1.0\ \mathrm{h}^{-1}$,$K_S = 0.2\ \mathrm{g/L}$,加入的培养基中限制性底物浓度 $S_F = 10\ \mathrm{g/L}$,限制性底物的菌体得率系数恒定为 $Y_{X/S} = 0.5\ \mathrm{g/g}$,则可由式(5-55)和式(5-56)求出在不同稀释率下的稳态限制性底物浓度、菌体浓度,见图 5-15。根据 $\dfrac{\mathrm{d}(DX)}{\mathrm{d}t} = 0$,按下式求出最大菌体生产速率 $(DX)_{\max}$:

$$(DX)_{\max} = \mu_{\max} Y_{X/S} \left(\sqrt{K_S + S_F} - \sqrt{K_S} \right)^2 \tag{5-58}$$

最大菌体生产速率下的稀释率 $D_{\max}$ 为

$$D_{\max} = \mu_{\max} \left(1 - \sqrt{\frac{K_S}{K_S + S_F}} \right) \tag{5-59}$$

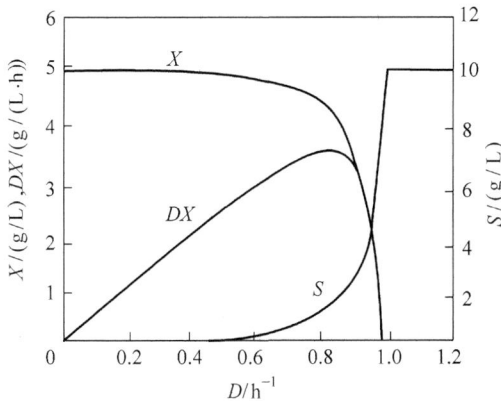

图 5-15　单级连续培养稳态细胞浓度、限制性底物浓度和细胞
生产率与稀释率的关系[21]

相应的最大菌体生产速率下的菌体浓度 $X_{\max}$(不是最大菌体浓度)为

$$X_{\max} = Y_{X/S} \left[S_F + K_S + \sqrt{K_S(K_S + S_F)} \right] \tag{5-60}$$

当限制性底物为能源并合成代谢产物时,式(5-47)可写为

$$V \frac{\mathrm{d}S}{\mathrm{d}t} = FS_F - FS - \left(\frac{\mu}{Y_G} + m + \frac{Q_P}{Y_P}\right)XV \tag{5-61}$$

在稳态时,

$$\frac{D(S_F - S)}{X} = \frac{D}{Y_G} + m + \frac{Q_P}{Y_P} \tag{5-62}$$

若没有产物生成,

$$X = \frac{S_F - S}{\dfrac{1}{Y_G} + \dfrac{m}{D}} \tag{5-63}$$

式中,稳态限制性底物浓度 S 用式(5-55)计算。

考虑维持代谢的不同稀释率下稳态菌体浓度、限制性底物浓度和菌体生产速率变化见图 5-16。当稀释率 D 接近 0 时,菌体浓度明显降低,这是因为加入的少量限制性底物主要用于维持代谢,从而使菌体量减少。

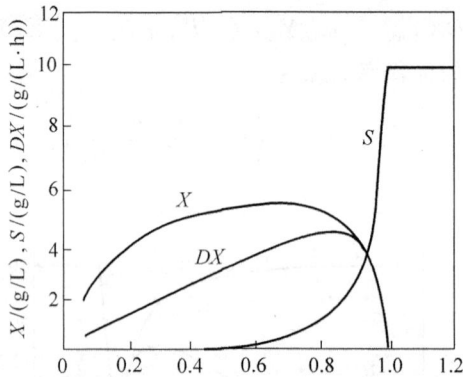

图 5-16   考虑维持代谢的单级连续培养中稀释率对稳态菌体浓度、限制性底物浓度和菌体生产速率的影响[21]

在接近临界稀释率的条件下,不可避免的加料速度波动可能造成菌体被洗光,使连续培养比较困难。此时,可以采用恒浊培养(turbidostat)进行连续培养,即通过测定发酵液的浊度来控制流加培养基。Kleman[22]等采用葡萄糖分析仪测定培养液中的葡萄糖浓度,通过反馈控制流加培养基维持葡萄糖浓度恒定(glucose-stat),实现在接近临界稀释率下的连续培养。也可通过测定细胞的有关产物(如 CO_2)或 pH 来控制培养基的加入,控制稀释率在临界值附近。

有时进行连续培养会发生振荡现象,得不到稳定状态,需根据微生物、培养基等特点分析产生这种情况的复杂原因。

5.3.2　部分菌体再循环的单级恒化器

连续培养时,可通过沉降、离心或过滤等方法浓缩流出液中的菌体,再将菌体送回反应器循环利用,图 5-17 是进行菌体循环的单级连续培养示意图。对反应器进行关于菌体和限制性底物的物料衡算。

菌体:
$$V\frac{\mathrm{d}X}{\mathrm{d}t}=\alpha FcX+\mu XV-(1+\alpha)FX \tag{5-64}$$

限制性底物:
$$V\frac{\mathrm{d}S}{\mathrm{d}t}=FS_{\mathrm{F}}+\alpha FS-\frac{\mu XV}{Y_{\mathrm{X/S}}}-(1+\alpha)FS \tag{5-65}$$

式中:α——回流比;

c——回流液中菌体的浓缩倍数。

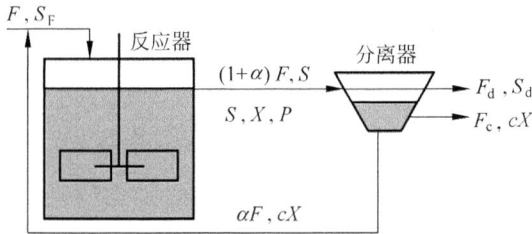

图 5-17　进行菌体回流的单级连续培养

达到稳态时,由式(5-64)得
$$\mu=D(1+\alpha-\alpha c) \tag{5-66}$$
式(5-66)表明,比生长速率和稀释率不相等。由于从反应器流出的菌体$(1+\alpha)FX$多于回流的菌体αFcX,因此,$(1+\alpha-\alpha c)>0$;又由于浓缩倍数$c>1$,因此,$\alpha(1-c)<0$,$(1+\alpha-\alpha c)<1$。所以,$0<(1+\alpha-\alpha c)<1$,式(5-66)中$\mu<D$。

若菌体生长遵循 Monod 方程,则由式(5-27)和式(5-66)可得稳态下限制性底物浓度:
$$S=\frac{K_{\mathrm{S}}D(1+\alpha-\alpha c)}{\mu_{\max}-D(1+\alpha-\alpha c)} \tag{5-67}$$

将式(5-67)代入式(5-65)得回流操作下稳态菌体浓度:
$$X=\frac{Y_{\mathrm{X/S}}}{1+\alpha-\alpha c}\Big[S_{\mathrm{F}}-\frac{K_{\mathrm{S}}D(1+\alpha-\alpha c)}{\mu_{\max}-D(1+\alpha-\alpha c)}\Big] \tag{5-68}$$

回流操作下稳态临界稀释率:
$$D_{\mathrm{C}}=\frac{\mu_{\max}S_{\mathrm{F}}}{(K_{\mathrm{S}}+S_{\mathrm{F}})(1+\alpha-\alpha c)} \tag{5-69}$$

由于 $0 < (1 + \alpha - \alpha c) < 1$，从式(5-66)和式(5-69)可知，稳态下的菌体比生长速率低于稀释率，临界稀释率较不进行菌体回流时高。图 5-18 对比了有菌体回流和无菌体回流时 X、S 和 DX 与 D 的关系，其中下标 R 表示进行菌体循环回流。菌体的循环利用相当于不断对反应器接种，其结果是增大了反应器中的菌体浓度，增加了底物的利用程度，提高了反应器的效率。

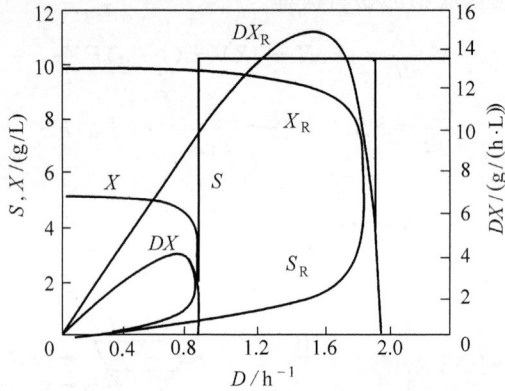

图 5-18   有菌体回流和无菌体回流的连续培养比较[23]

$\mu_{\max} = 1.0\ \mathrm{h}^{-1}$, $K_S = 0.2\ \mathrm{g/L}$, $Y_{X/S} = 0.5\ \mathrm{g/g}$,

$S_F = 10\ \mathrm{g/L}$, $\sigma = 0.5$, $c = 2$

对于各种纯培养过程，在反应器外部进行菌体浓缩有一定难度。如果菌体较容易沉淀，可考虑在分离器中进行沉降；如果细胞较大，则可考虑进行过滤。

5.3.3   多级连续培养

将多个搅拌罐反应器串联起来，前一级反应器的出料作为后一级反应器的进料，即成为多级连续培养系统，如图 5-19 所示。如将很多反应器串联起来，整个系统便相当于一个活塞流管式反应器。在进行操作时也可在第二级以后的各反应器中加入新培养基。如果各级反应器中的培养液体积均为 V，中间不添加新培养基，各级进出料流量均为 F，则可写出第 n 级反应器的物料平衡关系式(5-70)~式(5-72)。

菌体：
$$V\frac{\mathrm{d}X_n}{\mathrm{d}t} = FX_{n-1} + \mu_n X_n V - FX_n \tag{5-70}$$

限制性底物：
$$V\frac{\mathrm{d}S_n}{\mathrm{d}t} = FS_{n-1} + \frac{\mu_n X_n V}{Y_{X/S}} - FS_n \tag{5-71}$$

产物：
$$V\frac{\mathrm{d}P_n}{\mathrm{d}t} = FP_{n-1} + Q_{P_n} X_n V - FP_n \tag{5-72}$$

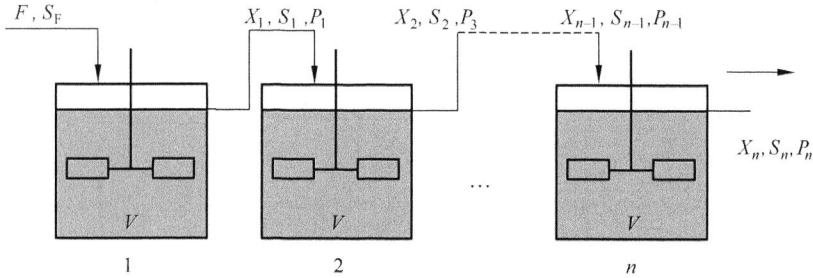

图 5-19　多级连续培养示意图

式中，下标 n 和 $n-1$ 分别表示第 n 级和第 $n-1$ 级反应器。

在稳态时，由式(5-70)～式(5-72)可得

$$\mu_n = D\left(\frac{X_n - X_{n-1}}{X_n}\right) \tag{5-73}$$

$$X_n = X_{n-1} + Y_{X/S}(S_{n-1} - S_n) \tag{5-74}$$

$$P_n = P_{n-1} + \frac{Q_{P_n}X_n}{D} \tag{5-75}$$

由式(5-73)可知，从第二级反应器开始，菌体的比生长速率不再和稀释率相等。在较大的稀释率范围内，因为前一级反应器中培养液的限制性底物浓度越来越低，随着反应器级数的增加，菌体的比生长速率越来越小。如果菌体生长遵循 Monod 方程，可以由式(5-73)和式(5-74)求出在不同稀释率的第二级以后反应器中稳态菌体浓度和限制性底物浓度。

在 $\mu_{max}=1.0\ h^{-1}$，$K_S=0.2\ g/L$，$S_F=10\ g/L$，$Y_{X/S}=0.5\ g/g$ 时，第一级和第二级反应器中稳态菌体浓度、限制性底物浓度和菌体生产速率与稀释率的关系如图 5-20 所示。可见，在很大的稀释率范围内，第二级反应器中菌体的生长(X_2-X_1)十分有限。第一级和第二级反应器中的菌体在同样的临界稀释率下被洗光，但只在稀释率非常接近临界稀释速率 D_C 时，第二级反应器中的菌体浓度才迅速下降。在第二级反应器中限制性底物消耗比较完全，当 $D=0.86\ h^{-1}$，即在第一级的最大菌体生产率的稀释率下操作，S_1 为 1.23 g/L，而 S_2 仅为 0.02 g/L。只要操作的稀释率不十分接近 D_C，第二级反应器中的限制性底物仍有相当的利用，如操作的稀释率为 D_C 的 99%(即 $D=0.97\ h^{-1}$)时，S_1 已达 6.47 g/L，S_2 只有 0.32 g/L，相应的菌体浓度 $X_1=1.77\ g/L$，$X_2=4.84\ g/L$，为最高菌体浓度($D=0\ h^{-1}$时)的 96.8%。多级连续培养不能改变临界稀释率 D_C，但限制性底物的利用和菌体生长都比单级连续培养提高。

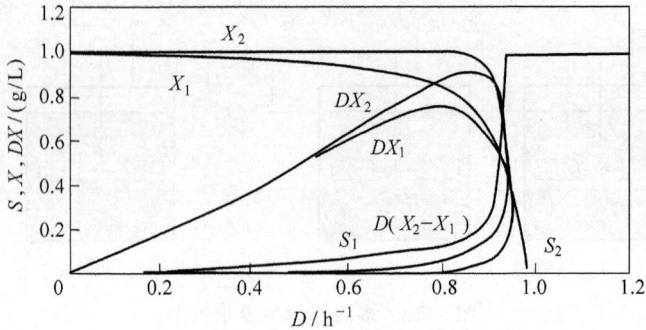

图 5-20　二级连续培养的稳态菌体浓度、限制性底物
浓度和菌体生产速率与稀释率的关系[23]

5.3.4　连续培养的应用

1. 生产菌体

和分批培养相比,连续培养省去了反复的放料、发酵罐的清洗、装料、灭菌、冷却等步骤,避免了延迟期,因而提高了设备利用率和菌体生产率。通常采用连续培养进行单细胞蛋白的工业化生产。

假定连续培养和分批培养采用同样的培养基(限制性底物浓度为 S_F),在分批培养的延迟期结束后即进入指数生长期,并持续至限制性底物耗尽为止,则分批培养的一个操作周期所用时间:

$$t_B = t_{Lag} + \frac{1}{\mu_{max}} \ln \frac{X_0 + Y_{X/S} S_F}{X_0} + t_R + t_p \tag{5-76}$$

式中: X_0——接种后的菌体浓度,g/L;

　　t_{Lag}——延迟期所占用时间,h;

　　t_R——培养结束后将培养液放出所需时间,h;

　　t_p——清洗反应器、加入新培养基、灭菌等操作所需时间,h。

式(5-76)等号右侧第二项是指数生长期的持续时间。因此,分批培养的平均菌体生产率为

$$P_B = \frac{Y_{X/S} S_F}{\frac{1}{\mu_{max}} \ln \frac{X_0 + Y_{X/S} S_F}{X_0} + t_{Lag} + t_R + t_P} \tag{5-77}$$

若在最大菌体生产率下连续培养,并假定 $K_S \ll S_F$,式(5-58)与式(5-77)相比得

$$\frac{(DX)_{max}}{P_B} = \ln \frac{X_0 + Y_{X/S} S_F}{X_0} + \mu_{max}(t_{Lag} + t_R + t_P) \tag{5-78}$$

可见,连续培养高于分批培养的菌体生产率,而且 μ_m 越大,延迟期和辅助生产时间越长,其优越性越明显。

2. 生产代谢产物

多级连续培养特别适用于菌体生长和产物合成的最佳条件不同的情况。在工业上用连续培养大量生产微生物代谢产物的实例较少,因为连续培养系统在长期运行时易发生杂菌污染和菌种退化等问题,在反应器壁、搅拌轴、排液管等处的菌体生长也增加了连续培养的难度。

Brown 等采用二级连续培养重组大肠杆菌,实现了 α2 干扰素的连续生产和大肠杆菌细胞的连续裂解,提高了 α2 干扰素的生产效率。其中第一级用于菌体生长和干扰素合成,第二级加入氨苄西林促使菌体裂解并释放胞内的干扰素。以含玉米浆的低成本复合培养基为培养基,在 30℃ 进行初步的连续培养,发现干扰素的生产与细胞生长相关,在稀释率为 0.3 h^{-1} 左右时,单位体积发酵液的干扰素含量最高,为 300 U/L,因此确定第一级操作的稀释率为 0.3 h^{-1} 左右。在此基础上进行二级连续培养,第一级的培养基中葡萄糖浓度为 18.7 g/L;第二级的稀释率为 0.07 h^{-1} 到 0.13 h^{-1},加入 100 mg/L 以上的氨苄西林浓度才能将大肠杆菌细胞充分裂解。进一步研究表明,第二级的培养温度对产物的生产也有很大影响,如第二级温度控制在 30℃,则因蛋白酶的降解作用,发酵上清液中的 α2 干扰素只有 5 U/L,菌体内的干扰素也只有 30 U/L,仅为第一级的 10%。如果第二级温度为 25℃,则发酵上清液中的 α2 干扰素达 300 U/L。

3. 研究发酵动力学

通过连续培养可以得到比生长速率(稀释率)与稳态限制性底物浓度的关系。如果菌体生长符合 Monod 方程,采用双倒数法,将 $1/D$ 对 $1/S$ 绘图,在 $1/D$ 轴上的截距为 $1/\mu_{max}$,斜率为 K_S/μ_{max},从而可估计出参数 μ_{max} 和 K_S。

图 5-21 为克隆有人 αA 干扰素基因的大肠杆菌 W3110(pEC901)在不同稀释率下连续培养的稳态菌体浓度与限制性底物葡萄糖浓度的关系[24],将 $1/D$ 对 $1/S$ 绘图得图 5-22,由此求出 $\mu_{max}=0.76$ h^{-1},$K_S=0.083$ g/L。

4. 研究细胞生理特性

在分批培养中,菌体的比生长速率很难加以控制,而在连续培养中,菌体的比生长速率可以通过改变稀释率来控制,因而可以在连续培养的稳定状态下从容地研究菌体在不同生长速率下的生理特性。图 5-23 展示了产气气杆菌(*Aerobacter aerogenes*)以氮源为限制性底物时的菌体内 DNA、RNA、蛋白含量及单个细胞质量与比生长速率的关系。

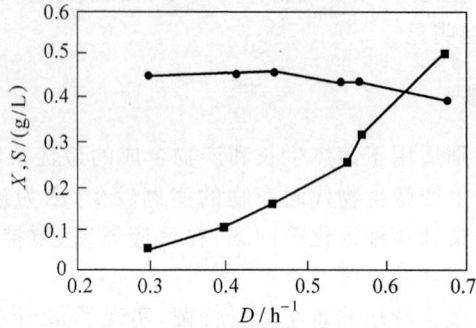

图 5-21   大肠杆菌 W3110(pEC901)连续培养稳态菌体浓度、葡萄糖浓度与稀释率的关系

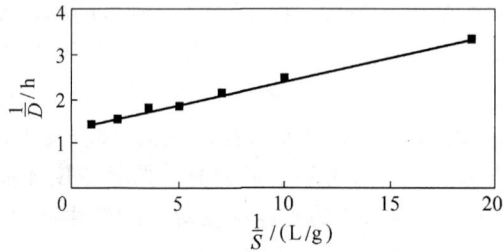

图 5-22   大肠杆菌 W3110(pEC901)连续培养的 1/D 与稳态 1/S 的关系

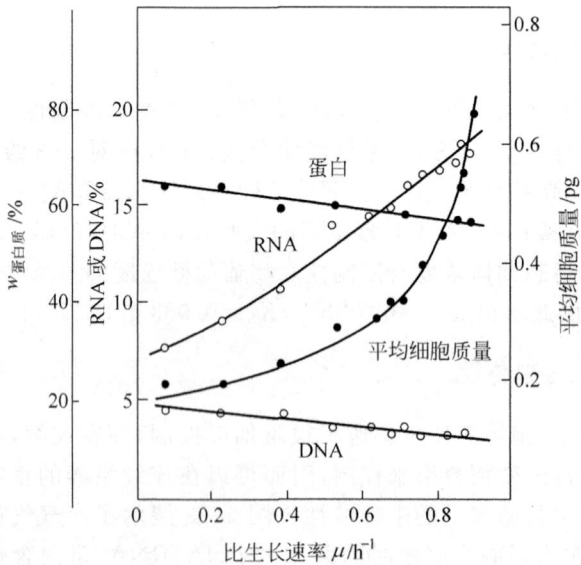

图 5-23   以氮源为限制性底物连续培养产气气杆菌的细胞组成与比生长速率的关系[25]

也可通过连续培养研究微生物代谢调节。连续培养的结果(见图 5-24 和表 5-6)表明,培养基中的氨浓度影响氨同化的途径。在氨浓度很低时,因谷氨酰胺合成酶对氨的亲和力很大,微生物可通过谷氨酰胺合成酶(Ⅱ)/谷氨酸合成酶(Ⅲ)有效地同化氨,但每同化 1 mol 氨需消耗 1 mol ATP;在氨浓度较高时,通过谷氨酸脱氢酶(Ⅰ)同化氨,由酮戊二酸、氨和 NADPH 生成谷氨酸是比较节能的途径。

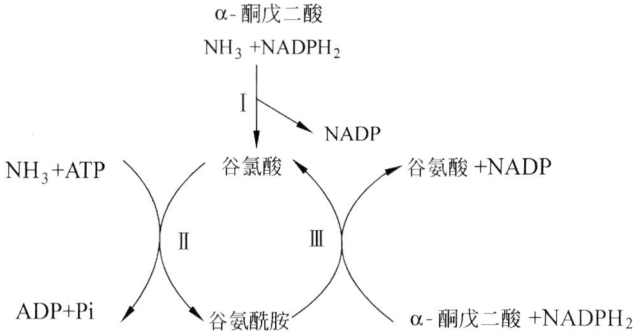

α- 酮戊二酸
$NH_3 + NADPH_2$
Ⅰ
NADP
$NH_3 + ATP$
谷氨酸
谷氨酸 +NADP
Ⅱ　Ⅲ
ADP+Pi
谷氨酰胺
α- 酮戊二酸 +$NADPH_2$

图 5-24　氨的同化途径

表 5-6　连续培养中与同化氨有关的酶的活性[26]

微生物	限制性底物	谷氨酸脱氢酶活性	谷氨酰胺合成酶活性	谷氨酸合成酶活性
K. aerogenes	C	671	<1	<1
	NH_3	<1	91	39
Ps. aeruginosa	C	48	<1	15
	NH_3	3	171	30

5. 改进培养基

在一定的稀释率下,增加流入的培养基中限制性底物的浓度,可能有两种后果,一是仍为该底物限制,表现为在反应器中其浓度基本不变而菌体浓度明显增加;二是某种其他底物成为限制性底物,表现为菌体浓度无明显增加而原限制性底物的浓度明显增大,这样就为改进培养基配方提供了一个方向。

对基因重组大肠杆菌 X90(pZ₃),出发培养基含有葡萄糖、无机盐、精氨酸、脯氨酸和多种维生素,采用该培养基在稀释率 $0.4\ h^{-1}$ 下连续培养,达到稳态后注入不同营养成分组合,结果表明该培养基为氮源限制,除精氨酸外不需提供其他氨基酸和维生素。在稀释率 $0.4\ h^{-1}$ 下,首先以葡萄糖为限制性底物进行连续培养,达到稳态时没有葡萄糖残留,菌体关于葡萄糖得率为 0.44 g/g。进一步降低另一种营养浓度使其成为限制性底物,并出现葡萄糖的残留,根据稳态菌体浓度即可计算关于该营养的菌体得率,这样得出关于 N、Mg、K、P、S 和精氨酸的菌体得率分别为 10 g/g、278 g/g、53 g/g、34 g/g、163 g/g 和 47 g/g。以此得率为依据,计算以葡萄糖为限制性底物,其他营养过量(2 倍和 3 倍)的基本培养基配方,在新的培养基中连续培养时都能进行平衡生长,最大比生长速率为 0.87 h^{-1}。在出发培养基上在 $D=0.4$ h^{-1} 下连续培养的稳态菌体浓度为 1.4 g/L,残留葡萄糖为 1.4 g/L,而采用优化后的培养基在同样稀释率下,稳态菌体浓度为 0.82 g/L,没有葡萄糖残留。因此,连续培养可成功地用于培养基配方的改进。

6. 筛选和富集菌种

当在同一反应器中进行多种微生物混合连续培养时,各种微生物竞争利用限制性底物,从而具有优势的微生物得以保留,不具优势者则被洗掉而淘汰。

对于 A、B 两种微生物的混合连续培养,微生物的比生长速率与同一限制性底物浓度的关系如图 5-25 所示,当分别以稀释率 D 进行连续培养时,A 的稳态限制性底物浓度为 S_A,B 的稳态限制性底物浓度为 S_B。在图 5-25(a)的情况下,若在 A 的连续培养时污染杂菌 B 或 A 发生突变产生突变菌 B,形成混合培养。在同样限制性底物浓度下,因 A 的比生长速率高于 B,生长具有优势,结果 B 被洗掉,A 被保留,最终的稳态限制性底物浓度仍为 S_A。在图 5-25(b)的情况下,以稀释率 D 培养 A,稳态限制性底物浓度为 S_A,此时若发生污染或突变产生 B,因 B 具有生长优势,故连续培养的结果保留 B 而淘汰 A,新的稳态限制性底物浓度变为 S_B。在图 5-25(c)的情况下,连续培养的结果与操作的稀释率有关,在 D_1 下操作时保留 A,在 D_2 下操作时则保留 B。

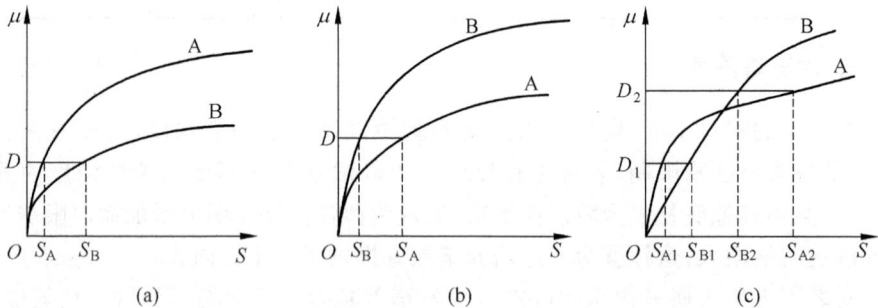

图 5-25　两种细胞混合连续培养的稳态限制性底物浓度确定

7. 研究微生物遗传稳定性

在理论上,采用连续培养的方式,微生物可以无限地生长,因而连续培养是研究微生物遗传稳定性的好方法。早在 20 世纪 50 年代就有许多通过连续培养测定微生物的自然变异率或化学诱变率的研究。通常利用重组质粒将外源目的基因转入宿主菌内,若该重组质粒丢失或有关基因发生突变,基因工程菌即失去生产能力,因而重组质粒的稳定性十分重要。连续培养已广泛用于基因工程菌的质粒稳定性研究。

在以葡萄糖为限制性底物的基本培养基中连续培养大肠杆菌 W3110 (pEC901),测定不同稀释率下质粒稳定性随传代数的变化。在一定的稀释率下,基因工程菌以一定频率菌丢失质粒产生变异,因丢失质粒的个体较原基因工程菌具有生长优势,一旦出现即很快将原基因工程菌淘汰。由图 5-26 可见,基因工程菌大肠杆菌 W3110(pEC901)在高比生长速率下有较高质粒稳定性。

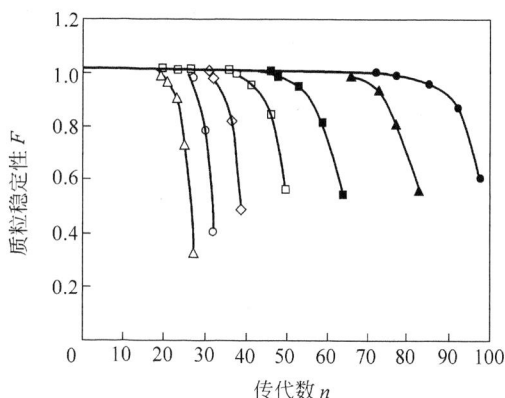

图 5-26　大肠杆菌 W3110(pEC901)的质粒稳定性与传代数 n 的关系[25]
比生长速率/h^{-1}: △—0.302; ○—0.416; ◇—0.482; □—0.556; ■—0.570; ▲—0.667; ●—0.705

5.4　补料分批培养

补料分批培养是一种界于分批培养和连续培养之间的操作方式,又称为流加培养。在进行分批培养时,随着营养成分的消耗,向反应器内补充一种或多种营养物质,以延长生产期和控制发酵过程。随着补料操作发酵液体积逐渐增大到一定程度时,既可以结束培养,也可以取出部分发酵液,剩下的发酵液继续进行补料分批培养。补料操作可以有效地控制发酵过程,提高发酵过程的生产水平,在生产中得到广泛应用。

补料分批培养适用于:细胞的高密度培养、营养缺陷型菌株的培养、发生底物抑制的过程、存在分解代谢物阻遏以及补充前体等培养操作。

补料操作有间歇添加和连续流加的方法。间歇添加营养物质后,发酵液中的营养物质浓度即会上升,随着被微生物利用,浓度又下降;再次补入料液后,营养物质浓度再次升高,然后再次下降,呈现较大的波动。控制适当的速度连续流加营养物质,可控制营养物质浓度变化不很剧烈。补料分批培养的连续流加方式包括恒速流加、指数流加和限制性底物浓度线性增加等。通过研究有关过程动力学的特点可以优化补料操作。

5.4.1 恒速流加

恒速流加的补料方式即在发酵过程中以恒定流速流加料液,是最简单的补料操作方式。补料分批培养示意图见图 5-27。

假定反应器中是理想的混合状态,发酵液中只存在一种底物限制菌体的生长,限制性底物的菌体得率系数 $Y_{x/s}$ 恒定不变。若在某一时刻 t,发酵液中的菌体浓度、限制性底物浓度和产物浓度分别是 X、S 和 P,发酵液体积为 V,新鲜培养基中的限制性底物浓度为 S_F,流加速度恒定为 F,由于流加培养基,发酵液体积不断变化,对发酵液中的菌体总量、限制性底物总量和产物总量进行物料衡算如下:

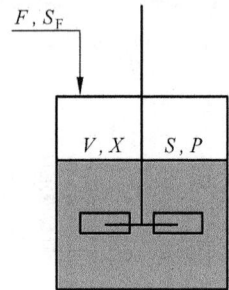

图 5-27   补料分批培养示意图

菌体:
$$\frac{\mathrm{d}(VX)}{\mathrm{d}t} = \mu XV \tag{5-79}$$

限制性底物:
$$\frac{\mathrm{d}(VS)}{\mathrm{d}t} = FS_F - \frac{1}{Y_{x/s}}\frac{\mathrm{d}(VX)}{\mathrm{d}t} \tag{5-80}$$

产物:
$$\frac{\mathrm{d}(VP)}{\mathrm{d}t} = Q_P VX \tag{5-81}$$

发酵液体积:
$$\frac{\mathrm{d}V}{\mathrm{d}t} = F \tag{5-82}$$

若发酵过程较长,且过程中还要加入酸或碱调节 pH,或添加消泡剂消泡,则式(5-82)中还应考虑酸、碱、消泡剂加入速率和水分蒸发速率。在小型发酵罐中进行补料分批培养时,取样对发酵液体积有不可忽视的影响。

对式(5-79)等号左边的项求全微分得
$$\frac{\mathrm{d}(VX)}{\mathrm{d}t} = V\frac{\mathrm{d}X}{\mathrm{d}t} + X\frac{\mathrm{d}V}{\mathrm{d}t} \tag{5-83}$$

将式(5-82)、式(5-83)代入式(5-79)得
$$\frac{\mathrm{d}X}{\mathrm{d}t} = \left(\mu - \frac{F}{V}\right)X = (\mu - D)X \tag{5-84}$$

类似地,对于限制性底物和产物,由式(5-80)和式(5-81)可得出

$$\frac{dS}{dt} = D(S_F - S) - \frac{\mu X}{Y_{X/S}} \tag{5-85}$$

$$\frac{dP}{dt} = Q_P X - DP \tag{5-86}$$

式(5-84)和式(5-49)虽然具有相同的形式,但其中 F/V 的意义不同。连续培养的 F/V 表示因洗掉而被稀释,在补料分批培养中 F/V 则是因体积变大而稀释。式(5-84)、式(5-85)和式(5-86)描述了补料分批培养中菌体浓度、限制性底物浓度和产物浓度的变化规律。开始流加时,加入的限制性底物不能被菌体完全利用,因而其浓度逐渐上升,而菌体浓度则因稀释而下降。随着限制性底物的流加,发酵液中的菌体浓度逐渐增大,限制性底物浓度逐渐降低,表明限制性底物的添加速度已跟不上菌体的消耗。最后,限制性底物浓度趋于 0,菌体浓度也接近定值,培养过程进入一个拟稳态。按式(5-84),拟稳态下菌体的比生长速率近似于稀释率。由于发酵液体积在不断增大,稀释率逐渐减小,拟稳态下菌体的比生长速率不断减小。当限制性底物浓度相对 K_S 很大时,发酵液中的菌体总量随时间指数增加,进入拟稳态后则随时间线性增加,即

$$XV = X_0 V_0 + FS_F Y_{X/S} t \tag{5-87}$$

式中: X_0 ——进入拟稳态时的菌体浓度,g/L;

V_0 ——进入拟稳态时发酵液体积,L。

如果在开始流加培养基时发酵液的体积为 V_0,经流加时间 t,发酵液体积 V 为

$$V = V_0 + Ft \tag{5-88}$$

因此,稀释率为

$$D = \frac{F}{V_0 + Ft} \tag{5-89}$$

稀释率对时间的变化率为

$$\frac{dD}{dt} = -\frac{F^2}{V^2} = -\frac{F^2}{(V_0 + Ft)^2} \tag{5-90}$$

如果 V_0 较小,流加时间很长,$V_0 \ll Ft$,则拟稳态的比生长速率变化率为

$$\frac{d\mu}{dt} = -\frac{1}{t^2} \tag{5-91}$$

拟稳态并不是严格的稳态,这时的限制性底物浓度虽然很低,但并不等于 0:

$$S = \frac{K_S F/V}{\mu_{max} - F/V} \tag{5-92}$$

在拟稳态下虽然限制性底物浓度变化很小,但其他底物浓度变化可能很大,这

也是它和连续培养的稳态的不同之处。如果限制性底物是能源，$Y_{X/S}$ 随比生长速率而变化。当生成产物所消耗的限制性底物可以忽略时，式(5-80)可写成

$$\frac{d(VS)}{dt} = FS_F - \frac{1}{Y_G} \times \frac{d(VX)}{dt} - mVX \tag{5-93}$$

在拟稳态下，

$$FS_F = \frac{d(VX)}{Y_G dt} + mVX \tag{5-94}$$

若在时间 t_T 菌体总量由指数增长转变为线性增长，这时的菌体浓度和发酵液体积分别为 X_T 和 V_T，将式(5-94)积分得

$$VX = \frac{FS_F}{m} - \left(\frac{FS_F}{m} - V_T X_T\right) \exp\left[-mY_G(t - t_T)\right] \tag{5-95}$$

当培养时间足够长或 $FS_F/m = X_T V_T$ 时，菌体总量达到最大 $(VX)_{max}$，这时加入能源的消耗全用于维持：

$$(VX)_{max} = \frac{FS_F}{m} \tag{5-96}$$

若比生产速率 Q_P 恒定不变，则由式(5-86)和式(5-88)得到

$$PV = P_0 V_0 + Q_P X_{max}\left(V_0 + \frac{Ft}{2}\right)t \tag{5-97}$$

式中：P_0—— $t = 0$ 时的产物浓度，mol/L；

$\quad X_{max}$——拟稳态的最大细胞浓度，g/L；

$\quad P$—— t 时的产物浓度，mol/L。

因为

$$X_{max} = Y_{X/S} S_F \tag{5-98}$$

所以

$$P = \frac{P_0 V_0}{V} + Q_P X_{max}\left(\frac{V_0}{V} + \frac{Dt}{2}\right)t \tag{5-99}$$

如果 Q_P 不恒定，则

$$P = \frac{P_0 V_0}{V} + \frac{1}{V}\int_0^t Q_P(t) X_{max}\left(\frac{V_0}{V} + \frac{Dt}{2}\right)dt \tag{5-100}$$

5.4.2　指数流加

由以上讨论可知，在进行恒速流加的补料分批培养中，达到拟稳态后菌体的比生长速率逐渐减小，限制性底物浓度则保持在相当低的水平。采用指数流加则可以保持恒定的比生长速率。

在比生长速率保持恒定的情况下,由式(5-80)可得

$$VX = X_0 V_0 \exp(\mu t) \tag{5-101}$$

式中,X_0 和 V_0——开始流加时的菌体浓度和发酵液体积。

开始流加时的发酵液中限制性底物浓度也应恒定,由式(5-85)得

$$\mu V X = F Y_{X/S}(S_F - S) \tag{5-102}$$

$$F = \frac{\mu V X}{Y_{X/S}(S_F - S)} = \frac{\mu X_0 V_0 \exp(\mu t)}{Y_{X/S}\left(S_F - \dfrac{K_S \mu}{\mu_{\max} - \mu}\right)} \tag{5-103}$$

可见,限制性底物的流加速率随时间指数增大。当所欲控制的限制性底物浓度 S 与加料中的限制性底物浓度 S_F 相比可以忽略时,或者流加引起的发酵液体积变化可以忽略时,式(5-103)成为

$$F = \frac{\mu V_0 X_0 \exp(\mu t)}{Y_{X/S} S_F} \tag{5-104}$$

5.4.3　限制性底物浓度线性增加

Mignine 等[27]提出了恒速流加但流加液中限制性底物浓度随时间线性增加的方法。利用两个体积、形状相同的储罐 C 和 D 分别存放浓、稀两种培养基,将 C 和 D 两罐从底部连通,D 罐配有搅拌器以保证混合均匀,用泵 P 将 D 罐混合液送入反应器 B,如图 5-28 所示。

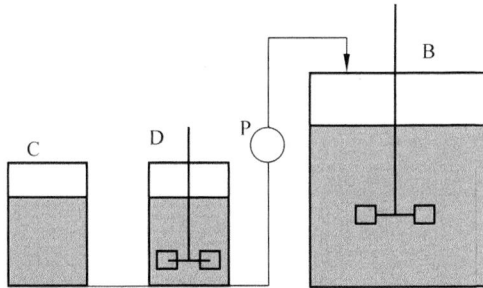

图 5-28　料液浓度线性增大的补料分批培养示意图
B—反应器;C—浓液储罐;D—稀液储罐;P—蠕动泵

假设连接各储罐的管道中由底物浓度差异引起的扩散可以忽略,稀料液和浓料液的密度相同,储罐 D 中为理想混合状态。

对浓液罐 C:
$$\frac{dV_C}{dt} = -F_C \tag{5-105}$$

对稀液罐 D:
$$\frac{dV_D}{dt} = -F + F_C \tag{5-106}$$

式中：F_C——浓液储罐流出的混合液流量，L/h；

F——稀液储罐流出的混合液流量，L/h；

V_C、V_D——浓液体积和稀液体积，L。

由于 C、D 两罐相同，所以

$$\frac{\mathrm{d}V_C}{\mathrm{d}t} = \frac{\mathrm{d}V_D}{\mathrm{d}t} \tag{5-107}$$

根据式(5-105)、式(5-106)和式(5-107)可知

$$F_C = \frac{F}{2} \tag{5-108}$$

如果流量 F 恒定，D 罐在时间 t 的混合液体积：

$$V_D = V_{D0} - \frac{F}{2}t \tag{5-109}$$

D 罐的物料平衡式为

$$\frac{\mathrm{d}(S_D V_D)}{\mathrm{d}t} = F_C S_C - F S_D \tag{5-110}$$

式中：S_C——浓液储罐内料液的浓度，g/L 或 mol/L；

S_D——稀液储罐内料液的浓度，g/L 或 mol/L。

将式(5-106)、式(5-108)和式(5-109)代入式(5-110)得

$$V_D \frac{\mathrm{d}S_D}{\mathrm{d}t} - \frac{F}{2}S_D = \frac{F}{2}S_C - F S_D \tag{5-111}$$

开始流加($t=0$)时，D 罐内稀液浓度为 S_{D0}，由式(5-111)得

$$S_D = S_{D0} + \frac{Ft}{2V_{D0}}(S_C - S_{D0}) \tag{5-112}$$

因此，由浓液罐流出的限制性底物浓度随时间线性增加。若开始流加时菌体的初始比生长速率为 μ_0，发酵液中限制性底物浓度维持在接近 0 的水平，则限制性底物料液的流加速率为

$$FS_{D0} = \frac{\mu_0 V_0 X_0}{Y_{X/S}} \tag{5-113}$$

根据式(5-79)、式(5-80)和式(5-112)得

$$VX = V_0 X_0 + FS_{D0} Y_{X/S} t + \frac{F^2}{4V_{D0}}(S_C - S_{D0})Y_{X/S} t^2 \tag{5-114}$$

可见，菌体总量与流加时间呈二次方(抛物线)关系。

如果关于限制性底物的菌体得率 $Y_{X/S}$ 恒定，则流加结束时菌体总量与稀、浓料液加入量的关系为

$$VX - V_0 X_0 = Y_{X/S}(S_C + S_{D0})V_{D0} \tag{5-115}$$

由式(5-113)和式(5-115)即可确定 F、S_{D0} 和 S_C。

习 题

5-1 简要回答微生物反应与酶促反应的最主要区别。

5-2 Monod 方程建立的几点假设是什么？Monod 方程与米氏方程的主要区别是什么？

5-3 简要说明微生物细胞群体反应动力学的描述模型。

5-4 在好氧培养荧光假单胞菌的过程中，已知：$Y_{X/S}=180$ g/mol，$Y_{X/O}=30.4$ g/mol，每消耗 1 mol 葡萄糖可生成 2 mol ATP，氧化磷酸化的 $P/O=1$，求 Y_{ATP}。

5-5 在好氧培养酵母的过程中，消耗了 0.2 kg 葡萄糖和 0.0672 kg O_2，生成 0.0746 kg 酵母菌和 0.121 kg CO_2，请写出该反应的质量平衡式，并计算酵母得率 $Y_{X/S}$ 和呼吸商 RQ。

5-6 以葡萄糖为碳源、以氨为氮源培养酿酒酵母，呼吸商 RQ$=1.04$，消耗 100 mol 葡萄糖和 48 mol 氨，生成 48 mol 菌体、312 mol CO_2 和 432 mol 水，求氧的消耗量和酵母菌体的化学组成。

5-7 以甲醇为基质分批好氧培养某种微生物，在培养过程中测得的菌体生成量和基质量如下：

时间/h	0	2	4	8	10	12	14	16	18
X/(g/L)	0.200	0.211	0.305	0.980	1.770	3.200	5.600	6.150	6.200
S/(g/L)	9.230	9.210	9.070	8.030	6.800	4.600	0.920	0.077	0

求：μ_{max}、$Y_{X/S}$、倍增时间 t_d、饱和常数 K_s 和 $t=10$h 时细胞的比生长速率 μ。

符 号 说 明

RQ	呼吸商，g(CO_2)/g(O_2)	S	基质的浓度，mol/L
$Y_{X/S}$	对基质的细胞得率系数，g/g 或 g/mol	X_C	单位质量细胞所含碳原子的质量，g/g
ΔX	细胞的生成量，g	S_C	单位质量基质中含碳原子的质量，g/g
$-\Delta S$	基质的消耗量，mol	Y_C	对碳的细胞得率系数，g/g 或 g/mol
r_X	微生物细胞的生长速率，g/(L·h)	Y_{ATP}	对 ATP 的细胞得率，g/mol
r_S	基质的消耗速率，mol/(L·h)	$Y_{ATP/S}$	相对于基质的 ATP 生成得率，mol/mol
X	细胞的浓度，g/L		

$Y_{X/O}$	对氧的细胞得率,g/mol	Q_P	产物生成比速率,h^{-1}
$Y_{X/P}$	对产物的细胞得率,g/mol	Q_{H_V}	反应热生成比速率,kJ/(g·h)
$Y_{X/C}$	对 CO_2 的细胞得率,g/mol	K_S	饱和常数,g/L
$Y_{P/S}$	对基质的产物得率,mol/mol	F	体积流量,L/h
$Y_{C/S}$	对基质的 CO_2 得率,mol/mol	D	稀释速率,h^{-1}
$Y_{P/O}$	对氧的产物得率,mol/mol	D_C	临界稀释率,h^{-1}
$Y_{C/P}$	对产物的 CO_2 得率,mol/mol	α	回流比
M_X	细胞的摩尔质量,g/mol	c	回流液中菌体的浓缩倍数
M_S	基质的摩尔质量,g/mol	P_0	$t=0$ 时的产物浓度,mol/L
M_P	产物的摩尔质量,g/mol	P	t 时的产物浓度,mol/L
M_O	氧的摩尔质量,g/mol	F_C	浓液储罐流出的混合液流量,L/h
H_V	反应热	V_C	浓液体积,L
μ	细胞生长比速率,h^{-1}	V_D	稀液体积,L
Q_S	基质消耗比速率,h^{-1}	S_C	浓液储罐内料液的浓度,g/L 或 mol/L
Q_{O_2}	氧消耗比速率,h^{-1}	S_D	稀液储罐内料液的浓度,g/L 或 mol/L

参 考 文 献

1. 戚以政,夏杰. 生物反应工程. 北京:化学工业出版社,2004. 77

2. 戚以政,夏杰. 生物反应工程. 北京:化学工业出版社,2004. 80

3. 戚以政,汪书雄. 生化反应动力学与反应器.北京:化学工业出版社,2004

4. Monod J. The growth of bacterial cultures. Ann Rev Microbiol, 1949, 3: 371~394

5. Lodge R M, Hinshelwood. Physicochemical aspects of bacterial growth, Part Ⅸ. The lag phase of *Bactlactis areogemes*. J Chem Soc, 1943, 288: 213~219

6. Pirt S J. Priniciples of Microbe and cell Cultivation. New York: Halsted Press, 1975

7. Lankford C E, Walk J R, Reeves J B. Inoculum-dependent division lag of Bacillus cultures and its relation to an endogenous factor. J Bacteriol, 1966, 91: 1070~1079

8. Teissier G. Les lois quantitatives de la crossance. Ann Physiol PhysiochemBiol, 1936, 12: 527

9. Moser H. The dynamics of bacterial population maintained in the chemostat. Washington, D. C. : Carnegie Institution, 1958

10. Shehata T E, Marr A G. Effect of nutrient concentration on the growth of Esherichia coli. J Bacteriol, 1971, 107: 210~216

11. Tan Y, Wanf Z X, Schneider R P. Modelling microbial: a statistical thermodynamic approach. J Biotechnol, 1994, 32: 97~106

12. Contois D E. Kinetics of bacterial growth: relationship between population density and specific growth rate of continuous cultures. J Gen Microbiol, 1959, 21, 40~50

13. Andrew J F. A mathematical model for the continuous culture of microorganisms utilizing inhibitory substrates. Biotechnol Bioeng, 1968, 10: 707~723

14. 山根恒夫. 生物反应工程. 邢新会, 译. 北京: 化学工业出版社, 2006

15. Dagley S, Hinshelwood. Physicochemical aspects of bacterial growth, Part Ⅲ. Influense of alcohols on the growth of Bact Lactis areogenes. J Chem Soc, 1938, 1742~1948

16. Holzberg I, Finn R K, Steinkraus K H. A kinetic study of the alcohol fermentation of grape juice. Biotechnol Bioeng, 1967, 9: 413~427

17. Ghose T K, Tyagi R D. Rapid ethanol fermentation of cellulose hydrolyase, Ⅱ, Product and substrate inhibition and optimization of fermentor design. Biotechnol Bioeng, 1979, 21: 1401~1420

18. Aiba S, Shoda M. Reassesment of product inhibition in alcohol fermentation. J Ferm Technol, 1969, 47: 790~794

19. Taniguchi M, Kotani N, Kobayashi T. High-concentration cultivation of lactic acid bacteria in fermentation with cross-flow filtration. J Ferm Technol, 1987, 65: 179~184

20. 戚以政, 汪书雄. 生化反应动力学与反应器. 北京: 化学工业出版社, 2004

21. 叶勤. 发酵过程原理. 北京: 化学工业出版社, 2005

22. Kleman G L, Chalmers J J, Luli G W. Glucose-state, a glucose-controlled continuous culture. Appl Environ Microbiol, 1991, 57: 918~923

23. 叶勤. 发酵过程原理. 北京: 化学工业出版社, 2005

24. Schroder M, Muller C, Posten C. Inhibition kinetics of phenol degradation from unstable steadystate data. Biotehnol Bioeng, 1997, 54: 567~576

25. Ye Q, Kang F, Lu S, et al. Continuouse and high-density cultivation of recombinant Escherichia coli harboring interferon alph A gene. In: Furusaki S, Endo I, Matsuno R, ed. Biochemical Engineering for 2001. Tokyo: Springer-Verlag, 1992. 221~224

26. Melling J. Regulation of enzyme synthesis in continuouse culture. In: Wisseman A. Topics in Enzyme and Fermentation Biotechnology. Chichester: Ellis Horwood, 1997. 10~42

27. Mignine C F, Rossa C A. A simple method for designing fed-batch cultures with linear gradient feed of nutrients. Processing Biochem, 1993, 28: 405~410

阅 读 书 目

1. 贾士儒. 生物反应工程原理. 第 2 版. 北京: 科学出版社, 2004

2. 俞俊棠, 唐孝宣. 生物工艺学. 上海: 华东化工学院出版社, 1994

3. 俞俊棠, 唐孝宣, 乌行彦, 等. 新编生物工艺学. 北京: 化学工业出版社, 2003

（3）对生长细胞来说，要考虑到如何维持发酵的最佳条件，主要包括细胞营养、代谢的调控以及反应产物的干扰。生产代谢产物特别是次级代谢产物时，含有一些速度限制因素，常有一些关键酶起着速度限制作用，这常可利用遗传学的手段或增加细胞浓度来克服。培养基中的成分如碳、氮或磷酸盐含量的控制非常重要，以免引起分解代谢物抑制现象或阻止某一关键酶的合成。而由于底物及产物对酶活或酶合成的抑制，底物及产物的浓度亦必须加以控制。

（4）对于细胞反应器，在反应进行的同时细胞本身也在增殖，为了使细胞能有效地维持催化活性，在反应过程中必须避免受到外界杂菌的污染，这也是设计生物反应器设计时需要考虑的。

（5）到目前为止，大多数生化反应皆在水相中进行，相对来说产物浓度较低，所用生物催化剂应具有较高的浓度和比活力才能获得较高的产物转化率。

3. 生化反应器的设计原则

反应器在工程上的设计原则是基于强化传质、传热等操作，将催化剂的活性控制在最佳条件，并在保证产品质量的前提下降低成本。生物反应器的选型设计与操作离不开生物反应动力学，一般设计反应器时要使用物料衡算式、热平衡式、反应动力学公式和与流体流动特性有关的公式等，但基本原理都是基于反应系统中各成分适用的质量守恒定律。无论何种封闭系统，物料平衡总是适用的。

对于某一特定的生物反应过程，为达到反应器设计的基本目标，一般从反应器型式、操作方式和操作条件进行分析、选择和计算。从反应器型式和操作方式角度分析，涉及反应器的流动与混合状态、流体力学特性、传热和传质特性。因此，在反应器设计过程中，掌握这些特性，以使酶或细胞的催化活性达到最大，同时尽量降低传递因素对过程动力学速率的影响程度。从操作条件的角度分析，是在确定合理的工艺参数后，根据给定的生产能力，确定反应器的有效体积及尺寸。无论反应器的操作方式如何，各种衡算式均是反应器设计的基本依据。

6.2 生物反应器的分类

生物反应器在生产过程中具有重要作用，是生物技术产业化的关键设备。生物反应的环境条件在很大程度上决定了生物加工过程的效率，而生物反应器的作用正是为生物反应提供可以人为控制的、适宜的环境条件。

自20世纪40年代以来，随着青霉素的大规模生产，生物反应器的结构、性能和用途也在不断发展。由于生物催化剂种类和生产目的的多样性，已开发出种类繁多的生物反应器,不同的生物反应器在结构和操作方式上具有不同特点。根据生物反应器的结构和操作方式的某些特征,可以从多个角度对其进行分类。

（1）根据生物催化剂分类

生物催化剂包括酶和细胞两大类,相应地,生物反应器也可以分为酶反应器和细胞反应器。

酶催化反应与一般的化学反应并没有本质的区别,只是酶催化反应的条件比较温和。酶反应器的结构往往与化学反应器相类似,只是通常不需要太高的温度和压力。游离酶常采用搅拌罐反应器,固定化酶除搅拌罐反应器外,常选择固定床反应器及膜反应器。

细胞培养过程是典型的自催化过程,细胞本身既是催化剂,又是反应的主要产物之一。因此,催化剂的量是随反应的进行而不断增加的。对于这种活的催化剂,在反应过程中保持细胞的生长和代谢活性是对反应器设计的最基本要求。根据细胞类型的不同,细胞反应器又可分为微生物细胞反应器、动物细胞反应器和植物细胞反应器。

（2）根据操作方式分类

根据底物加入方式不同,可以将生物反应器分为间歇式反应器、连续式反应器和半连续（流加）式反应器。

间歇式生物反应器的特点是一次投料后,在适当条件下进行反应,待反应完毕后,再投入新的反应物进行下一批生产。所以,间歇式反应器内的成分是随反应时间而变化的,属于非稳态系统,但在任一瞬间是均匀的。

连续式生物反应器的特点是向反应器中投料后,待反应达到稳定状态后,以恒定流速进料与出料,反应物的体积保持恒定,这就是连续式反应器。在此种反应器中,物料的成分是恒定的,不随反应时间而变,整个体系处于稳态。

半连续（流加）式反应器的特点是在培养过程中补加底物,但不出料。其操作方式介于间歇式与连续式之间。半连续（流加）式反应器克服了底物浓度过高影响菌体得率和代谢产物生成速率的问题。

（3）根据反应器内流体流动及物料混合程度分类

根据反应器内流体流动及物料混合程度,反应器可分为理想反应器和非理想反应器。理想反应器又可分为间歇式全混流反应器（BSTR）、连续式全混流反应器（CSTR）和活塞流反应器（PFR）。

非理想生物反应器需要考虑流动和混合的非理想程度,如流体在连续操作反应器中的停留时间分布、微混合问题、反应器轴向或径向扩散等问题。间歇操作的非理想生物反应器则需要考虑混合时间、剪切力分布、各组分浓度及温度分布等复杂问题。

（4）根据反应器的结构特征分类

按几何构形（高径比和长径比）和结构特征，反应器可为罐式（槽式或釜式）、管式、塔式及膜式等几类。罐式反应器高径比一般为1～3，是最常见的生物反应器。管式反应器长径比最大（一般大于30）。塔式反应器的高径比介于罐式与管式之间，而且通常是竖直安放的。管式和塔式反应器一般只能用于连续操作。膜式反应器是在其他形式的反应器中装有膜件，以使游离酶（细胞）或固定化酶（细胞）保留在反应器内而不随反应产物排出。

（5）根据相态分类

按生物反应或反应物是在一个相内或是在多个相内进行，反应器可分为均相反应器和非均相反应器。

均相反应器是反应只在一个相内进行。如葡萄糖异构化反应，葡萄糖及异构酶均溶解于水，反应在液相内进行。由于反应物、催化剂及产物在搅拌作用下能达到分子水平的均匀混合，不存在传质问题，因而这种反应器一般比较简单。

非均相反应器是生物反应或反应物不在同一相中，如固定化酶反应器。

6.3　好氧微生物细胞反应器

微生物有好氧和厌氧之分，在厌氧发酵时，不需要氧气，例如啤酒的生产，乳酸的生产。大多数的微生物生化反应都是需氧的，其反应器通常采用通风和搅拌来增加氧的溶解。通风发酵设备应具有良好传质和传热性能、结构严密、防杂菌污染、培养基流动与混合良好、检测与控制良好、设备较简单、方便维护及能耗低等特点。目前，常用的好氧生物反应器有机械搅拌通风式、机械搅拌自吸式、气升环流式、鼓泡塔式等，其中机械搅拌通风式反应器在发酵工业中应用最为广泛。

6.3.1　机械搅拌通风罐式反应器

自从最早在青霉素发酵工业上取得巨大成功以来，机械搅拌通风罐式反应器一直是发酵工业上的主流生物反应器。据不完全统计，它在工业生产中占发酵罐总数的70%～80%，因而，也称为通用式发酵罐。机械搅拌通风罐式反应器广泛应用于抗生素、酵母菌、氨基酸、有机酸、酶制剂等发酵产品的生产中，容积为0.02～500 m^3。

1. 机械搅拌通风罐式反应器的结构

机械搅拌通风罐式反应器是利用机械搅拌器的作用,使无菌空气与发酵液充分混合,促使氧在发酵液中溶解,为好氧生物的生长、繁殖、代谢及发酵过程提供所需氧气。机械搅拌通风罐式反应器的结构如图 6-2 所示,它是借搅拌涡轮输入混合以及相际传质所需要的功率。这种反应器的适应性强,从牛顿型流体到非牛顿型的丝状菌发酵液,都能根据实际情况和需要为之提供较高的传质速率和必要的混合速度。它的基本结构包括罐体、搅拌装置、换热装置、挡板、消泡器、电动机与变速装置、空气分布装置等,并在罐体的适当部位设置排气、取样、放料、接种等管的接口以及人孔、视镜等部件。

（1）罐体

机械搅拌通风罐式反应器的罐体由圆柱体和椭圆形或碟形封头焊接而成,主要采用不锈钢材料。罐体必须能承受一定压力和温度,通常要求耐受 130℃ 和 0.25 MPa(绝压)。罐壁厚度取决于罐径、材料及耐受的压强。当受内压时,其壁厚 δ_1(mm)和封头厚度 δ_2(mm)可用下式计算[1]：

$$\delta_1 = \frac{pT}{230[\sigma]\varphi - p} + C \qquad (6\text{-}1)$$

$$\delta_2 = \frac{pTy}{200[\sigma]\varphi} + C \qquad (6\text{-}2)$$

式中：p ——耐受压强,MPa(表压)；

　　T ——罐径；

　　φ ——焊缝系数,双面对焊 $\varphi=0.8$,无焊缝 $\varphi=1.0$；

　　C ——腐蚀裕度,当 $\delta-C<10$ mm 时,$C=3$ mm；

　　$[\sigma]$ ——许用应力；

　　y ——开孔系数,对发酵罐可取 2.3。

罐径在 1 m(公称容积 1.7 m³)以下的反应器,封头可用法兰与筒身连接,罐径大于 1 m 的反应器,封头直接焊在筒身,但封头上应开人孔,以便进罐检修。

（2）搅拌器和挡板

搅拌器的主要作用是混合和传质,使通入的空气分散成气泡并与发酵液充分混合,使气泡细碎以增大气—液界面,获得所需要的溶氧速率,并使生物细胞悬浮分散于发酵体系中,以维持适当的气-液-固(细胞)三相的混合与质量传递,同时强化传热过程。因此,搅拌器的设计应使发酵液有足够的径向流动和适度的轴向运动。

搅拌器可以使被搅拌的流体产生圆周运动,称为原生流。原生流在受到挡板

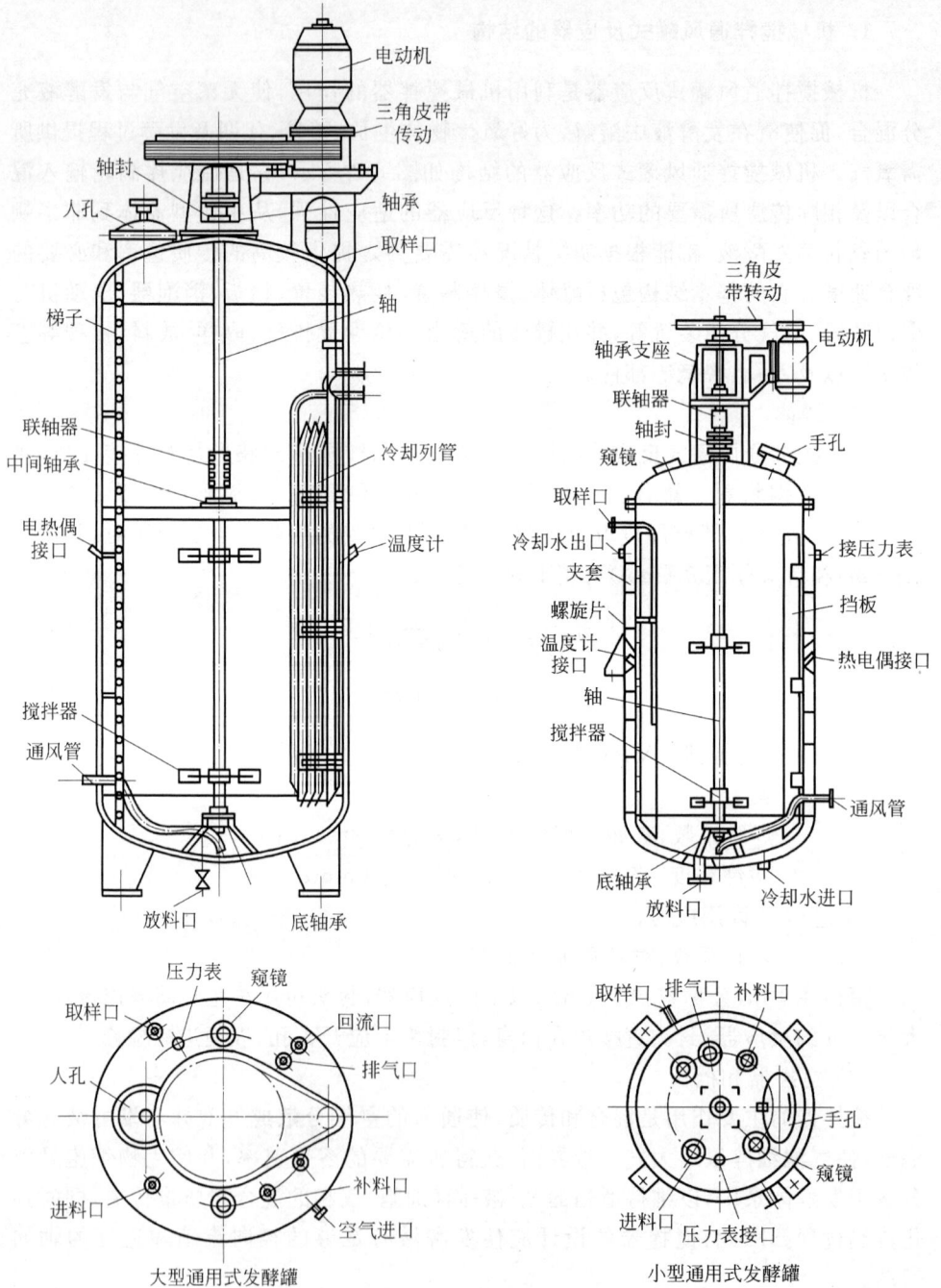

图 6-2   通用式发酵罐

电动机
三角皮带传动
轴封
人孔
轴承
取样口
梯子
轴
联轴器
中间轴承
冷却列管
电热偶接口
温度计
搅拌器
通风管
放料口
底轴承

三角皮带转动
轴承支座
电动机
联轴器
轴封
窥镜
手孔
取样口
冷却水出口
夹套
接压力表
螺旋片
挡板
温度计接口
热电偶接口
轴
搅拌器
通风管
底轴承
放料口
冷却水进口

压力表
窥镜
取样口
回流口
人孔
排气口
进料口
补料口
空气进口
大型通用式发酵罐

取样口
排气口
补料口
进料口
手孔
窥镜
压力表接口
小型通用式发酵罐

的作用后又产生了径向运动,这称为次生流。显然,原生流的圆周运动无助于流体混合,流体混合的好坏主要取决于次生流。原生流速与搅拌转速成正比,而次生流速则近似与搅拌转数的平方成正比,因此当转速提高时,主要是由于次生流速的加快而使流体的混合、传热以及传质速率提高。近年来,对搅拌叶轮形式的研究开发均侧重于使次生流速得到加强,以利于混合、传热、传质。为了使发酵罐内的流体充分地被搅拌,应根据发酵罐的容积,同一搅拌轴配置多个搅拌器。

搅拌叶轮有涡轮式、螺旋桨式和平桨式等,目前采用较多的是涡轮式。涡轮式搅拌器具有结构简单、传递能量高、溶氧速率高等优点,但其轴向混合较差、搅拌强度随搅拌轴距增大而减弱,为了避免气泡在阻力较小的搅拌器中心部位沿着轴周边上升逸出,在搅拌器中央安装有圆盘。常用的圆盘涡轮搅拌器有平叶式、弯叶式和箭叶式三种,叶片数量一般为六个。在相同的搅拌功率下,搅拌桨粉碎气泡和翻动液体能力如表 6-1 所示。[1]

表 6-1　常用的搅拌桨粉碎气泡和翻动液体能力

	平叶	弯叶	箭叶
碎粉气泡能力	＋＋＋	＋＋	＋
翻动液体能力	＋	＋＋	＋＋＋

为了防止搅拌器运转时流体产生大的漩涡,促使流体在各个方向的混合,增加溶氧,提高搅拌效率,在发酵罐内壁需安装挡板。挡板的设计需满足"全挡板条件"。所谓全挡板条件是指在搅拌罐中再增加挡板或者其他附件时,搅拌功率不再增加。挡板的数目通常为 4~6 块。挡板的高度自罐底起至设计的液面高度为止,同时挡板应与罐壁留有一定的空隙,其间隙为 $(1/5 \sim 1/8)T$。发酵罐内竖立的列管、排管或蛇管也可以起挡板的作用。

(3) 空气分布器

空气分布器也称通风管,是将无菌空气引入到发酵液中的装置。对一般的机械搅拌通风罐式反应器,空气分布器主要有环形管式和单管式。由于气泡的破碎主要依靠搅拌器的剪切作用,同时也为了防止培养液中固体物料堵塞空气分布管,常采用单管式,开口朝下,管口正对罐底中央,与罐底距离约 40 mm。环形空气分布管上的空气喷孔应在搅拌叶轮叶片内边之下,同时喷气孔应向下以尽可能减少培养液在环形分布管上滞留。

(4) 消泡装置

培养基中的蛋白质或多肽及细胞生长过程中向培养介质释放的蛋白质都是表面活性剂,在通气和搅拌的条件下会使发酵体系表面产生泡沫,过量的泡沫会使培养介质随排气而外溢,增加感染杂菌的机会。机械搅拌通风罐式反应器在设计和操作上应进行泡沫控制。

机械搅拌通风罐式反应器的装液量一般不能超过容器容积的 70%～80%,一方面,这是由于通气后液面会有所上升;更重要的原因是,预留部分空间可以避免泡沫马上冲出罐体,为消除泡沫提供一段缓冲空间和时间。

在通气发酵生产中,通常采用两种主要的消泡方法即机械消泡和化学试剂消泡。通常在通气搅拌罐顶部安装消泡装置,称为消泡桨,其作用就是通过机械作用消除泡沫,消泡桨可直接安装在上搅拌轴上。植物油、聚醚类非离子型表面活性剂都可以用于化学消泡,它们可以直接配制在培养基中,也可以在发酵过程中根据需要加入。

(5) 轴封

轴封的作用是防止杂菌污染和泄漏,搅拌器轴与罐顶或罐底连接处都需要轴封,常用的轴封有填料函轴封和端面轴封。

填料函轴封由填料箱体、铜环、填料、填料压盖、压紧螺栓等零件构成,使旋转轴达到密封效果。其优点是结构简单,缺点是死角多,容易泄漏和染菌,轴的磨损严重,填料压紧后摩擦功率消耗大,因此,目前工业生产中应用较少,而是常采用端面轴封。

端面轴封有单端面轴封和双端面轴封。单端面轴封是在密封机构中仅有一对摩擦环,双端面轴封是在密封机构中有两对摩擦环。端面轴封的优点是密封较好,不易发生泄漏;无死角,易于清洁、灭菌;摩擦功率较小。其缺点是结构较复杂,拆装不便。

2. 机械搅拌通风罐式反应器的特点

机械搅拌通风罐式反应器具有以下优点:①在搅拌桨的剪切力作用下,一方面强化了流体的湍流;另一方面,对气泡破碎良好,提高了气液相界面积。上述两方面都有利于促进氧的传递,使机械搅拌通风罐式反应器即使在发酵液黏度较高时也能满足细胞生长和代谢对氧传递的需要。②适当的剪切力也有利于减小丝状微生物菌丝团的尺寸,改善氧和营养物质的传递。③机械搅拌通风罐式反应器工业规模的放大方法已规范化。④适合于连续培养。但同时它也具有以下缺点:①搅拌消耗的功率大;②内部结构复杂,如不能彻底清洗干净,易造成染菌;③过高的剪切力对细胞生长是有害的。

6.3.2　机械搅拌自吸式反应器

机械搅拌自吸式反应器是一种不需要空气压缩机提供加压空气,而依靠机械搅拌吸气装置吸入无菌空气,并同时实现混合搅拌与溶氧传质的反应器。20世纪60年代开始在欧洲和美国展开研究开发,然后在国际和国内的酵母及单细胞蛋白生产、醋酸发酵及生化曝气方面得到应用。

1. 机械搅拌自吸式反应器的吸气原理

机械搅拌自吸式反应器的构造如图6-3所示,关键部件是带有中央吸气口的搅拌器,简称为转子。这种搅拌器的作用相当于离心泵的叶轮,内部空心,四周有叶片,叶片一般有六叶、九叶等。当反应器内装有发酵液,叶轮高速旋转,液体被甩向叶轮外缘,因而在叶轮中心造成负压,空气被引入,气液通过导向叶轮均匀分布而被甩出,并使空气在循环的发酵液中分裂成细碎的气泡,在湍流状态下混合、湍动和扩散。因此,自吸式充气装置在搅拌的同时完成了充气作用。

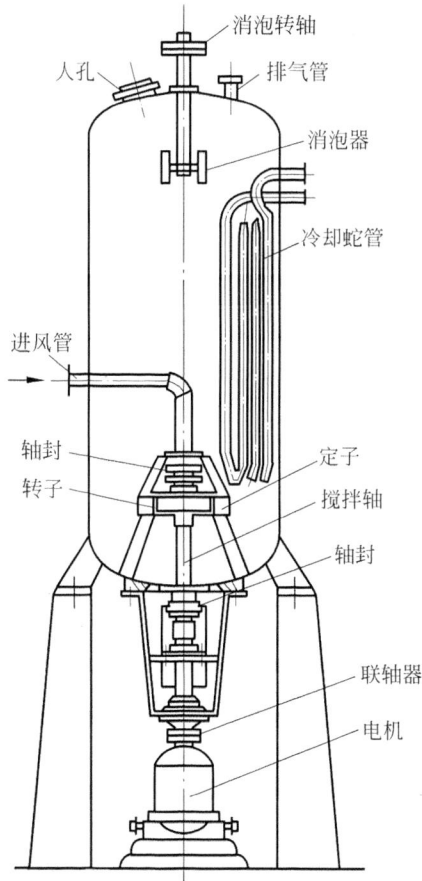

图 6-3 机械搅拌自吸式反应器

2. 机械搅拌自吸式反应器的特点

与机械搅拌通风发酵罐相比,自吸式反应器具有如下优点:

(1) 不必配置空气压缩机及其附属设备,节约设备投资,减少厂房面积;

(2) 气液接触良好,气泡分散较细,因而溶氧系数较高,能耗较低。

其缺点是:空气靠反应液高速流动形成的负压吸入,增加了染菌的机会;同时,必须配备低阻力损失的高效空气过滤系统。为克服上述缺点,可采用自吸气与鼓风相结合的鼓风自吸式发酵系统,即在过滤器前加装一台鼓风机,适当维持无菌空气的正压,这不仅可减少染菌机会,还可增大通风量,提高溶氧系数。

3. 机械搅拌自吸式反应器的设计要点

(1) 发酵罐的高径比

反应器通气和搅拌的目的是气液固三相充分混合与分散,强化气液传质,为生物催化剂提供溶解氧,促进微生物与液相中营养成分及生成产物等的质量传递,并强化热量传递。由于自吸式反应器是靠转子转动形成的负压而吸气通风的,吸气装置是浸没于液相中的,所以为保证较高的吸风量,发酵罐的高径比 H/D 不宜取大,且罐容增大时,H/D 应当适减少,以保证搅拌吸气转子与液面的距离为 $2\sim3$ m。对于黏度较高的发酵液,为了保证吸风量,应适当降低罐的高度。

(2) 转子的确定[2]

三棱叶转子的特点是转子直径较大,在较低转速时可获得较大的吸气量,当罐压在一定范围内变化时,其吸气量也比较稳定,吸程较大,但所需的搅拌功率也较高。

三棱叶叶轮直径 D 一般等于反应器直径的 0.35 倍。为提高溶氧,可减少转子直径,适当提高转速。

四弯叶转子的特点是剪切作用较小、阻力小、消耗功率较小、直径小而转速高、吸气量较大、溶氧系数高。叶轮外径和罐径比为 $1/8\sim1/15$,叶轮厚度为叶轮直径的 $1/4\sim1/5$。

(3) 吸气量的计算

自吸式发酵罐的吸气量可用准数法进行计算和比拟放大设计。当满足单位体积功率消耗相等的前提下,三棱叶自吸式搅拌器的吸气量可由下式确定[2]:

$$f(N_{\mathrm{a}}, Fr) = 0 \tag{6-3}$$

式中:N_{a}——吸气准数,$N_{\mathrm{a}} = V_g / nD^3$;

Fr——弗劳德数,$Fr = n^2 D/g$,其中,D 为叶轮直径,m,n 为叶轮转速,r/s,V_g 为吸气量,m^3/s,g 为重力加速度常数,$g = 9.81$ m/s^2。

6.3.3　气升环流式反应器

从 20 世纪 70 年代初,日本、英国、德国和加拿大等国就将气升环流式反应器用于生产,取得了令人满意的结果。1974 年,日本的三菱瓦斯化学公司建立了带有多孔通气筒的气升环流式反应器,用于生产甲醇蛋白,满足了新的生产工艺的要求。帝国化学公司(英)开发了一种用甲醇连续生产单细胞蛋白的气升式发酵罐(外环流反应器),为细胞提供了更优越的生长环境。国内对气升环流反应器应用的研究起步较晚。1984 年方凤山用气升式环流反应器生产酵母,证实了反应器的放大是成功的。[3] 1985 年姜信真在谷氨酸发酵过程中,用气升式内环流反应器作为发酵罐,使糖酸转化率及产率大幅度提高,而生产周期和能耗也得到了降低。[4]

气升环流式反应器除了用于酵母生产、细胞培养及酶制剂、有机酸等发酵生产使用外,也广泛用于废水生化处理,如生物废料处理器 BIOHOCH 便是典型的代表。

气升环流式反应器的工作原理是把无菌空气通过喷嘴或喷孔喷射进环流管,通过气液混合物的湍流作用而使空气泡分割细碎,同时由于上升管内形成的气液混合物密度降低故向上运动,而气含率小的发酵液则下沉,形成循环流动,实现混合与溶氧传质。反应器内安装有导流管增强了反应器中流体的轴向循环,并使反应器内的剪切力分布更加均匀。

根据发酵液的流动形式,气升环流式反应器可分为内循环式和外循环式,如图 6-4 所示。

罐内反应液在环流管内循环一次所需的时间称为循环周期。反应液的环流量与通风量之比称为气液比。反应液在环流管内的流速称为环流速度。

喷嘴前后压差和反应器罐压与环流量有一定关系,当喷嘴直径一定,反应器内液柱高度也不变时,压差越大,通风也越大,相应就增加了液体的循环量。罐内液面不能低于环流管出口,也不可以高于环流管出口 1.5 m,因过高的液面高度,可能产生"环流短路"现象。

因气升环流式反应器内没有搅拌器,且有定向循环流动,故具有多个优点:

(1) 反应溶液分布均匀。气液固三相的均匀混合及溶液成分的混合分散良好是

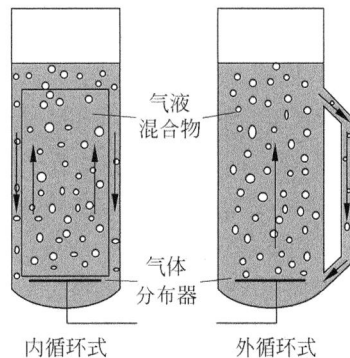

图 6-4　气升环流式反应器

生物反应器的普遍要求。对许多间歇或连续加料的通气发酵要求基质和溶氧尽可能均匀分散,这对需氧生物细胞的生长和产物生成有利。此外,还需避免发酵罐液面生成稳定的泡沫层,以免生物细胞积聚于上而受损害甚至死亡。还有培养基成分尤其是有淀粉类易沉降的颗粒物料,更应能悬浮分散。气升环流反应器能很好地满足这些要求。

(2)较高的传质速率和溶氧效率。气升环流式反应器有较高的气含率和比气液接触界面,因而有高传质速率和溶氧效率,体积溶氧效率通常比机械搅拌罐高,$K_L a$ 可达 $2000\ h^{-1}$,且溶氧功耗相对低。

(3)剪切力小,对生物细胞损伤小。由于气升式反应器没有机械搅拌叶轮,故对细胞的剪切损伤可减至最低,尤其适合植物细胞的培养。

(4)传热良好。好气发酵均产生大量的发酵热,因此需要较大的换热面积与传热系数。气升式反应器因液体综合循环速率高,同时便于在外循环管路上加装换热器,以保证除去发酵热以控制适宜的发酵温度。

(5)结构简单,易于加工制造。气升式反应器罐内无机械搅拌器,故不需安装结构复杂的搅拌系统,密封也容易保证,故加工制造方便,设备投资低。

6.3.4　鼓泡塔反应器

鼓泡式反应器是从反应器底部通入气体,利用其在上升过程中所产生的大量气泡带动液体而达到混合作用,并将气泡中的氧供培养基中的菌体使用的一类反应器。鼓泡式反应器的高径比通常大于 6,因此也称为鼓泡塔。

鼓泡塔反应器内通常以气体为分散相,液体为连续相,液相中常包含悬浮固体颗粒,如固体营养基质、微生物等。鼓泡塔反应器既可以用于游离细胞的催化反应,又可以用于固定化细胞的催化反应;可以用于分批反应,也可以用于连续反应。鼓泡塔反应器具有结构简单、操作成本低、混合和传质传热性能较好、床层温度容易控制、固体颗粒易处理和更换、没有磨损和堵塞等优点。因此鼓泡塔反应器广泛应用于生物工程行业中,如乙醇发酵、单细胞蛋白发酵、废水处理、废气处理等。鼓泡塔反应器内无传动部件,容易密封,对保持无菌条件有利,但由于塔式反应器较高,要求压缩空气应有较高的压力,以克服反应器内液体的静压力,因此,鼓泡式反应器较适合于培养液体黏度低、含固量少、需氧量较低的发酵过程。

为了有利于气体的分散和液体的循环运动,一般在鼓泡塔内安装有多层水平筛板(图 6-5)。压缩空气由塔底导入,经过筛板逐渐上升,气泡在上升过程中带动发酵液同时上升,上升后的发酵液又通过筛板上带有液封作用的降液管下降而形成循环。在降液管下端的水平面与筛板之间的室间则是气-液充分混合区。由于筛板对气泡的阻挡作用,使空气在塔内停留较长时间,同时在筛板上大气泡被重新分散,进而提高了氧的利用率。

1. 流体力学特性

(1) 流体的流动状态

鼓泡塔反应器内流体的流动状况是随气速的变化而变化的。当气速较低时,反应器内的气泡大小均匀,气泡群中的气泡以相同的速度上升,不发生严重的聚并,液体的搅动也不显著,这种流动状态称为拟均匀流动;随着气速的增加,小气泡聚并成大气泡,同时也造成了液体的循环流动,使鼓泡塔内流体的流型由均匀鼓泡流而转变为非均匀鼓泡流,该状态也称为循环流状态;若气速再高,塔内将出现泡沫流,此时气相成为连续相,液相则为分散相。

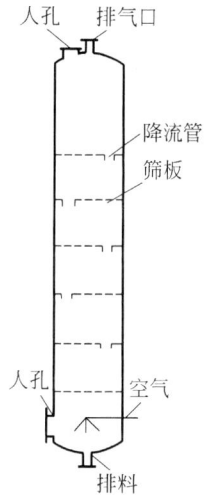

图 6-5 鼓泡塔反应器

(2) 相含率

相含率是指鼓泡塔反应器内不同相所占的体积分数,它对相间传质面积及相间传质速率有重要影响,考察相含率随操作条件的变化关系对于深入理解鼓泡塔反应器内的流动、传质和传热具有重要意义。按介质种类相含率可分为气含率、液含率和固含率。由于在工业过程中气体一般为反应相,气液相间传质是相间传质控制项,因此气含率是反应器内重要的参数。

气含率是指反应器内气体体积占总体积的百分比,它是鼓泡塔反应器的重要设计参数之一。气含率与氧传递有关,它与气泡直径一同决定了气液界面的大小。在工程上鼓泡塔反应器的气含率通常采用经验公式计算[5]:

$$\varepsilon_G = \frac{V_G}{V} = \frac{V_G}{V_G + V_L} \tag{6-4}$$

式中:ε_G——气含率;

V——反应床体积;

V_G——气相体积;

V_L——液相体积。

(3) 压力降

如果忽略由液体的惯性和塔壁摩擦引起的压力降,反应器的压力降 ΔP 主要由两部分组成:

6.4 嫌气发酵设备

微生物可分为嫌气和好气两大类,谷氨酸、柠檬酸、酶制剂和抗生素等属好气发酵产品,发酵过程中需不断通入无菌空气,乙醇、啤酒和丙酮丁醇等属嫌气发酵产品,因此发酵设备也可相应的分为两类。

6.4.1 乙醇发酵设备

乙醇发酵罐一般为圆柱形的筒体,底盖和顶盖常为碟形或锥形(图 6-7)。发酵罐宜采用密闭式,罐顶装有人孔、视镜及二氧化碳回收管、进料管、接种管、压力表和测量仪表接口管等,罐底装有排料口和排污口,罐身上下部装有取样口和温度计接口,对于大型发酵罐,为了便于维修和清洗,靠近罐底处也装有人孔。

乙醇发酵罐的冷却装置,对于中小型发酵罐多采用蛇管冷却方式进行冷却;对于大型发酵罐,为了防止染菌多采用通过罐外冷却器进行循环冷却的方法。

乙醇发酵罐的洗涤,过去均由人工操作。近年来,乙醇发酵罐已逐步采用水力

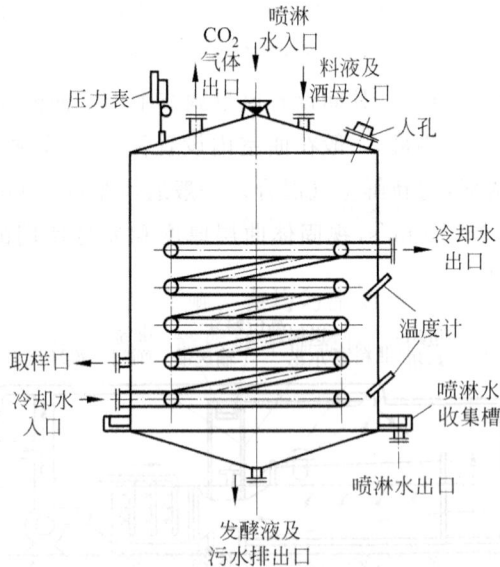

图 6-7 酒精发酵罐

喷射洗涤装置,从而改善了人工操作的劳动强度,提高了效率,大型乙醇发酵罐采用这种水力洗涤装置尤为重要。

6.4.2   啤酒发酵设备

传统的啤酒前发酵设备大多为方形或长方形的槽子。早期的啤酒厂多采用木板槽,后来改用水泥槽或金属(铝板、钢板)槽。20 世纪 60 年代后,圆柱锥底发酵罐(又称锥形罐)开始引起各国注意,其安装由室内走向露天。同时也相继出现了其他类型的大型发酵罐,如日本的朝日罐,美国的通用罐,西班牙的球形罐,这些发酵罐都具有一定的优越性。目前,我国啤酒行业中广泛采用的啤酒发酵设备是圆柱体锥底发酵罐(图 6-8)。

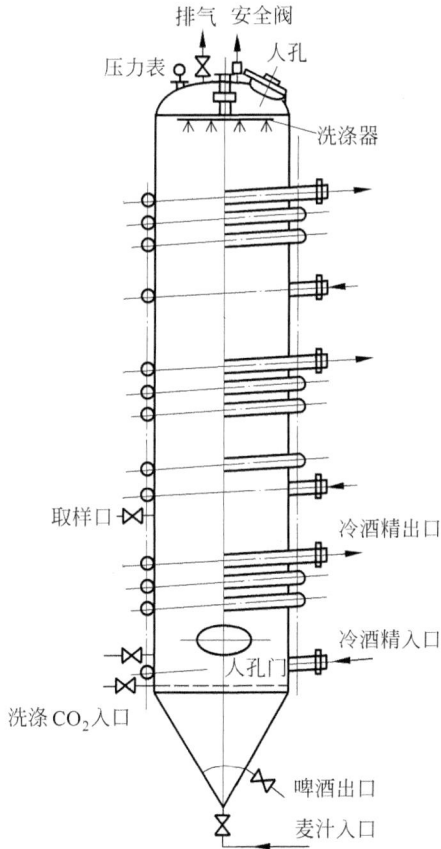

图 6-8 锥形罐

圆柱体锥底发酵罐的优点是发酵速度快,易于沉淀和收集酵母(下面酵母),减少啤酒及其苦味物质的损失,泡沫稳定性得到改善,对啤酒工业的发展极为有利。

锥形罐啤酒发酵工艺有单酿罐法和双罐法两类,前者是指前发酵、主发酵、储酒全部在一个罐中完成,后者则指在两个罐中完成上述工艺过程。对于单酿罐,一般筒体直径 T 与筒体高度 H 之比为 $T:H=1:(1\sim2)$。对双罐法前发酵罐只为 $T:H=1:(3\sim4)$,储酒罐 $T:H=1:(1\sim2)$。考虑到发酵中有利于酵母自然沉降,发酵罐罐底锥角为 $70°\sim75°$(一定体积沉降酵母在锥底中占有最小比表面积,摩擦力最小)为宜,对于储酒罐,因沉淀物很少,主要考虑材料利用率常取锥角为 $120°\sim150°$。[6]

啤酒呈弱酸性,易造成钢铁腐蚀。目前,发酵罐普遍采用的材质是 AISI316 不锈钢,或用钢板,内涂环氧树脂涂料。常用隔热层材料有:聚酰胺树脂、自熄式聚苯乙烯塑料、膨胀珍珠岩和矿渣棉等。外保护层一般采用 $0.7\sim1.5$ mm 厚的合金铝板或 $0.5\sim0.7$ mm 的不锈钢。

圆柱锥底发酵罐的附件除设置温度传感器外,在圆柱体下部装有可清洗灭菌的取样阀,锥底设快开人孔及视镜,罐外壁设冷却夹套或冷却盘管。

圆柱锥底发酵罐具有如下特点:

(1)该罐具有锥底,利于主发酵后酵母回收,所采用的酵母也应该是凝聚沉淀型的酵母菌株。

(2)罐本身具有冷却夹套,冷却面积能够满足工艺上的降温要求。一般在圆柱体部分,视罐体高度,可分设 $2\sim3$ 段冷却,锥底部分设有一段冷却,有利于酵母沉降和保存。

(3)圆柱锥底罐是密闭罐,可以回收二氧化碳,也可进行二氧化碳洗涤;可作发酵罐,也可作储酒罐。

(4)罐内的发酵液,由于罐体高度而产生的二氧化碳梯度,以及冷却方位的控制,可以形成自下而上或自上而下的自然对流。罐体越高,对流作用越强。

(5)圆柱锥底罐具有相当高度,凝聚力较强的酵母可以沉淀,凝聚性差的酵母就需要离心分离。

(6)圆柱锥底罐适用于下面发酵,也适用于上面发酵;但用于上面发酵需选择凝聚沉淀型上面酵母,便于回收。

习　　题

6-1　试比较机械搅拌自吸式反应器与机械搅拌通风罐式反应器的优缺点。

6-2　试述生物反应器的分类。

6-3　简述气升环流式反应器的工作原理。

6-4　鼓泡塔式生物反应器内的传热方式有哪些? 阐述其传热过程的特点。

6-5　简述圆柱锥底啤酒发酵罐的特点。

符 号 说 明

C	腐蚀裕度	T	罐径,m
D	叶轮直径,m	V	反应床体积,m^3
Fr	弗劳德数	V_G	气相体积,m^3
g	重力加速度常数	V_L	液相体积,m^3
L	液相高度,m	V_g	吸气量,m^3/s
n	叶轮转速,r/s	φ	焊缝系数
N_a	吸气准数	y	开孔系数
p	耐受压强,MPa(表压)	α	最大静压头与 P_T 的比
P_T	反应器顶部压力	ε_G	气含率
ΔP_S	气体分布器压力降	$[\sigma]$	许用应力
ΔP_L	液体静压头		

参 考 文 献

1. 梁世中. 生物工程设备. 北京:中国轻工业出版社,2006

2. 高孔荣. 发酵设备. 北京:中国轻工业出版社,2001

3. 方凤山,李祥鹏,胡力侃,等. 内循环空气提升式发酵罐的研制. 生物工程学报,1985,
1(1):59~69

4. 张永利,刘永民,张红. 环流反应器研究进展. 辽宁化工,2002,9(31):410~415

5. Bailey J E, Ollis D F. Biochemical Engineering Fundamentals. 2nd ed. New York:
McGraw-Hill, 1986

6. 管敦仪. 啤酒工业手册. 北京:中国轻工业出版社,1982

阅 读 书 目

1. Aiba S. Horizons of Biochemical Engineering. Tokyo:Univ. of Tokyo Press, 1987

2. Bailey J E, Ollis D F. Biochemical Engineering Fundamentals. 2nd ed. New York:

McGraw-Hill，1986

3. Marks D M. Equipment design considerations for large scale cell culture. Cytotechnology，2003，42：21～33

4. Nielsen J，Viiladsen J，Liden G. Bioreaction Engineering Princiles. 2nd ed. New York：Plenum Press，2002

5. Prazeres D M F，Serralheiro M L M，Cabral J M S. Continuous production and simultaneous precipitation of a dipeptide in a reversed micellar membrane reactor. Enzyme Microb Technol，1999，24(5)：507～513

6. Sakaki K，Giorno L，Drioli E. Lipase catalyzed optical resolution of racemic naproxen in biphasic enzyme membrane reactor. Membr Sci，2001，184(1)：27～38

7. 段开红. 生物工程设备. 北京：科学出版社，2008

8. 何广湘，杨索和，靳海波. 气升式环流反应器的研究进展. 化学工业与工程，2008，25(1)：65～71

9. 李继珩. 生物工程. 北京：中国医药科技出版社，2005

10. 伦世仪. 生化工程. 北京：中国轻工业出版社，2003

11. 贾士儒. 生物反应工程原理. 北京：科学出版社，2008

12. 梅乐和，岑沛霖. 现代酶工程. 北京：化学工业出版社，2006

13. 邱立友. 发酵工程与设备. 北京：中国农业出版社，2007

14. 邱立友. 固态发酵工程原理及应用. 北京：中国轻工业出版社，2008

15. 山根恒夫. 生化反应工程. 周斌，编译. 西安：西北大学出版社，1992

16. 王岁楼，熊卫东. 生化工程. 北京：中国医药科技出版社，2002

17. 俞俊堂，唐孝宣. 生物工艺学. 上海：华东化工学院出版社，1992

18. 张元兴，许学书. 生物反应器工程. 上海：华东理工大学出版社，2001

19. 周晓云. 酶学原理与酶工程. 北京：中国轻工业出版社，2007

第7章　生物反应器的比拟放大

提　　要

　　生物反应器的放大是生物工程技术开发过程中的关键环节。由于生物反应过程的复杂性,远大于一般的化学反应过程,并且生物反应器的放大过程涉及生物细胞反应环境与细胞形态学、细胞生理学和过程动力学之间的关系,使得生物反应器的放大,还不能完全利用建立数学方程和数学模型来解决实际问题,必须依靠经验或者半经验的方法来进行。生物反应器比拟放大的一般方法主要有相似放大法、量纲分析法、数学模型法和经验准则法等。相似性是生物反应器放大的基本原则,但是保证两体系的完全相似在实际上是不可能的。考察无量纲准数时要根据实际情况,选择合适的准数作为放大的依据。由于对生物反应过程的认识达到准确定量的描述存在很多困难,因此对生物反应建立合理的数学模型是正在研究的课题。目前生物反应器的放大,还多依赖于经验的和半经验的相似放大法。

　　机械搅拌式生物反应器的放大主要依靠经验准则来进行。其几何尺寸的放大一般遵循几何相似的原则来解决。空气流量的放大所遵循的准则主要有:①以单位培养液体积中空气流量相同的原则放大;②以空气直线流速相同的原则放大;③以体积传氧系数 K_La 值相同的原则放大。搅拌转速和搅拌轴功率的放大准则主要有:①以不通气时单位体积培养液所消耗的搅拌功率相同的原则放大;②以单位培养液体积所消耗的通气功率相同的原则放大;③以体积传质系数 K_La 相等的原则放大;④以恒定的叶轮尖端线速度为原则放大;⑤以搅拌雷诺数 Re_m 相等的原则放大;⑥以恒定的混合时间为原则放大。选择哪种原则来指导放大,要根据实际情况并结合生物反应过程的特点来进行。

　　气升式生物反应器没有标准的放大方法。气升式生物反应器放大必须掌握反应时间特点、温度特征和浓度分布规律等,结合反应器流动模型状况建立数学模型,然后利用模型进行放大。

　　管式反应器的放大方法一般有:①平行增加管式反应器的数量,即并联放大;②增加管式反应器的长度,即串联放大;③增大管式反应器的直径,保持恒压降或者利用几何相似规则进行放大。

7.1   生物反应器比拟放大的特点

　　每一种生物技术产品的获得都离不开生物反应器,生物反应器的比拟放大是生物工程技术开发过程中的关键环节。一项生物工业过程的成功应用,在很大程度上取决于生物反应器的设计。用小型生物反应设备进行科学实验,并获得某种产品的优化结果,如何把这种优化的结果在大型的工业生产设备中予以重现,即大型设备的几何尺寸、功率、空气流量、搅拌转数都是怎样的才能再现小型设备里的优化结果,这就是生物反应器比拟放大要解决的问题。

　　生物反应器放大过程涉及生物细胞反应环境与细胞形态学、细胞生理学和过程动力学之间的关系。细胞反应环境又与生物反应器中流体力学的传递现象(热量传递和质量传递)和反应液的理化性质有密切关系。由于生物细胞的种类不同,其形态与生理特性差异很大,致使反应液的理化性质相当复杂,常随时间变化。加上发酵过程中以活细胞作为生物催化剂,而活细胞的代谢途径以及遗传特性对环境的影响十分敏感。因此,生物反应环境的放大设计是生物反应器放大的主体内容。生物反应器放大的关键在于能把实验室反应器的优化环境成功地放大到工业反应器中。

　　生物反应过程不同于单纯的化工过程,它的复杂性远大于化工过程。影响生物反应过程的参数和因素较多,如菌种的接入方式、菌龄、接种量、培养基组成、加料方式、pH 值、操作温度、罐压、溶氧速率、搅拌混合强度等因素,都不同程度地影响生物反应过程。而实际影响生物过程的因素还远远不止这些。其中有一些虽已被认识,但目前的科学实验水平尚不能对它进行测量和控制,有一些则还未被认识。在现有科学水平基础上,还没有条件对这些因素的影响进行全面的考虑和综合分析,而只能选择其中最关键、最重要的参数进行考虑。这些重要的参数有功率消耗、溶氧系数、桨尖速度、液体循环速度等。一般反应器通常都涉及气、固、液三相反应。放大设计三相反应器是很困难的,因为必须对三相中的各组分的质量传递进行控制。在这样的系统中,细胞是固相,性质复杂,没有适当的工具处理其流体力学特点,使得利用基本原理对性能进行预测非常困难。

　　研究生物反应器放大设计的一般规律,对设计过程用数学方法进行描述,建立数学方程和数学模型,然后通过对方程和模型求解或数值计算进行生物反应器的放大设计,这是生物反应器放大设计的理想过程。由于生物反应过程的复杂性,这种以数学解析为基础的放大设计方法还没有取得显著成效。解决生物反应器放大问题的本质在于弄清反应器的几何尺度、操作条件与环境因素的确切关系,以使在实验室中的优化环境能在工业装置中重现。到目前为止,生物反应器的放大技术还处于经验和半经验状态。本章讨论的放大方法是针对生物反应器以几何相似原则为前提,解决放大后生物反应器的空气流动、搅拌转速和搅拌功率消耗等问题。

　　生物反应器放大的目的,是使大型设备能够生产出与模型设备相同质量的产品。通过多年的实践,多种生物反应过程的工业规模放大已经实现。在发酵技术领域中,抗生素生产、酒精发酵以及废水处理已实现了较大规模操作。新的抗生素发酵工厂发酵罐体积多为 250 m³ 以上,与之相比,早期的发酵罐体积多为 75 m³。乙酸的塔式发酵罐体积达到 7500 m³,甚至 10000 m³。随着生产规模的不断扩大,在一定程度上也促进了新式反应器(如气升式反应器和管式反应器)的发展。

7.2　生物反应器比拟放大的一般方法

7.2.1　相似的放大方法

　　相似性是生物反应器放大的最基本原则。按照变量的性质,相似性可分为五类:①几何相似性;②流体动力学相似性;③热相似性;④质量(浓度)相似性;⑤生物化学相似性。生物反应器的相似放大,一般要求必须满足几何相似、运动相似和流体动力学相似。几何相似要求(工业和模型装置)两系统的对应尺寸比和对应角相等。运动相似是在几何相似前提下,满足两系统的各对应点的速度比相等。流体动力学相似是使各对应点的受力之比相等。实际上,满足总体相似,即以上各种条件相似都予以满足是不可能的。例如,对几何相似来说,可以做到两体系的径高比为常数,然而对于直叶片盘式搅拌反应器的放大,平盘厚度与叶片宽度的比值对搅拌功率的放大是重要参数,但在工业装置和模型装置中它们的比值不一定相等。两系统流体动力学状态相似,要求流体中存在的各有关作用力之比为常数。这些作用力之比组成了不同的无量纲准数。例如,在无漩涡的均相搅拌系统中,流体只受到惯性力和粘性力的作用,因此,如果雷诺数相等,即认为达到了流体动力学相似。倘若在有漩涡的搅拌系统中,重力对搅拌过程产生了影响,流体动力学相似还要求弗劳德数相等。如果是非均相物料搅拌系统,界面张力影响分散相的行为,要求韦伯数相等。在两系统几何相似而且被搅拌物料的性质相同的情况下,如要求这三个量相等。则按这三个量的定义,两系统必须满足如下关系:

$$N_1 D_1^2 = N_2 D_2^2$$
$$N_1^2 D_1 = N_2^2 D_2$$
$$N_1^2 D_1^3 = N_2^2 D_2^3$$

式中: N_1、N_2——模型罐和放大罐的搅拌转速,r/min;

D_1、D_2——模型罐和放大罐的搅拌器直径,m。

很显然这样的要求实际上是相互矛盾的,即在流体惯性力、粘性力、重力和界面张力同时影响流体运动的状态下,达到流体动力学严格相似是不可能的。

对于生物反应器来说,即使要维持严格的几何相似,在放大后的反应器中的物理条件也不会是小反应器中的精确的复制。维持反应器的高径比不变,放大后反应器的表面积与体积比例将会显著缩小。由于比表面积的缩小,要维持相同效果的通风标准,必将增大空气的直线流速,引起反应器内液体的流动状态发生很大变化,同时也会造成很多操作上的难题。

7.2.2 量纲分析法

对于搅拌式反应器来说,不可能同时达到流动、几何、热和化学相似。所以放大技术有赖于人们去识别起控制作用的速率过程,并达到或接近那些为保证希望的结果所必需的相似性。

量纲分析法就是在放大过程中保持生物反应体系中系统参数构成的无量纲群(称为准数)恒定不变,即把生物反应系统中的动量、质量、热量衡算以及有关的边界条件、初始条件以无量纲的形式写出应用于放大过程。尽管量纲分析法的应用有严格的限制,但对某些放大过程来说是十分有用的。常用于生物反应器放大的准数如表 7-1 所示。

从原理上讲,准数一经获得,进行生物反应器的放大就简单了,只要对小型试验设备及大型生产设备的同一准数取相等数值就可以了。但是实际上并不是那样简单,正如前面所述,同一个放大过程保持多个准数相等在实际上是做不到的。因此,因次分析放大时准数的合理构建是关键,相关参数的确定是首要步骤。准数构建时,如果参数选择太多,则其中一部分可能是无关的或者影响很小的,且组成的准数太多就无法进行放大。如果漏选了重要参数,同样也会影响准数的正确构建。因此一个生物反应系统进行量纲分析放大时,要考虑:①该系统由哪些机理模式控制,涉及的准数有哪些;②起关键控制作用的是哪种机理模式;③反应器系统改变时起关键控制作用的机理模式如何变化。选定有关机理模式后,就可以组成模式表达的准数,进而进行量纲分析法的放大。

7.2.3 数学模型法

数学模型法是利用数学方法描述生物反应体系中的动量、质量和能量平衡,建立数学方程,并通过对数学方程的求解来进行生物反应器的放大。根据其数学模型的类型不同可分为基础模型法和计算流体力学法。

表 7-1 生物反应过程常用的准数[1]

类型	准数	物理意义	准数表达式
动量 传递	Reynolds	惯性力与粘性力之比,表示流动状态的准数	$Re=\rho v/\mu$ 或 $Re_m=\rho ND^2/\mu$
	Froude	惯性力与重力之比	$Fr=v^2/(gL)$ 或 $Fr=N^2D/g$
	Weber	惯性力与表面张力之比	$We=\rho v^2 d_p/\sigma$ 或 $We=\rho N^2 D^2 d/\sigma$
	功率准数		$N_P=P_0/(\rho N^3 D^5)$
质量 传递	Sherwood	总传质与扩散传质之比	$Sh=kd_p/D_L$
	Schmidt	水力边界层与传质边界层之比的三次方	$Sc=\mu/\rho D_L$
	Peclet	对流传质与扩散传质之比	$Pe=vL/D_L$
	Fourier	过程时间与扩散时间之比	$Fo=D_L t/D^2$
	Biot	外部传质与内部传质之比	$Bi=kd_p/D_L$
热量 传递	Nusselt	总传热与导热之比, 表示对流传热系数的准数	$Nu=\alpha l/\lambda$
	Prandtl	表示速度边界层和热边界层之比的三次方	$Pr=c_p\mu/\lambda$

注:ρ—流体密度,kg/m³;μ—流体粘度,Pa·s;v—流体流速,m/s;g—重力加速度,m/s²;N—搅拌转速,r/min;D—搅拌器直径,m;D_L—扩散系数,m²/s;L—特征长度,m;d_p—颗粒直径,m;σ—表面张力,N/m;k—传质系数,m/s;α—对流传热系数,kW/(m²·K);λ—导热系数,kW/(m²·K);c_p—比定压热容,kJ/(kg·K)。

基础模型法是由描述生物反应体系中的传递现象(流动、扩散、传导等)方程和生化反应动力学方程所组成[2]。反应器中的生物反应速率不但与生物反应本身的特点相关,而且还与反应器中物质、热量及动量传递等物理过程相关,因此生物反应不可避免地受反应器类型及三维结构的影响。要保证放大体系中的过程衡算方程与小型体系中的过程衡算方程一致,就要求解体系的三维衡算方程。但生物反应体系的过程衡算方程求解是比较困难的,特别是动量衡算方程。所以基础数学法只能应用于简单的系统。有不少学者利用基础模型法对生物反应器进行了成功的放大,如 Heinzle 等[2]结合对氧敏感的枯草杆菌发酵物质,用三区混合模型和一个简单的动力学模型,成功地预测了反应器的有关参数;Moser 等[2]用不同规模的反应器建立了包括流体混合、氧传递及反应动力学在内的谷氨酸发酵反应器的总体数学模型,计算出了 90 m³反应器的溶氧在轴向和径向上的分布以及用 NH_3控制 pH 值所引发的发酵液 pH 值的瞬时变化;章学钦等[3]用两区混合模型及相关的氧传递方程对维生素 C 二步发酵中山梨糖生物转化搅拌式生物反应器进行了方法计算并取得满意效果。随着流体混合模型和生化反应动力学的深入研究,基础数学模型法将会得到更广泛的应用。

计算流体力学法是在深入研究流体力学基础上,对生物反应器进行放大设计的方法。它是利用计算流体力学和离散化的数值方法对流体力学问题进行数学模拟和分析的一个流体力学新分支[2]。该法具有与反应器规模和几何尺寸无关的潜在优点,克服了经验关联和流体结构模型所固有的缺点。经过生化工作者的努力,计算流体力学已经显示出很好的发展前景。

作为一种比较理想的反应器放大方法,建立合理的数学模型包括以下步骤:①实验室试验;②小型试验;③中型试验;④大型试验;⑤生产设计。

具体过程如下:

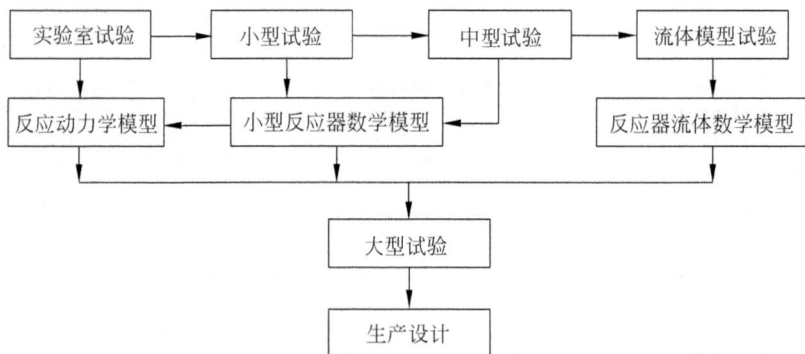

7.2.4 经验准则放大

由于生物反应器中流体运动以及生物反应过程的复杂性,对生物反应过程的认识达到准确定量的描述尚存在很多困难。对生物反应建立合理的数学模型是有待研究的课题。所以,目前生物反应器的放大还多依赖于经验的相似放大,从而达到不同规模反应系统的总体相似。经验的相似放大是建立在小型试验或模拟中型试验实测数据和操作经验基础上的放大方法。当对生物反应过程客观规律掌握不够深入和完整时,只能靠经验的逐级放大法进行放大设计。在化学工业中,每级放大在 50 倍以下,而且每级放大时需要对前级参数进行修正。在生物工业中,放大倍数有的高达 200 倍以上,如国外某公司用于单细胞蛋白生产的 300 m³ 生物反应器是从 1.5 m³ 试验生物反应器直接放大得到的。一般生物反应器的放大倍数为 10。

7.3　机械搅拌式反应器的比拟放大

对于厌氧生物反应器的放大比较容易解决,但是好氧生物反应器的放大策略还很不完善。工业上普遍使用的好氧生物反应器是通风搅拌式反应器,其内部有机械搅拌装置,并有通风装置。这种反应器的优点是具有高度灵活性,并能为气体传递提供高的 $K_L a$。在对机械搅拌式反应器进行放大时,能否保证充足的氧气溶入,以及能否保证反应体系的均匀度是主要的限制因素,因此,在外形尺寸得到放大后,如何进行通风和搅拌系统的放大是最重要的。

好氧生物反应器的放大一般要考虑到以下经验准则:①单位体积培养液的功率消耗(P/V)相等;②搅拌雷诺数(Re_m)相等;③氧的传递和溶氧浓度($K_L a$ 和[DO])相等;④混合时间相等;⑤搅拌器尖端线速度(N_d)相等。

溶氧浓度对生物细胞代谢活性有重要影响,为保证大小反应器体系有相同或者相近的溶氧浓度,较好的对策是以氧的传递速率常数 $K_L a$ 为基准进行放大设计。一般来说,细菌和酵母的生物反应器的放大设计相对容易,而霉菌和放线菌等丝状真菌的生物反应器的放大设计是比较困难的。因为在对丝状真菌生物反应器进行放大时,不仅要考虑到氧的传递速率,还要考虑搅拌器尖端线速度,以及液体流速对丝状真菌细胞的损害影响。

7.3.1　几何尺寸的放大

常规的机械搅拌式反应器尺寸放大的标准方法是保持几何相似。这意味着所有线性尺度——反应器的直径和高度、叶轮直径、叶轮离釜底的距离、液体的高度和挡板的宽度等均随反应器体积而放大。在生物反应器的放大中,放大倍数实际上就是反应器体积增加倍数,即放大倍数 $m = V_2/V_1$。对于机械搅拌式生物反应器来说,尺寸放大要保持几何相似的原则,那么就有

$$\frac{H_1}{T_1} = \frac{H_2}{T_2} = A(常数) \tag{7-1}$$

$$\frac{V_2}{V_1} = \left(\frac{T_2}{T_1}\right)^3 = \left(\frac{H_2}{H_1}\right)^3 = m(放大倍数) \tag{7-2}$$

$$\frac{T_2}{T_1} = \frac{H_2}{H_1} = m^{1/3} \tag{7-3}$$

式中:H_1、H_2——模型罐和放大罐的罐高,m;

T_1、T_2——模型罐和放大罐的罐径,m;

V_1、V_2——模型罐和放大罐的体积,m^3。

7.3.2 空气流量的放大

空气流量的放大是生物反应器放大的主要内容之一。空气流量的大小不仅与氧的传递速率有关,而且空气流量还影响了反应器中反应液的搅拌强度。

生物反应过程中的空气流量一般有两种表示方法:一是以单位培养液体积在单位时间内通入的空气量(标准状态)来表示,即 VVM ($m^3/(m^3 \cdot min)$);二是以操作状态下的空气直线速度 V_s 表示(m/min)。这两种表示方法可以换算,换算方法如下:

根据理想气体定律公式 $PV = nRt$,可得到

$$\frac{P \cdot \frac{\pi}{4} T^2 V_s}{t} = \frac{P_0 \cdot \text{VVM} \cdot V_L}{t_0} \tag{7-4}$$

式中:$t_0 = 273$,K;

$P_0 = 9.81 \times 10^4$,Pa;

t—— 操作状态下的热力学温度,K;

P——操作状态下罐内的平均压力,$P = (P_t + 9.81 \times 10^4) + \frac{9.81}{2} H_L \rho$,Pa,

其中,P_t 为液面上承受的空气压强,即罐顶压力表所指示的读数,Pa,H_L 为发酵罐内液柱高度,m,ρ 为发酵培养基密度,kg/m^3;

T——罐径,m;

V_L——发酵液体积,m^3。

将 t_0、P_0、t、P 代入式(7-4),可得

$$\text{VVM} = \frac{V_s P T^2}{457.76 V_L t} \quad m^3/(m^3 \cdot min) \tag{7-5}$$

因此

$$\text{VVM} \propto \frac{V_s P T^2}{V_L} \propto \frac{V_s P}{T} \tag{7-6}$$

空气流量的放大基准主要有三个。

1. 以单位培养液体积中空气流量相同的原则放大(即 VVM 为常数)

由式(7-6)得

$$V_s \propto \frac{\text{VVM} \cdot V_L}{P T^2} \propto \frac{\text{VVM} \cdot T}{P} \tag{7-7}$$

由于 VVM 放大前后不变,因此

$$\frac{V_{s2}}{V_{s1}} = \frac{T_2}{T_1} \frac{P_1}{P_2} \tag{7-8}$$

式中:V_{s1}、V_{s2}——模型罐和放大罐的空气直线流速,m/min;

　　　T_1、T_2——模型罐和放大罐的罐径,m;

　　　P_1、P_2——模型罐和放大罐的平均罐压,Pa。

由此可以求出放大后的空气直线速率 V_{s2}。

如果在大小反应器中氧的利用率相同,那么空气流量的放大按照此基准进行是比较合适的。但是,由于大型反应器中液体高度高,空气在液体中所经过的路程和气液接触时间均大于小型反应器,因此大型反应器有较高的空气利用率。在进行空气流量的放大时,放大后的 VVM 一般小于小型设备的 VVM。以 VVM 相等的基准只有在容积相差不大或者液位高度接近的反应器中有一定的参照作用。

2. 以空气直线流速相同的原则放大(即 V_s 为常数)

反应器中空气直线流速 V_s 的大小表征了反应液的通风强度。在通风搅拌式反应器中,V_s 的大小还与通风搅拌的强弱密切相关。因此,V_s 作为空气流量放大的基准有其实际意义。

由式(7-6)得

$$\text{VVM} \propto \frac{V_s P}{T} \tag{7-9}$$

又因为 $V_{s1} = V_{s2}$,所以得到

$$\frac{(\text{VVM})_2}{(\text{VVM})_1} = \frac{P_2}{P_1} \cdot \frac{T_1}{T_2} \tag{7-10}$$

式中:$(\text{VVM})_1$、$(\text{VVM})_2$——模型罐和放大罐空气流量,m³/(m³·min)。

由此可以求出放大后的空气流量 $(\text{VVM})_2$。

按照 V_s 相等的基准进行放大时,如果大型设备和小型设备具有同样的 $K_L a$,由于大型反应器液体高度高,空气中氧的利用率高,在反应器上层的反应液中,会由于氧的消耗而使气相中氧的分压减小,从而导致溶氧速率降低。这种情况在氧的利用率不高的情况下(<30%)可以不考虑,但当氧的利用率很高时,就会明显影响氧的溶氧速率。因此,对空气流量放大时,放大后反应器的 V_s 值应适当增大。

3. 以 $K_L a$ 值相同的原则放大(即 $K_L a$ 为常数)

最常用的反应器 $K_L a$ 与设备参数和操作参数之间的关系式为福田公式:

$$K_d = (2.36 + 3.30 N_i)\left(\frac{P_g}{V_L}\right)^{0.56} V_s^{0.7} N^{0.7} \times 10^{-9} \tag{7-11}$$

N_1、N_2——模型罐和放大罐的搅拌器转数，r/min；

D_1、D_2——模型罐和放大罐的搅拌器直径，m。

2. 以单位培养液体积所消耗的通气功率相同的原则放大（P_g/V_L为常数）

当 $Re_m > 10^4$ 时，功率准数 N_P 趋于常量，$N_P = \dfrac{P_0}{\rho N^3 D^5}$ 为常数，$P_0 \propto N^3 D^5$。

根据 Michel 计算 P_g 的公式：

$$P_g = C \left(\frac{P_0{}^2 N D^3}{Q^{0.56}} \right)^{0.45} \tag{7-22}$$

得

$$P_g \propto \left[\frac{(N^3 D^5)^2 N D^3}{(D^2 V_s)^{0.56}} \right]^{0.45} \propto \frac{N^{3.15} D^{5.346}}{V_s{}^{0.252}} \tag{7-23}$$

所以

$$\frac{N_2}{N_1} = \left(\frac{D_1}{D_2} \right)^{0.745} \left(\frac{V_{s2}}{V_{s1}} \right)^{0.08} \tag{7-24}$$

$$\frac{P_{g2}}{P_{g1}} = \left(\frac{N_2}{N_1} \right)^3 \left(\frac{D_2}{D_1} \right)^5 = \left(\frac{D_2}{D_1} \right)^{2.765} \left(\frac{V_{s2}}{V_{s1}} \right)^{0.24} \tag{7-25}$$

式中：P_{g1}、P_{g2}——模型罐和放大罐的通气搅拌轴功率，W。

3. 以气液接触中体积传质系数 $K_L a$ 相等的原则放大

由于气液接触过程中，传质系数的关联式较多，本节以福田秀雄公式为放大基准。

$$K_d = (2.36 + 3.30 N_i) \left(\frac{P_g}{V_L} \right)^{0.56} V_s{}^{0.7} N^{0.7} \times 10^{-9} \tag{7-26}$$

此关联式是以水为介质，采用亚硫酸钠氧化法测定 $K_L a$ 而推导总结归纳出来的，所用的发酵罐容积为 100～42000 L，罐内装有 1～3 层弯叶涡轮搅拌器，N_i 代表搅拌器层数。由式（7-26）可得

$$K_L a \propto \left(\frac{P_g}{V_L} \right)^{0.56} V_s{}^{0.7} N^{0.7} \tag{7-27}$$

因为

$$\frac{P_g}{V_L} \propto \frac{N^{3.15} D^{2.346}}{V_s{}^{0.252}} \tag{7-28}$$

所以

$$K_L a \propto N^{2.45} V_s{}^{0.56} D^{1.32} \tag{7-29}$$

根据 $(K_L a)_2 = (K_L a)_1$ 的原则，可以导出下列关系式：

$$\frac{N_2}{N_1} = \left(\frac{V_{s1}}{V_{s2}}\right)^{0.23} \left(\frac{D_1}{D_2}\right)^{0.533} \tag{7-30}$$

$$\frac{P_{02}}{P_{01}} = \left(\frac{V_{s1}}{V_{s2}}\right)^{0.681} \left(\frac{D_1}{D_2}\right)^{3.40} \tag{7-31}$$

$$\frac{P_{g2}}{P_{g1}} = \left(\frac{V_{s2}}{V_{s1}}\right)^{0.067} \left(\frac{D_2}{D_1}\right)^{3.667} \tag{7-32}$$

4. 以恒定的叶轮尖端线速度作为放大原则(ND 为常数)

丝状菌发酵受剪切率特别是搅拌叶轮尖端线速度的影响较为明显。如果仅仅保持 $K_L a$ 相等或者 P_0/V_L 相等,可能导致严重的失误。因此,在许多情况下还需要以恒定搅拌叶轮尖端线速度作为放大原则,或者作为校正原则,其目的是保护菌体生长。一般认为搅拌桨叶端速度的合适范围为 $250 \sim 500 \ \text{cm/s}$。

采用恒定的叶轮尖端线速度,有 $N_1 D_1 = N_2 D_2$,即

$$\frac{N_2}{N_1} = \frac{D_1}{D_2} \tag{7-33}$$

放大后功率参数变化为

$$\frac{P_{02}/V_2}{P_{01}/V_1} = \frac{N_2 (N_2 D_2)^2}{N_1 (N_1 D_1)^2} = \frac{N_2}{N_1} = \frac{D_1}{D_2} \tag{7-34}$$

在放大倍数不大的情况下,这种方法是比较可行的。

5. 以搅拌雷诺数 Re_m 相等的原则进行放大

搅拌雷诺数的大小表征了反应器内流体的流动状况,对体积溶氧系数 $K_L a$ 的大小起着决定性的作用。利用搅拌雷诺数作为放大原则,可以保证放大后的反应器在运行时反应体系的流体力学相似,这在某些情况下是合适的。

由于

$$Re_m = \frac{ND^2 \rho}{\mu} \propto ND^2 \tag{7-35}$$

若保持放大后 Re_m 不变,则搅拌器转速变化为

$$\frac{N_2}{N_1} = \left(\frac{D_1}{D_2}\right)^2 = \left(\frac{T_1}{T_2}\right)^2 \tag{7-36}$$

又因为

$$P_0 \propto N^3 D^5 \tag{7-37}$$

则功率参数变化为

$$\frac{P_{02}}{P_{01}} = \frac{N_2^3 D_2^{\ 5}}{N_1^3 D_1^{\ 5}} = \left(\frac{D_2}{D_1}\right)^3 = \left(\frac{T_2}{T_1}\right)^3 \tag{7-38}$$

6. 以恒定的混合时间作为放大原则

对于有流加物料的生物反应器的放大,还要以恒定混合时间作为放大或者校正基准。混合时间的定义是把少许具有与搅拌罐内的液体相同物性的液体注入搅拌罐内,两者达到分子水平的均匀混合所需的时间。低粘度的液体在小搅拌罐内的混合时间很短。罐越大混合时间就越长。实际上按等混合时间放大是很难做到的。因为要做到这一点放大罐的涡轮转速要比小罐的提高很多。但作为一个校核指标,对某些体系确实必要。

Fox 等[5]用量纲分析法对机械搅拌式生物反应器内流体混合时间进行了研究,得出以下关系式,即当 $Re_m > 10^5$ 时,

$$f_t = \frac{t_M (ND^2)^{2/3} g^{1/6} D^{1/2}}{H_L^{1/2} T^{3/2}} = 常数 \tag{7-39}$$

式中:f_t——混合时间函数;

$\quad t_M$——混合时间,s;

$\quad N$——搅拌器转速,r/s;

$\quad D$——搅拌器叶轮直径,m;

$\quad T$——发酵罐直径,m;

$\quad H_L$——反应液高度,m。

对于几何尺寸相似的反应器,当 $Re_m > 10^5$ 时

$$\frac{t_{M2}}{t_{M1}} = \left(\frac{N_1^4 D_2}{N_2^4 D_1}\right)^{\frac{1}{6}} \tag{7-40}$$

当 $P_{01}/V_{L1} = P_{02}/V_{L2}$ 时,根据式(7-21)可得

$$\frac{t_{M2}}{t_{M1}} = \left(\frac{D_2}{D_1}\right)^{\frac{11}{18}} \tag{7-41}$$

由上式可见,反应器放大倍数越大,则放大后的混合时间越长。

在一个大型的分批反应罐里,采用浓的基质流加培养,如果只有单点流加,混合时间可能长达数分钟,反应器内出现较大的浓度梯度,这必然会影响宏观反应动力学,可能导致反应速率下降。恒混合时间指大罐的混合时间不要比小罐长太多。降低混合时间较合理的措施是增加流加进液点。

例如,ICI 公司用 1500 m³ 的气升内环流反应器以甲醇为原料连续生产 SCP(单细胞蛋白),为了解决甲醇浓度的分布问题,在全反应器中采用了多达到 3000个进甲醇的喷嘴,使得稳态发酵液中的甲醇浓度保持为 2 mg/L,解除了甲醇对生产菌株的生长抑制。

需要指出的是各种放大方法各强调一个侧重点,放大后得出的结论往往有较

大的差异。表 7-3 列出的是由 10 L 小罐($N=500$ r/min,通气 1VVM)放大到 10000 L(放大 1000 倍)时,按照不同的放大准则所得出的搅拌转速。

表 7-3　不同放大方法放大后得到的反应器搅拌转数比较[4]

放大方法	等体积功率		等传质系数	等叶端速度	等混合时间
	非通气	通气			
放大后转数/(r/min)	107	85	79	50	1260

表 7-4 中列出的是由 80 L 小罐(假设小罐各操作参数为 1)放大 125 倍后大罐的操作参数。

表 7-4　不同放大方法放大后得到的反应器操作参数比较[6]

放大标准	表示方法	放大后的操作参数					
		P_0	P_0/V	N	Re	d	N_d
等体积功率	P_0/V_L恒定	125	1.0	0.34	8.5	5.0	1.7
等搅拌转速	N 恒定	3125	25	1.0	25.0	5.0	5.0
等桨尖速率	ND 恒定	25	0.2	0.2	5.0	5.0	1.0
等雷诺数	Re_m恒定	0.2	0.0016	0.04	1.0	5.0	0.2

从表 7-3 和表 7-4 中的数据可以看出,按照不同准则放大,结果是放大后的反应器操作条件不一样,这说明放大中选用什么准则是最重要的,这要根据放大体系的特点而确定。一般工业机械搅拌式反应器放大过程中以 P_g/V_L 为准则放大采用的较多。

【例 7-1】　将一个圆柱形发酵罐从 10 L 放大到 10000 L。已知小发酵罐的高径比 H/T 为 3,搅拌器直径 D 是罐径 T 的 30%。搅拌器转速为 500 r/min。分别利用 P_0/V 恒定、搅拌器尖端线速度恒定和雷诺数恒定为放大原则确定大发酵罐的直径和搅拌转速。

解:因为发酵罐为圆柱形,因此,

$$V = \frac{\pi}{4}T^2 H$$

由于 $H/T=3$,所以,

$$V = 3\frac{\pi}{4}T^3 = 10 \text{ L}$$

解得小罐的几何尺寸:

$$T = 0.162 \text{ m}, \quad H = 0.486 \text{ m}, \quad D = 0.049 \text{ m}$$

放大倍数:

$$m = 10000/10 = 1000$$

根据几何尺寸相似的原则,得出大罐的几何尺寸:

$$T = 1.62 \text{ m}, \quad H = 4.86 \text{ m}, \quad D = 0.49 \text{ m}$$

根据 P_0/V 恒定的原则进行放大,则 $N^3 T^2$ 为常数。因此有

$$N_2 = N_1 \left(\frac{T_1}{T_2}\right)^{2/3} = 500 \times \left(\frac{1}{10}\right)^{2/3} = 107 \text{ (r/min)}$$

式中,下标 1、2 表示小罐和大罐。

根据搅拌器尖端线速度恒定为原则进行放大,则 NT 为常数。因此有

$$N_2 = N_1 \left(\frac{T_1}{T_2}\right) = 500 \times \left(\frac{1}{10}\right) = 50 \text{ (r/min)}$$

根据雷诺数恒定为原则进行放大,则 NT^2 为常数。因此有

$$N_2 = N_1 \left(\frac{T_1}{T_2}\right)^2 = 500 \times \left(\frac{1}{10}\right)^2 = 5 \text{ (r/min)}$$

由此例可以看出,选择 P_0/V 恒定的原则进行放大搅拌转速比较合理。一般情况下不会选择雷诺数恒定的原则。

【例 7-2】 在高径比为 2∶1 的 2 L 反应器中进行间歇发酵,反应过程中有一部分细胞悬浮在液体中,另一部分细胞贴在反应器壁内表面(圆筒周面及下底面)上。假设有 25% 的目标产品与贴壁细胞相关,另外 75% 的目标产品与悬浮细胞相关。在 2 L 反应器中生产能力为 2 g(产品)/L。如果将反应器放大到 20000 L(保持高径比不变),则放大后反应器的生产能力是多少?

解:根据几何相似的原则,计算两个反应器的直径,内表面积。

反应器直径:
$$T = \left(\frac{2V}{\pi}\right)^{\frac{1}{3}}$$

内壁表面积:
$$S = \pi T H + \frac{\pi}{4} T^2 = 2\pi T^2 + \frac{\pi}{4} T^2$$

由以上公式计算得

2 L 反应器: $T_1 = 0.1084 \text{ m}, \quad S_1 = 0.083 \text{ m}^2$

20000 L 反应器: $T_2 = 2.335 \text{ m}, \quad S_2 = 38.54 \text{ m}^2$

在 2 L 反应器中,由附着在表面的细胞所生产的产物量为(内表面积为 0.083 m²)

$$2 \times 2 \times 25\% = 1 \text{ (g)}$$

在 20000 L 反应器中,由附着在表面上的细胞所生产的产物量为(内表面积为 38.54 m²)

$$38.54/0.083 \times 1 = 464 \text{ (g)}$$

2 L 反应器中由悬浮细胞生产的产物量为

$$2 \times 2 \times 75\% = 3 \text{ (g)}$$

20000 L 反应器中由悬浮细胞生产的产物量为

$$20000/2 \times 3 = 30000 \text{ (g)}$$

2 L 反应器中产物的总量为

$$2 \times 2 = 4 \text{ (g)}$$

20000 L 反应器中产物的总量为

$$464 + 30000 = 30464 \text{ (g)}$$

因此在 20000 L 反应器中的生产能力为

$$30464/20000 = 1.52 \text{ (g/L)}$$

如果没细胞附着在壁面上，20000 L 的反应器的生产能力应为 2 g/L。而存在壁面生长的情况下，放大后生产能力受到很大影响。

7.3.4　搅拌液流速度压头 H、搅拌液流循环流量 Q_L、Q_L/V_L 以及 Q_L/H 对生物反应器放大设计的影响

搅拌器可以比作一个离心泵，泵的主要性能是压头和流量，因此搅拌器的性能也可以用搅拌液流速度压头 H 和搅拌液循环流量 Q_L 这两个指标来评价。

搅拌液流速度压头 H 与搅拌器叶轮尖端线速度的平方成正比关系，即

$$H \propto (ND)^2 \tag{7-42}$$

搅拌液循环流量 Q_L 对机械搅拌式生物反应器来说是指其泵送能力，它与搅拌器转动横截面积及叶轮尖端线速度成正比关系，即

$$Q_L \propto (\pi ND)(\pi D^2/4) \propto ND^3 \tag{7-43}$$

在几何尺寸相似的放大过程中，反应器内反应液体积 V_L 与 D^3 成正比，因此，单位体积搅拌循环流量可以表示为

$$Q_L/V_L \propto N \tag{7-44}$$

若放大时以 P_0/V_L 为放大基准，则根据式（7-14）和式（7-44）得

$$\frac{(Q_L/V_L)_2}{(Q_L/V_L)_1} = \frac{N_2}{N_1} = \left(\frac{D_1}{D_2}\right)^{\frac{2}{3}} = \left(\frac{D_2}{D_1}\right)^{-\frac{2}{3}} \tag{7-45}$$

式（7-45）说明，按照 P_0/V_L 为基准进行放大，则大小反应器单位体积的搅拌循环流量 Q_L/V_L 之比，与放大比的三分之二次方成反比，放大比越大，Q_L/V_L 减少得越多。Q_L/V_L 减小，将使反应器的混合效果下降，混合时间延长。但是采用 Q_L/V_L 相等的方法进行放大也是不适合的，因为若按照 Q_L/V_L 相等进行放大，则放大后反应器的各项指标均大大高于小型反应设备，这是很不经济的。对混合时间比较敏感的某些生物反应过程，反应器在放大时放大比不宜过大，以逐级放大为好。同时还要注意选择搅拌混合效果好的搅拌装置。

根据传质理论，搅拌液流速度压头 H 越大，液流湍流程度越高，越利于气泡以

及生物细胞的分散,从而增加溶氧速率及传质速率,促进反应体系中物料的均匀混合。循环流量 Q_L 越大,反应液的循环速率越快,越有利于缩短反应物料的混合时间。由式(7-42)和式(7-43)可知,增加搅拌器直径 D 有利于反应物料的均匀混合,缩短混合时间。增大搅拌器转数 N 能促进氧的溶解。在反应器放大设计过程中,一般以 P_0/V_L 为基准进行放大,则在 P_0/V_L 不变的情况下,增加搅拌转数 N 必然减少搅拌器直径 D,而增大搅拌器直径 D 又必须降低搅拌转数 N。对于某些丝状真菌反应体系而言,在保证溶氧速率要求的条件下,必须要考虑生物细胞对搅拌剪切率和混合时间的耐受水平。在这种情况下,Q_L/H 应该作为生物反应器放大设计的校核标准。Q_L/H 的大小表示了混合效果和湍流强度的相对强弱。

根据式(7-42)式(7-43),可得

$$Q_L/H \propto D/N \tag{7-46}$$

若 P_0/V_L 不变,则

$$Q_L/H \propto D^{5/3} \tag{7-47}$$

在模型罐中的生物反应得到优化后,可以认为此操作条件下的 Q_L/H 是适当的,则放大后的 Q_L/H 应该按照模型罐的 Q_L/H 值进行校核。

7.4   气升式生物反应器的比拟放大

7.4.1   影响气升式生物反应器性能的结构参数

气升式生物反应器以压缩空气为单一的能量输入形式,其结构简单,生产运行成本低,传质效率高。影响气升式反应器性能的主要结构参数有:导流筒高度与反应器直径之比、气升式反应器中降液管与升气管横截面积之比 A_d/A_r、升气管气速 V_r、空气分布器等。

导流筒高度与反应器直径之比是气升式反应器关键的结构参数,反应液高度能引起的静压效应会在一定程度上影响反应器性能。导流筒高度与反应器直径之比不同,氧的体积传质系数也不同。导流筒高度与反应器直径之比较小时,其传质系数不但较差,而且传质速率随气速增加的幅度也较小。随着比值增大,反应器的传质速率也增大,但存在最优值。当比值继续增大时,传质速率反而下降。这是因为导流筒高度与反应器直径之比太大,造成循环液速小,导致混合效果降低,并且液体流动能耗也在增加。

气升式反应器中,降液管与升气管横截面积之比 A_d/A_r、升气管气速 V_r 与气升式反应器的 $K_L a$ 紧密相关。A_d/A_r 增加,会使 $K_L a$ 下降,这是因为 A_d/A_r 增加,使总的液相环流速率增加,引起升气管中气液相对流速降低,并使气泡凝聚作用加剧,体系能耗增加。当以提高氧的传递速度从而达到充分而有效的混合为目标时,导流筒与反应器直径比取 0.8～0.9 较好。当考虑提高导流筒内液体循环速度以防止较大的生物细胞凝聚产生沉降时,导流筒与反应器直径比取 0.6 为宜。

空气分布器的设计选择要综合考虑反应体系的结构特点和操作条件。空气分布器在开孔面积一定时,增加开孔数量为好,但如果开孔孔径过小,要维持一定的通风量,必须增加风压、提高能耗。因此开孔数量及孔径的选择要根据实际情况严格探讨。当反应液流动形态为鼓泡流时,在同一气速下,小孔径的气含率和 $K_L a$ 大于大孔径的气含率和 $K_L a$。当反应液流动形态为湍流时,湍流控制着流体动力学行为,气泡的大小不受分布器孔径大小的影响,而是由气泡聚并程度来决定。在这种情况下,为了节约能量,应选择大孔径的空气分布器。

7.4.2　气升式生物反应器的能量消耗及溶氧传质

气升式生物反应器中,反应液的混合与溶氧传质由通入的压缩空气完成,因此对气升式生物反应器而言,输入压缩空气的压强、流量及空气压缩机的形式是决定这类反应器能耗的关键。压缩机的效率主要取决于其形式。如旋转式压缩机的效率通常为 $\eta = 80\% \sim 90\%$;活塞式压缩机的效率为 $\eta = 73\% \sim 90\%$;而叶轮式压缩机的效率为 $\eta = 70\% \sim 80\%$。在生产规模的气升式反应器中,气体在反应液中的分散程度还受到输入能量功率的影响,同时反应器的结构及反应液的物化性质也起着重要的作用。对于小型反应器,空气分布器对气泡在溶液中的分散状况有重要影响;但在大型工业生产的反应器中,气液两相的分散特性主要受反应器中平均分散功率的影响。

1. 鼓泡式反应器

鼓泡式生物反应器内部为空塔,在靠近底部装设空气分布器或者筛板用来分布气体。空气通过分布器后进入液体中分散成气泡,靠其浮力而上升,并带动液体上升而形成气液两相流动。当连续运行时,气液可并流向上或者逆流操作。根据气速大小,鼓泡式反应器中的流型由均匀鼓泡流转变为过渡流,进而转变为非均匀鼓泡流。实验研究表明,鼓泡塔的体积溶氧系数主要取决于通气速率和气泡分散状况,可用下述方程表示[7]:

$$K_L a = 0.0023 (V_s/d_s)^{1.58} \tag{7-48}$$

式中：V_s——空气的直线流速，m/s；

d_s——气泡的初始直径，m。

式(7-48)的成立条件是：$0.01\ s^{-1} < K_L a < 0.8\ s^{-1}$ 和 $3\ s^{-1} < V_s/d_s < 43\ s^{-1}$。

气液混合物中的气含率 h 主要受空气直线流速影响，即

$$h \propto V_s^n \tag{7-49}$$

当通气速率较低时，$0.7 \leqslant n \leqslant 1.2$；当通气速率较高时，$0.4 \leqslant n \leqslant 0.7$。

由于气升式（含鼓泡式）反应器的混合及溶氧均靠空气作动力，因此其体积溶氧系数也可以用空气直线流速 V_s 单一变量来表示：

$$K_L a = b V_s^m \tag{7-50}$$

式中：$m = 0.7 \sim 0.8$（对水和电解质溶液）；b 是空气分布器类型和溶液特性的函数，对于兼并体系 $b = 0.32$。当 $1 \times 10^{-4}\ m/s \leqslant V_s \leqslant 0.25\ m/s$ 和 $0.03\ s^{-1} \leqslant K_L a \leqslant 0.1\ s^{-1}$ 时，方程式是成立的。

根据理论推导与实验可导出鼓泡式鼓泡式的通气能耗 P_g、体积溶氧系数 $K_L a$ 等公式，如通气能耗：

$$P_g = \rho_L g V_s V_L \quad （适用于 H_L \leqslant 2\ m） \tag{7-51}$$

或

$$P_g = \frac{q_m R t}{M} \ln\left(\frac{P_1}{P_2}\right) \quad （适用于 H_L > 2\ m） \tag{7-52}$$

式中：ρ_L——反应液密度，kg/m³；

q_m——通气质量流量，kg/s；

M——空气摩尔质量，kg/mol；

t——反应液温度，K；

P_1——反应器底部液压，Pa；

P_2——反应器液面压强，Pa；

H_L——液面高度，m。

2. 气升环流式生物反应器

气升环流式生物反应器在近年来得到广泛的应用，其规模从数百升至数千立方米不等。这类生物反应器的溶氧速率一般为 $2 \sim 8\ kg/(m^3 \cdot h)$，而溶氧比能耗约为 $0.3 \sim 0.6\ kW \cdot h/(kg\ (O_2))$。气升环流式反应器最有代表性的是英国 ICI 加压循环生物反应器。该反应器有 60 m 高、有效体积达 2100 m³。反应液的循环速率较高，在中央升液管和双边降液管中的液流速度为 0.5 m/s 和 $3 \sim 4$ m/s，气含率 h 更高达 0.52 和 0.48。为了改善基质的混合均匀性和缩短流加物料的混合时间，反应器装设了 $5000 \sim 8000$ 个甲醇进料喷嘴。在装设这数千个基质进口前和后

的转化率(即每 1 kg 甲醇所得的干单细胞蛋白的 kg 数)分别为 0.46 和 0.65,增产幅度达 40%。在大型的气升环流反应器中,由于溶氧速率高达 10 kg(O_2)/(m^3·h),故可实现高细胞密度培养,但相应的能耗也高达 6.6 kW/m^3,溶氧效率也降至 1.5 kg(O_2)/(kW·h)。如果适当降低细胞浓度,即把溶氧速率降至 3 kg(O_2)/(m^3·h),则单位体积能耗可降低至 1.5 kW/m^3,相应的溶氧比能耗就为 2 kg(O_2)/(kW·h)。

气升环流式生物反应器升气管中气含率 h_r 可用下式计算[8]:

$$h_r = \frac{V_{sr}}{0.24 + 1.35 (V_{sr} + V_L)^{0.93}} \tag{7-53}$$

式中:V_{sr}——升气管中的空气流速,m/s。

降液管中气含率 h_d 可用下式计算[8]:

当 $A_r/A_d = 3.6$ 时,

$$h_d = 0.89 h_r \tag{7-54}$$

7.4.3 气升式生物反应器的放大

到目前为止,气升式生物反应器仍未有标准的放大方法,对气升式反应器进行放大设计时要考虑多方面的因素。例如,鼓泡式反应器可用空气直线流速保持不变的基准进行放大,因为空气直线流速是决定系统的溶氧速率的关键因素。但是,在放大过程必须重视系统的混合特性。当鼓泡式反应器的体积放大 10 倍时,如果要维持混合时间不变,则必须使空气直线流速提高 32 倍。显然,要保持放大罐中溶液的混合特性不变是很难做到的,这不仅使通气能耗增加太多,而且会产生过多的泡沫以及物料的溢出等问题。

中科院有机所对气升式内循环反应器研究中提出,从 55 L 到 6 m^3 的放大过程中可以用下列关系式进行放大[9]:

$$N_v = 8.57(Q/V)H_L^{0.3} \tag{7-55}$$

式中:N_v——氧气的体积传递速率,mol/(m^3·h);

Q/V——气液比;

H_L——液层高度,m。

利用 K_La 值相等的方法时,应注意 K_La 值在不同部位的分布,在上升管和下降管之间的 K_La 值是不同的,上升管中 $(K_La)_r$ 和总的 K_La 值的关系是

$$(K_La)_r = K_La(1 + A_d/A) \tag{7-56}$$

式中:A_d——降气管的横截面积,m^2;

A——反应器的横截面积,m^2。

当气升式环流反应器的高度增加时,会导致液体流速及循环液速增加,造成流体中气含率下降和气泡直径变小,结果是 $K_L a$ 值下降,但是几何相似的反应器体积增大时,会造成返混程度增强,从而使 $K_L a$ 值上升,因此 $K_L a$ 值的变化由综合因素决定。反应器中液层的高度对气液比交换界面的影响也很大。多级反应器的体积传质系数 $K_L a$ 要大于单级的 $K_L a$。因此,在工业生产中,应用的反应器也尽可能采用多级的形式。在工业上非常高的气升式生物反应器会形成较大的液速,为了改善液体流速,可以增加分隔多孔板来增加阻力,减少循环液速,同时可达到破碎气泡的目的。

由于生物反应器涉及生物反应动力学,流体力学和流变特性等较为复杂的问题,直接放大必须掌握大型气升式反应器的反应时间特点、温度特征和浓度分布规律等,结合反应器流动模型状况建立数学模型,然后用模型放大比较容易成功。如白凤武等[10]从气升式反应器中流体力学操作条件入手,建立了模型试验装置的数学模型,根据此模型将气升式反应器从 12 L 放大到 500 L,并成功地预测了放大后的流体力学参数。对反应器的放大需要进行的工作量是相当大的,如 ICI 公司的气升式反应器从 60 m³ 放大到 2100 m³ 就花了 10 年以上的时间。

7.5   管式反应器的比拟放大

管式反应器是应用较多的一种连续操作反应器。常用的管式反应器有水平管式反应器、立式管式反应器、螺旋管式反应器和 U 形管式反应器。在生物工程行业管式反应器也越来越多地被应用。如利用管式反应器进行连续灭菌,利用反应器结合固定化酶或者固定化细胞进行连续反应,利用光催化管式反应器进行污水生物处理及利用螺旋管式光反应器培养植物细胞等。

要增加管式反应器的生产能力有三种概念上不同的放大方法:①平行增加管式反应器的数量;②增加管式反应器的长度;③增大管式反应器的直径,保持恒压降或者利用几何相似规则进行放大。

管式反应器的性能指标主要由反应器的形式和结构、反应物料的性质和组成、反应物料在反应器中的平均停留时间等决定。在管式反应器的放大过程中,这些参数是很少改变的。假设生产能力的放大倍数为 m,为了保持平均停留时间不变,反应体系中的反应物料量一般也增加 m 倍,通常情况下放大允许改变管数、管径和管长,则有

$$m = \frac{V_2}{V_1} = \frac{N_2 R_2^2 L_2}{N_1 R_1^2 L_1} = m_t m_R^2 m_L \tag{7-57}$$

式中:N_1、N_2——放大前、放大后的管数,个;

R_1、R_2——放大前、放大后的管径,m;

L_1、L_2——放大前、放大后的管长,m;

m_t——管数的放大倍数;

m_R——管径的放大倍数;

m_L——管长的放大倍数。

7.5.1　多管并联放大

多管并联是增加管数的最直接的办法。并联放大可以使放大后的反应条件与模型装置完全相同。管数与生产能力的增加直接成正比。

放大倍数:

$$m = m_t = \frac{(N_{\text{tubes}})_2}{(N_{\text{tubes}})_1} \tag{7-58}$$

并联放大是模型装置的完全复制,生产能力(或者流量)增加 m 倍。并联放大自动保持了放大前后平均停留时间相同。但是并联放大需要注意以下几个问题:对于粘度变化很大的反应物料,要能保证进料在各管之间均匀分布;对于固定化酶或者固定化细胞的管式反应器,要关注空隙率在每个管之间的差异;对于连续灭菌管式反应器要能使各管的传热系数都相同。如能很好地解决上述注意问题,并联放大就没有明显的限制。

通常放大的目标是保持单序列过程,即过程要由单线设备组成。并联放大不是单序列过程,因而不是严格意义上的放大设计。但是如果所有管子的进料都有一个共同的来源,出料都有共同的接收设备,则这种放大方法也被归入单序列放大的通常定义中。

7.5.2　多管串联放大

增加管式反应器的长度不是常用的增加生产能力的方法,但它也是有用的。增加管长又称串联放大,是指保持相同的管径,增加管长。当流体为不可压缩流体时,它实际上是一种保守的放大方法。串联放大保持了单序列过程。如果长度增加一倍,保持相同的停留时间,流速可增大一倍。许多成功的例子表明,模型装置上运转良好的液相管式反应器,在长度为其 100 倍,产量也为其 100 倍的生产装置上可能运转得更好。

在并联放大时,雷诺数是常数,但在串联放大时,雷诺数是增加的。当大、小反应器均由单管构成,并且忽略流体物理性质发生的变化时雷诺数有如下关系[11]:

$$\frac{Re_2}{Re_1}=\frac{\rho_2 v_2 R_2 / \mu_2}{\rho_1 v_1 R_1 / \mu_1}=\frac{v_2 R_2}{v_1 R_1} \tag{7-59}$$

式中：v_1、v_2——放大前后的液体流速，m/s。

对于管式反应器来说，长度增加 m 倍时，保持停留时间一致，则流速 v 增加 m 倍，并且放大前后管径不变，$R_1=R_2$，因此串联放大时，雷诺数 Re 增加 m 倍。

1. 湍流液相管式反应器的串联放大

对不可压缩流体的串联放大，管长按所希望的生产能力的比例增加。保持管径不变，管长增加为原来的 m 倍。

管式反应器中的压力降公式为[11]

$$\Delta P=0.066 L \rho^{0.75} \mu^{0.25} v^{1.75} R^{-1.25} \tag{7-60}$$

根据式(7-60)得出放大前后压力降的关系为

$$\frac{\Delta P_2}{\Delta P_1}=m^{1.75} m_{\mathrm{L}} m_{\mathrm{R}}^{-4.75} \tag{7-61}$$

当 $m_{\mathrm{R}}=1$ 和 $m_{\mathrm{L}}=m$ 时，有

$$\frac{\Delta P_2}{\Delta P_1}=m^{2.75} \tag{7-62}$$

可以计算出，当管长增加为 m 倍时，保持平均停留时间不变的情况下，压力降增加为原来的 $m^{2.75}$ 倍。通过泵向流体输入功率时，$Q \Delta P$ 即按放大比例呈 $m^{3.75}$ 倍急剧增加，单位体积流体的功率以 $m^{2.75}$ 增加。对于湍流反应器来说，能量的增加会增加湍流程度和质量及热量传递速率。

2. 层流液相管式反应器的串联放大

层流管式反应器的压力降用 Poimille 方程[12]的微分形式表示为

$$\frac{\mathrm{d} P}{\mathrm{d} L}=-\frac{8 \mu v}{R^2} \tag{7-63}$$

由此可得，放大后压力降与模型罐压力降的关系为

$$\frac{\Delta P_2}{\Delta P_1}=m^2 \tag{7-64}$$

虽然层流与湍流相比，泵送能量的增加较小，但其绝对量还是较大的。向单位体积流体输入的功率以 m^2 增大。对于粘性流体，在小规模装置上的泵送能量可能已经较大，在放大过程中这一问题会更加突出。以这种形式输入流体的能量称为粘性耗散能。如果放大后反应管中仍然是层流，则流体传质效果将仍与模型装置的情况相同。

3. 固定床的串联放大

对于固定床来说,无论是层流还是湍流,其压力降都符合 Ergun 方程[12]:

$$\frac{dP}{dL} = -\frac{\rho \bar{v}_s}{d_p}\frac{(1-\varepsilon)}{\varepsilon^3}\left[\frac{150(1-\varepsilon)}{Re_p}+1.75\right] \tag{7-65}$$

式中:ε——床层空隙率;

　　d_p——填充物的直径,m;

　　Re_p——颗粒的雷诺数;

　　$\bar{v}_s$——流体的表观流速,m/s。

根据式(7-65)可知,固定床的压降与填充物的直径有关而与管径无关。对于颗粒较小的填充物来说这是合理的。

当 Re_p 较小时,式(7-65)可变为

$$\frac{dP}{dL} = -\frac{150\mu \bar{v}_s(1-\varepsilon)^2}{d_p^2}\frac{(1-\varepsilon)^2}{\varepsilon} \tag{7-66}$$

此方程与式(7-63)具有相同的形式,即压力降与流体密度 ρ 无关。也就是说层流固定床的串联放大与层流管式反应器的放大具有相同的特点。

当 Re_p 较大时,式(7-66)可变为

$$\frac{dP}{dL} = -\frac{1.75\mu \bar{v}_s^2}{d_p}\frac{1-\varepsilon}{\varepsilon} \tag{7-67}$$

对于一级近似反应来说,湍流固定床反应器的放大与湍流管式反应器的放大规律是一样的。对于二级近似反应来说,随着放大倍数的增大,压力降增加会比较快。当放大方法确定后,一般应用式(7-67)进行最终计算,而不受关于层流或者湍流的限制。

当 $Re_p \rightarrow \infty$ 时,　　　　$\dfrac{\Delta P_2}{\Delta P_1} \rightarrow m^3$ 　　　　(7-68)

当 $Re_p \rightarrow 0$ 时,　　　　$\dfrac{\Delta P_2}{\Delta P_1} \rightarrow m^2$ 　　　　(7-69)

7.5.3　几何相似放大

并联放大在放大过程中 ΔP 保持不变,但多管设计并不总是最佳的选择。串联放大使用单管,但总压降 ΔP 有时又会增加很大。考虑一个单管设计,为了限制工业装置的压力而增大管径,这种方法的大、小管式反应器是几何相似的。几何相似意味着大、小管式反应器具有相同的长径比。对不可压缩流体,体积放大 m 倍,则 $m_R = m_L = m^{1/3}$。雷诺数放大如下:

$$\frac{Re_2}{Re_1} = \frac{R_2}{R_1}\frac{\bar{v}_2}{\bar{v}_1} = \left(\frac{R_2}{R_1}\right)^{-1}\left(\frac{Q_2}{Q_1}\right) = m_R^{-1}m = m^{2/3} \tag{7-70}$$

式中：Q_1、Q_2——放大前后反应管中的流体体积流量，m^3/s。

1. 层流管的几何相似放大

由 Poiseuille 方程的积分形式[12]得

$$\Delta P = \frac{8\mu\bar{v}L}{R^2} \tag{7-71}$$

则放大前后压降之比为

$$\frac{\Delta P_2}{\Delta P_1} = \frac{\bar{v}_2 L_2 R_1^2}{\bar{v}_1 L_1 R_2^2} = \left(\frac{R_2^2}{R_1^2}\frac{\bar{v}_2}{\bar{v}_1}\right)\left(\frac{L_2}{L_1}\right)\left(\frac{R_1^4}{R_2^4}\right) = mm_L m_R^{-4} \tag{7-72}$$

由于 $m_R = m_L = m^{1/3}$，因此

$$\frac{\Delta P_2}{\Delta P_1} = m^0 = 1 \tag{7-73}$$

即层流管按照几何相似放大时压力降放大前后不变。

2. 湍流管的几何相似放大

在物料密度和粘度不变的情况下，湍流管内的压力降有如下方程[12]：

$$\Delta P = \frac{0.066\mu^{0.25}\rho^{0.75}\bar{v}^{1.75}L}{R^{1.25}} \tag{7-74}$$

因此放大前后压力降的关系为

$$\frac{\Delta P_2}{\Delta P_1} = \frac{m^{1.25}m_L}{m_R^{4.75}} = m^{0.5} \tag{7-75}$$

在湍流状态下按照几何相似放大，压力降按照放大倍数的平方根增大。保持停留时间不变的情况下，由于流体流量 Q 增加为原来的 m 倍，输入功率 $Q\Delta P$ 增加为原来的 $m^{1.5}$，单位体积流体的功率增加为原来的 $m^{0.5}$ 倍。单位体积流体能耗的增加有利于物料的混合和传质传热。

3. 固定化床的几何相似放大

同串联放大的情况相同，固定化床的几何相似放大的方法也取决于颗粒的雷诺数。

当 $Re_p \rightarrow \infty$ 时，　　　$\dfrac{\Delta P_2}{\Delta P_1} \rightarrow m^2 m_L m_R^{-4} = m$ $\tag{7-76}$

当 $Re_p \rightarrow 0$ 时，　　　$\dfrac{\Delta P_2}{\Delta P_1} \rightarrow mm_L m_R^{-2} = m^{2/3}$ $\tag{7-77}$

7.5.4　恒压降放大

层流管式反应器进行几何相似放大时,放大前后压力降保持不变,因此对于层流管式反应器进行恒压降放大也就是进行几何相似放大。因此我们只讨论湍流管式反应器恒压降放大的情况。当物料密度恒定,并且设定管数不变,放大前后压力降恒定,即 $\Delta P_2 = \Delta P_1$,根据式(7-57)和式(7-61)得

$$m_R = m^{11/27}, \quad m_L = m^{5/27} \tag{7-78}$$

可以看出,湍流管式反应器按照恒压降放大后,长径比降低,雷诺数升高,但是升高的幅度要比几何相似放大低。

对于固定化床反应器来说,增大直径并保持相同的流体流速就能实现恒压降放大。因此得

$$m_R = m^{1/2}, \quad m_L = 1 \tag{7-79}$$

以上讨论的是管式反应器在放大时常用的一些方法和准则,这些方法和准则在实际应用时,可以比较方便地预测放大后反应器的一些参数指标。由于在管式生物反应器中所进行的反应,是在生物反应动力学与物料的传递特性相互制约的状态下进行的,加上生物反应过程本身的复杂性,决定了管式反应器的放大只采用几何相似、雷诺数相等、流速相等或者停留时间相等的原则进行放大是远远不够的。要成功地进行一个管式生物反应器的放大优化,还需要在进一步研究生物反应器中进行的生物化学反应的本质和动力学的基础上,通过建立精确的数学模型来指导放大后反应器的优化设计,并且结合试验数据来验证模拟计算过程和结果的准确性。

7.6　生物反应器的比拟缩小

在很多情况下,我们需要在小规模反应器中模拟大反应器中的生物反应过程,以便研究生物反应过程的一些特性,或者比较方便地测得很多参数以及用于对现有生产操作过程提出的优化效果进行评估。小规模的设备可用于估计系统对培养基组成、菌种使用、消泡剂、反应条件以及为了检验对 O_2 和 CO_2 的耐受性等的改变,使系统产生的过程响应,提出修正方案,然后应用于大反应系统中。规模缩小还可以为现有生产规模装置提供有效的生产菌株选育的场所。所以,生物反应器的缩小,在生产中也是非常重要的。

缩小规模的设备对于数学模型的建立、放大准则优化和传统中试厂的操作来

说是个有力的补充。反应器比拟缩小可以看作是比拟放大的逆过程,它们相应的数学模型建立和准则应用都是相通的。

习   题

7-1   将机械通风搅拌式反应器从 $0.1\,m^3$ 放大到 $10\,m^3$,小罐的直径 T 为 $0.4\,m$,搅拌器直径 D 为 $0.1\,m$,搅拌器转速 N 为 $100\,r/min$。

(1) 利用几何相似原则确定大罐的几何尺寸(罐径 T,搅拌器直径 D,罐高 H)。

(2) 分别利用恒定叶轮尖端线速度和恒定的搅拌雷诺数 Re_m,确定大罐的搅拌转速是多少。

7-2   有一好氧发酵罐装液量为 $800\,L$,直径 $0.8\,m$,装液高 $1.6\,m$,装液量为总容积的 68%,搅拌器直径 $0.27\,m$,转速 $300\,r/min$,通气量为 $1.2VVM$,反应温度 $28℃$,罐压 $0.0294\,MPa$,发酵液密度为 $1000\,kg/m^3$,不通风状态下的搅拌轴功率是 $3\,kW/m^3$,通风状态下的搅拌轴功率为 $1.6\,kW/m^3$,利用 K_La 相同的原则对空气流量进行放大,用 P_g/V_L 相同的原则对搅拌速度和功率进行放大,计算将反应器放大 100 倍后的几何尺寸、通风量、搅拌转速和搅拌轴功率。

7-3   一直径为 $1.2\,m$ 的生物反应器,装液高 $1.2\,m$(装料系数为 0.7),罐壁安装 4 块挡板,挡板宽为 $0.12\,m$,安装 2 组圆盘六平叶涡轮搅拌器,搅拌器直径为 $0.36\,m$。通风量为 $0.0046\,m^3/s$,搅拌速度 $160\,r/min$。按照 K_La 相同的原则将此反应器放大 500 倍,求放大后搅拌器的转速和搅拌功率。

7-4   机械搅拌式反应器放大时,通气的单位体积功率消耗与反应器体积的关系符合公式

$$(P_g/V_L)_2/(P_g/V_L)_1 = (V_{L1}/V_{L2})^{0.37}$$

如果将 $1\,m^3$ 的反应器放大到 $40\,m^3$,要求同时满足几何相似、恒定叶轮尖端线速度和恒定氧传质系数 K_La 的准则,计算放大前后反应器操作气压的比值。如果模型罐和生产罐的溶氧浓度均为零,对下列情况进行计算:

(1) 如果培养液为牛顿型流体,氧传质系数 K_La 计算式:

$$K_La = K_1(P_g/V_L)^{0.56}V_s^{0.7}N^{0.7}$$

式中:K_1——常数;

P_g——通风搅拌轴功率,kW;

V_L——液体体积,L;

V_s——空气直线流速,m/s;

N——搅拌器转速,r/min。

(2) 如果培养液为非牛顿型流体,氧传递速率系数 $K_{\mathrm{L}}a$ 计算式:

$$K_{\mathrm{L}}a = K_2 (P_{\mathrm{g}}/V_{\mathrm{L}})^{0.33} V_{\mathrm{s}}^{0.56}$$

式中: K_2——常数。

7-5 一直径为 1.2 m 的生物反应器,料液高 1.2 m 装料系数为 0.75,罐壁安装 4 块挡板,挡板宽度为 0.12 m。安装两组圆盘六平叶涡轮搅拌器,搅拌器直径为 0.34 m。通气速率为 30 VVM,搅拌转速 N 为 150 r/min。按照 $K_{\mathrm{L}}a$ 相等的原则放大到 50 m³(装料系数不变),试计算放大后的搅拌转速和搅拌功率。

7-6 一 5 m³ 的生物反应器,直径为 1.4 m,装液量为 4 m³,液高 2.7 m,采用六平直叶涡轮搅拌器,搅拌器直径为 0.45 m,搅拌转速 N 为 150 r/min,通风量为 0.8 m³/min,发酵液密度 $\rho = 1040$ kg/m³,粘度 $\mu = 1.06 \times 10^{-3}$ Pa·s,放大到 50 m³,求放大后反应器的尺寸、通风量和搅拌转速。

符 号 说 明

ρ	流体密度,kg/m³	N_{d}	搅拌器尖端线速度,m/s
μ	流体粘度,Pa·s	VVM	单位培养液体积在单位时间内通入的空气量(标准状态),m³/(m³·min)
v	流体流速,m/s		
g	重力加速度,m/s²	V_{s}	操作状态下的空气直线速度,m/min
N	搅拌转速,r/min	Q_{g}	操作状态下的通气流量,m³/min
H	反应器高度,m;搅拌液流速度压头,m²/min	f_t	混合时间函数
		t_{M}	混合时间,s
D	搅拌器直径,m	T	发酵罐直径,m
D_{L}	扩散系数,m²/s	H_{L}	反应液高度,m
L	特征长度,m	N_{v}	氧气的体积传递速率,mol/(m³·h)
d_p	颗粒直径,m	Q/V	气液比
σ	表面张力,N/m	A_{d}	降气管的横截面积,m²
k	传质系数,m/s	A	反应器的横截面积,m²
α	对流传热系数,kW/(m²·K)	h_{r}	升气管中气含率
λ	导热系数,kW/(m²·K)	h_{d}	降气管中气含率
c_p	比定压热容,kJ/(kg·K)	Q_{L}	搅拌液流循环流量,m³/min
P/V	单位体积培养液的功率消耗,kW/L	V_{sr}	升气管中的空气流速,m/s
Re_{m}	搅拌雷诺数	d_{s}	气泡的初始直径,m
[DO]	溶氧浓度,mol/L	ρ_{L}	反应液密度,kg/m³

q_m	通气质量流量,kg/s	Q	管式反应器中流体体积流量,m³/s
M	空气摩尔质量,kg/mol	ε	床层空隙率
t	温度,K	d_p	填充物的直径,m
m_t	管数的放大倍数	Re_p	颗粒的雷诺数
m_R	管径的放大倍数	$\overline{v}_s$	流体的表观流速,m/s
m_L	管长的放大倍数		

参 考 文 献

1. 梁世中. 生物工程设备. 北京:中国轻工业出版社,2006

2. 肖冬光. 机械搅拌生物反应器放大问题讨论. 天津轻工业学院学报,1991,10:32~36

3. 章学钦,李勃,俞俊棠,等. 山梨醇连续发酵生产山梨糖过程的研究. 化学反应工程与工艺,1993,12:461~464

4. 戚以政,夏杰. 生物反应工程. 北京:化学工业出版社,2004

5. 伦世仪. 生化工程. 北京:中国轻工业出版社,2003

6. Shuler M L, Kargi F. 生物过程工程:基本概念. 陈涛,赵学明,译. 北京:化学工业出版社,2008

7. 梁世中. 生物工程设备. 北京:中国轻工业出版社,2006

8. 汤立新,吕效平. 气升式反应器的优化. 化学工业与工程技术,2002,4:35~37

9. 汪叔雄,吕德伟. 需氧生化反应器及其放大规律(续). 化学反应工程与工艺,1988,3:93~99

10. 白凤武,冯朴荪. 气升环流生物反应器放大过程. 化学工程,1993,10:30~34

11. 高建,廖传华,顾海明,等. 管式反应器的数学模拟设计. 粮油加工与食品机械,2002,11:35~37

12. Nauman E Bruce. 化学反应器的设计、优化和放大. 朱开红,李伟,张兴元,译. 北京:中国石化出版社,2003

阅 读 书 目

1. 高孔荣. 发酵工程与设备. 北京:中国轻工业出版社,1983

2. 胡绍鸣,王建文. 以设计操作参数为决策变量的管式反应器优化方法. 石油化工,1989,18,10:694~698

3. 巨爱霞,张淘立. 好气生化反应器. 医药工程设计,1990,3:5~18

4. 翁丽完. 磷铵管式反应器的放大设计. 化学工程，1992，6:62~65

5. 叶开润，姜继祖，廖周坤. 管式生物反应器的容积传质系数. 医药工程设计，1997，2：6~8

6. 杨守志. 生物化学反应工程. 化工进展，1991，3：33~39

7. 朱健，杨祝红，李伟，等. 非均相光催化水处理管式反应器的放大设计. 现代化工，2005，5：55~58

第8章　固定化酶(细胞)反应原理与技术

提　要

固定化酶(细胞)就是把游离的水溶性酶(细胞)限制或固定于某一局部的空间或固体载体上,成为水不溶酶。固定化酶(细胞)的制备方法主要有载体结合法、交联法和包埋法。各种方法制得的固定化酶(细胞)在活力回收、催化特性、与载体的结合程度及酶的再生等方面各有特点。固定化酶(细胞)与游离酶(细胞)相比,具有容易将酶与底物和产物分离、可反复使用、反应过程可控性及酶的稳定性较高等优点。但是酶(细胞)固定化后活力有一定损失,且比较适应水溶性和小分子底物。

游离酶经固定化后,其动力学特征通常发生变化。固定化酶(细胞)反应动力学是以均相酶反应动力学为基础,讨论酶分子构象改变、载体屏障效应、微环境效应及扩散效应对反应的影响。酶分子构象改变和载体屏障效应影响酶与底物的结合,造成酶活性的改变,从而使固定化酶的本征动力学参数与游离酶不同;微环境效应造成固定化酶载体内的底物(产物)浓度与宏观环境中的不同,从而造成固定化酶的反应速率与其本征反应速率不同;扩散限制效应使底物、产物在固定化酶载体内(外)形成浓度梯度,使固定化酶(细胞)的动力学行为偏离其游离状态下的动力学行为。在固定化酶反应动力学中不仅要考虑酶的催化反应速率,还要考虑底物、产物传质速率的影响。

根据反应器的结构,可将固定化酶反应器分为搅拌罐式反应器、固定床反应器、流化床反应器和膜反应器等类型。在实际应用时,应根据固定化酶的形状、机械强度和密度,反应的操作条件和要求以及底物性质等方面综合考虑,进行反应器的设计和选择。与游离酶的均相反应体系不同,固定化酶反应体系是典型的非均相反应体系。因此,固定化酶反应器动力学在均相酶反应器动力学及物料衡算的基础上,还应考虑固定化酶颗粒与周围流体的传质。

酶催化剂具有很多优点,但也有一定的局限性。例如游离的溶液酶,在反应过程中会随着产品一起流失,这不仅造成了酶的损失,增加了生产费用,而且随产品流出的酶,又会影响产品的质量;溶液酶在反应后,分离困难,无法重复使用;酶在一般情况下,对热、强酸、强碱和有机溶剂等均不够稳定,即使给予合适的条件,也会失活。1916 年美国的奈尔森(Nelson)和格里芬(Griffin)发现人工载体氧化铝和焦炭上结合的蔗糖酶仍具有催化活性。直到 20 世纪 50 年代固定化酶技术得以有效开展后,基本上克服了溶液酶在上述几方面的缺陷,最初主要是将水溶性酶与不溶性载体结合,成为“水不溶酶”和“固相酶”。1971 年,在第一届国际酶工程会议上,正式建议采用“固定化酶”(immobilized enzyme)的名称。

20 世纪 50 年代固定化酶技术以物理方法为主,例如将 α-淀粉酶结合于活性炭、皂土或白土,AMP 脱氢酶吸附于硅胶,胰凝乳蛋白酶吸附于高岭土等。随后,离子吸附法固定化酶得以发展,例如过氧化物酶吸附于离子交换剂 DEAE-纤维素,核糖核酸酶吸附于阴离子交换剂 Dowex-2 和阳离子交换剂 Dowex-5 等。20世纪 60 年代末,日本田边制药公司将固定化氨基酰化酶用于氨基酸生产,这是第一个固定化酶的工业化应用。我国第一个用于工业生产的是固定化 5'-磷酸二酯酶,1978 年用于生产 5'-核苷酸。20 世纪 70 年代初,出现了固定化细胞技术,1973年日本的千畑一郎首次在工业上成功地用固定化微生物细胞连续生产 L-天冬氨酸。

目前,固定化技术在生化工程及酶工程领域中占有十分重要的地位。生物化学、微生物学、化学工程、有机化学、高分子化学、物理化学和医学等各个学科的科技人员及工厂企业的技术人员都非常重视这方面的研究工作。在实际应用中,人们充分发挥了固定化酶和固定化细胞在革新工艺和降低成本方面的巨大潜力,收到了很好的效果。固定化酶(细胞)以及固定化多酶反应器的迅速发展,必将引起发酵工业和化学合成工业的巨大变革。

8.1　酶(细胞)的固定化方法

8.1.1　固定化酶(细胞)的定义

固定化酶(细胞),就是把游离的水溶性酶(细胞),设法限制或固定于某一局部的空间或固体载体上。固定化细胞技术是固定化酶技术的延伸。现今,随着固定化技术的发展,固定化对象不一定是酶,也可以是微生物细胞、植物细胞、动物细胞或细胞器。这样的固定化生物催化剂的研究还发展到多酶体系的固定化,以及带有 ATP、NAD(P)这一类辅酶的复合酶反应系的固定化。另外,让固定化微生物在固定化载体中增殖,长期稳定使用的固定化增殖微生物的研究也已推进到工业化阶段。

由于酶的催化作用主要由其活性中心完成,酶蛋白的构象也与酶活性密切相关,故在制备固定化酶时,必须注意酶活性中心的氨基酸残基不发生变化,避免那些导致酶蛋白高级结构破坏的操作(如高温、强酸、强碱等),固定化过程应尽量在温和条件下进行。

8.1.2　固定化酶(细胞)的优缺点

与游离酶(细胞)相比,固定化酶(细胞)具有如下优点:

(1) 容易将固定化酶(细胞)与底物、产物分开,产物溶液中没有酶(细胞)的残留,简化了提纯工艺;

(2) 可以在较长时间内反复使用,有利于工艺的连续化;

(3) 反应过程可控性提高,有利于工艺自动化计算机;

(4) 在绝大多数情况下提高了酶(细胞)的稳定性;

(5) 较能适应于多酶反应;

(6) 酶的使用效率、产物得率提高,产品质量有保障。

但固定化酶(细胞)也存在一些缺点,如酶(细胞)固定化时酶的活力有所损失,比较适应水溶性底物和小分子底物。

8.1.3　固定化酶(细胞)的方法

酶(细胞)固定化方法大致有三种:载体结合法、交联法和包埋法(图 8-1)。

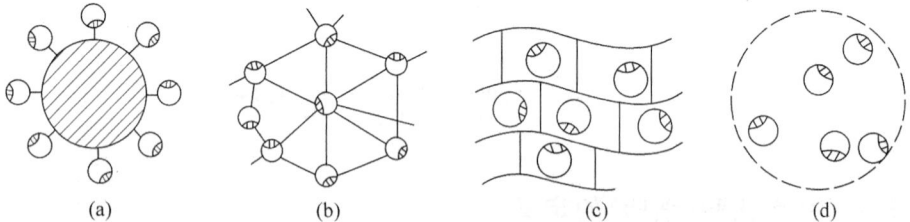

图 8-1　固定化酶(细胞)方法示意图
(a) 载体结合;(b) 交联;(c) 凝胶包埋;(d) 微胶囊包埋

1. 载体结合法

载体结合法就是将酶(细胞)固定在水不溶性载体上,酶与载体结合的方式有共价结合、离子结合和物理吸附。

1) 共价结合法

共价结合法是酶蛋白的侧链基团和载体表面上的功能基团之间形成共价键而固定的方法。共价结合法固定化酶的研究从 20 世纪 50 年代开始盛行,现在已成为固定化酶的一种重要方法。与吸附作用的固定化方法相比,酶与载体结合力强,酶不易脱落,但反应条件较激烈,会引起酶蛋白高级结构的变化,破坏部分活性中心,因此,酶容易失活,酶活力回收率不高。

从理论上讲,酶蛋白上可供载体结合的功能基团有以下几种:

(1) 酶蛋白 N-端的 α-氨基或赖氨酸残基的 ε-氨基;

(2) 酶蛋白 C-端的羧基以及 Asp 残基的 β 羧基和 Glu 残基 γ-羧基;

(3) Cys 残基的巯基;

(4) Ser、Tyr、Thr 残基的羟基;

(5) Phe 和 Tyr 残基的苯环;

(6) His 残基的咪唑基;

(7) Trp 残基的吲哚基。

然而在实际中偶联最普遍的基团是氨基、羧基、咪唑基及苯环。被偶联的基团还应是酶活性的非必需基团,否则将导致酶失去活性。

载体是连接酶的固体支撑物,其物理及化学性质对固定化酶有很大的影响。常用的载体主要有天然高分子化合物,如纤维素、琼脂糖凝胶、淀粉、葡聚糖凝胶、胶原等,以及合成高分子化合物,如尼龙、氨基酸共聚物、甲基丙烯醇共聚物等和无机载体,如金属氧化物、多孔玻璃等。

在共价结合法中,载体的活化是个重要问题,活化应使载体获得能与酶分子特定基团产生特异反应的活泼基团,并且与酶偶联时的反应条件要尽可能温和。使载体活化的方法主要有重氮法、叠氮法、溴化氰法、烷基化法等。

刘明庆等通过正硅酸四乙酯水解缩合制备介孔泡沫硅,采用 60 mg/g 加酶量,在 20℃,微波辐射条件下将酶蛋白共价固定于介孔泡沫硅(MCFs)的孔道中,固定化酶相对活力达到 178.1%,表观活力为 1191.3 U/g。与游离酶相比,固定化酶的热稳定性有较大提高,固定化酶在 50℃下保温 2 h,活力变化较小,残余活力仍然保持在 85% 以上。[1]

2) 离子结合法

离子结合法是通过离子效应,将酶(细胞)固定到具有离子交换基团的非水溶性载体上。常用的载体有阴离子交换剂,如 DEAE-纤维素、ECTEOLA-纤维素、TEAE-纤维素、DEAE-葡聚糖凝胶等和阳离子交换剂,如 CM-纤维素、纤维素-柠檬酸盐、Amberlite 等。

将处理成—OH 型的 DEAE-葡聚糖凝胶加至含有氨基酰化酶的 0.1 mol/L 磷酸缓冲液中,于 37℃条件下搅拌 5 h,氨基酰化酶与 DEAE-葡聚糖凝胶通过离子键结合,制成固定化氨基酰化酶。[2] 离子结合法固定化酶具有条件温和、操作简单、酶活力损失小等优点。但由于酶与载体之间的结合力较弱,容易受到缓冲液种类和 pH 值的影响,在高离子强度时酶容易从载体上脱落。

近年来对离子结合法固定化酶的研究在其稳定性方面取得了一定的进展,如 2006 年,Yang 等提出了"Fish-in-Net"酶固定化的方法,将酶固定在微孔内,并通过具有均一尺寸的介孔孔道完成传质过程[3]，这种方法形成的固定化酶具有很好的活力和稳定性，并可反复利用多次，同时酶的构象在反应中可以自由变化。

用此法固定化细胞时，离子与细胞的结合虽比物理吸附法牢固一些，但在使用中，细胞仍能繁殖，细胞仍要脱落，要时常补充新细胞，所以不适用于连续培养。

3）物理吸附法

物理吸附法是通过氢键、疏水作用和 π 电子亲和力等物理作用，将酶固定于水不溶性载体上，从而制成固定化酶。该法操作简便，但酶与载体结合力较弱，使用中酶易从载体上脱落。物理吸附法常用的载体分有机载体和无机载体两类。

（1）有机载体：纤维素、骨胶原、火棉胶及面筋、淀粉等。比如用膨润的玻璃纸或胶棉膜吸附木瓜蛋白酶、碱性磷酸脂酶、6-磷酸葡萄糖脱氢酶。Petronijevic 等发现，用 Triton X-100、十二烷基磺酸钠（SDS）等表面活性剂溶液处理苯甲酰纤维素载体可使载体再生，这是由于 Triton X-100 等表面活性剂可以作为一种更疏水的物质而连接到载体上，从而将蛋白质从载体上洗脱，而表面活性剂可以用乙醇洗涤除去[4]。用该法再生的载体仍可非常有效地结合葡聚糖蔗糖酶等蛋白质，并具有很高的固定化效率。

（2）无机载体：氧化铅、皂土、白土、高岭土、多孔玻璃、二氧化钛等。比如用多孔硅为载体吸附米曲霉和枯草杆菌的 α-淀粉酶和黑曲霉的糖化酶，在 45℃ 固定化，用高浓度的底物进行连续反应，半衰期分别为 14、35、60 d。无机载体的吸附容量较低而且酶容易脱落。

2. 交联法

交联法是使酶（细胞）与具有两个或两个以上官能团的试剂（戊二醛）进行反应，应用化学键把酶（细胞）固定。交联法与上述的共价结合法一样，都是靠化学结合的方式使酶（细胞）固定化，其区别仅在于是否使用载体。交联剂中最常用的是

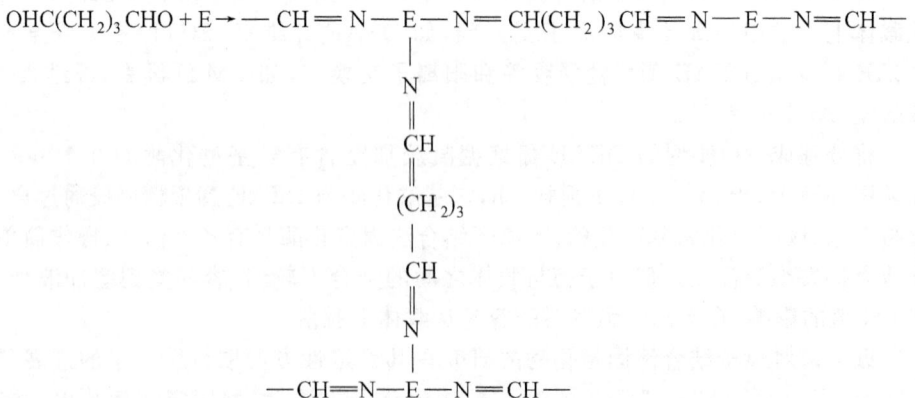

$$OHC(CH_2)_3CHO + E \rightarrow \begin{array}{c} -CH=N-E-N=CH(CH_2)_3CH=N-E-N=CH- \\ | \\ N \\ \| \\ CH \\ \| \\ (CH_2)_3 \\ | \\ CH \\ \| \\ N \\ | \\ -CH=N-E-N=CH- \end{array}$$

戊二醛,还有形成肽键的异氰酸酯,发生重氮偶合反应的双重氮联苯胺或 N,N'-聚甲撑双碘乙酰胺、N,N'-乙烯双马来酰亚胺等。

用戊二醛交联制备固定化酶的反应如下:戊二醛交联反应与酶和试剂浓度、溶液 pH 和离子强度、温度、反应时间均有一定的关系。如木瓜蛋白酶在酶蛋白浓度 0.2%、戊二醛 2.3%,pH 5.2～7.2,0℃下交联 24 h,可形成固定化酶。其中,pH 对固定化效果的影响十分明显,随 pH 升高,固定化速度增加,pH 低于 4 不能形成固定化酶。在交联时,加入一定量中性盐(如 Na_2SO_4、$(NH_4)_2SO_4$ 等)和丙酮等有机溶剂有助于形成固定化酶。

单用戊二醛交联所得到的固定化酶活力较低,又不易成形,很少单独使用。若将此法与吸附法或包埋法联合使用,可以达到加固的良好效果,因此在工业上用途很多。如岳振峰等以粉末状壳聚糖为载体,采用吸附后交联的固定化方法固定 α-葡萄糖氧化酶,酶活力为 14300 U,酶活力回收率为 59.6%,酸碱稳定性及热稳定性良好。[5]

【例 8-1】[6]　试阐述用戊二醛固定胰凝乳蛋白酶的方法。

解:用 500 mg 胰凝乳蛋白酶溶于 5 mL,pH 6 的醋酸缓冲液,边搅拌边向反应液中滴加 2.5% 戊二醛溶液 2 mL,反应液于室温条件下放置 10～30 min 出现凝胶状的沉淀,反应时间为 1～3 h。将形成的凝胶切碎后水洗,去除游离的戊二醛及残留蛋白,固定化酶在 20 mL,0.2 mol/L 赖氨酸或乙醇胺缓冲液中放置过夜,洗涤至上清液在 280 nm 处无光吸收值,悬浮于水中,在 4℃冰箱保存或冷冻干燥后保存。

3. 包埋法

包埋法是将酶(细胞)包在凝胶微小格子内,或是将酶(细胞)包裹在半透性聚合物膜内的固定化方法。包埋法又可分为凝胶包埋法和微胶囊法。

凝胶包埋法是将酶(细胞)包埋在聚合物的凝胶格子中,达到固定酶(细胞)的目的。此法所用的聚合物有合成高分子物质,如聚丙烯酰胺凝胶、聚乙烯醇凝胶;天然高分子物质,如琼脂、醋酸纤维、海藻酸盐、角叉菜聚糖等。

微胶囊法是一种用半透性的高聚物薄膜包裹酶(细胞)的技术。制得的微胶囊酶(细胞)通常为球状体,直径由几微米到几百微米。

包埋法是制备固定化细胞最常用的方法。1977 年我国投入生产的固定化青霉素酰胺酶就是使用明胶、戊二醛包埋大肠杆菌。美国、欧洲和日本等大规模生产高果糖浆的工艺多数采用包埋固定化菌体的酶柱工艺。

此法的优点是酶分子(细胞)本身不参加格子的形成,大多数酶都可用该法固定化,方法较为简便;酶分子(细胞)仅仅是被包埋起来而未受到化学作用,故活力较高。其缺点是不适用于大分子底物。

以上固定化酶方法的特点见表 8-1。

表 8-1   各种固定化酶方法的特点比较[7]

比较项目	载体结合法			交联法	包埋法
	共价结合法	离子结合法	物理吸附法		
制备	难	易	易	较难	较难
结合程度	强	中等	弱	强	强
活力回收率	低	高	易流失	中等	高
再生	不可能	可能	可能	不可能	不可能
成本	高	低	低	中等	低
底物专一性	可变	不变	不变	可变	不变

8.2   固定化酶(细胞)的性质

酶(细胞)经固定化,其催化反应体系由原来的均相体系变为了非均相体系,酶的催化性质会改变。催化性质改变的原因可能有:①酶本身的变化,主要是由于活性中心的氨基酸残基、高级结构和电荷状态等发生了变化;②受固定化载体的物理或化学性质的影响,主要是由于在固定化酶(细胞)周围形成了能对底物产生立体影响的扩散层以及静电的相互作用等引起的。

8.2.1   固定化酶(细胞)的活力

与溶液酶相比,大多数固定化酶活力下降。酶经固定化后活力下降的主要原因有:①酶和载体结合时,活性中心的氨基酸残基也或多或少地参与了结合,使得酶的结构发生部分变化,酶活力有一部分丧失;②载体与酶结合后,酶虽不失活力,但由于酶与底物间的相互作用受到空间位阻的限制,影响底物和酶接触,酶的活性得不到全部表达。要减少固定化酶活力的损失,固定化条件要温和。另外,在固定化反应体系中加入抑制剂、底物或产物可保护酶的活性中心,例如用聚丙烯酰胺凝胶包埋天冬氨酸酶时,在其底物(延胡索酸铵)或其产物(L-天冬氨酸)存在下,可获得高活力的固定化天冬氨酸酶。

细胞固定化后,由于细胞内的酶受细胞膜、壁的保护,一般酶活力不下降。

(1) 固定化酶(细胞)活力的测定

固定化酶(细胞)的活力即是固定化酶(细胞)在特定条件下催化某一特定反应的能力。固定化酶(细胞)活力的测定基本上与溶液酶相似,也以反应初速度表示,即 1 mg 干重固定化酶(细胞)1 min 转化 1 μmol 底物量或形成 1 μmol 产物的酶量为一个单位,即 μmol /(mg · min),对于酶管、酶膜、酶板等,则以单位面积(cm²)的初速度来表示,即 μmol / (cm² · min)。

(2) 活力回收率和相对活力

活力回收率是指固定化酶活力占溶液中总酶活力的百分率,即

$$活力回收率(\%) = \frac{固定化酶活力}{溶液中总酶活力} \times 100\% \tag{8-1}$$

相对活力是指固定化酶活力与同蛋白量的溶液酶活力的比值,即

$$相对活力(\%) = \frac{固定化酶活力}{溶液中总酶活力 - 残留酶活力} \times 100\% \tag{8-2}$$

8.2.2　固定化酶(细胞)的稳定性

稳定性关系到固定化酶(细胞)能否在实际中应用。在多数情况下,酶或细胞被固定化后,一方面,由于载体的存在,酶分子的结构被约束,防止了酶分子的变形;另一方面,载体的存在使其对外部恶劣环境的敏感性下降,稳定性有所增加,而且有时稳定性增加的幅度比较大。固定化酶的稳定性增加主要表现在热稳定性的提高,其次还表现在 pH 稳定性、对蛋白酶的稳定性、操作稳定性和贮藏稳定性等方面。

(1) 固定化酶的热稳定性

热稳定性对工业应用是很重要的,与溶液酶相比,大多数酶在固定化后,一般有较高的热稳定性。如氨基酰化酶,溶液酶在 75℃ 保温 15 min,活力为 0;用 DEAE-Sephadex 将其固定化后,在同样条件下仍有 80% 活力;用 DEAE-纤维素将其固定化后,在同样条件下有 60% 活力。用 CM-纤维素固定的胰蛋白酶和糜蛋白酶的最适温度比溶液酶高 5~15℃。叶鹏等以拟双层生物膜作为固定化酶的载体,在 1-乙基-3-(二甲氨基丙胺)碳二亚胺盐酸化物(EDC)和 N-羟基琥珀酰亚胺(NHS)存在下,将壳聚糖结合到多聚纤维薄膜表面,再用戊二醛将脂肪酶固定在双层生物膜上。固定化后的脂肪酶 pH 和温度稳定性都有所增加,且经 10 次使用后,固定化酶的活力残留 53%。[8]

但个别酶的耐热性反而下降,例如,由 DEAE-纤维素离子结合的固定化转化酶,在 40℃ 加热 30 min,其活力只剩余 4%,而游离酶在同一条件下其活力仍为 100%。

(2) 对蛋白酶的稳定性

大多数游离酶经过固定化后对蛋白酶的抵抗能力有所提高,这可能因为蛋白

酶是大分子,受到空间位阻,不能进入固定化酶中。例如,游离的氨基酰化酶在胰蛋白酶作用下活力仅存 20%,在同样条件下,将其固定于 DEAE-纤维素上仍有 80%的活力。

（3）操作稳定性

固定化酶操作稳定性是影响实际应用的关键因素。操作稳定性通常用半衰期 $(t_{1/2})$ 来表示,是指固定化酶活力下降为原有酶活力一半所经历的连续操作时间。半衰期可用式(8-3)计算:

$$t_{1/2} = \frac{0.693}{\dfrac{2.303}{t}\lg\dfrac{E_D}{E}} \tag{8-3}$$

式中：E_D——起始酶活力；

E ——时间 t 后残留酶活力。

（4）贮藏稳定性

大多数酶经固定化后提高了贮藏的稳定性,如用琼脂固定化木瓜蛋白酶,在 4℃下,120 天酶活力无变化。

8.2.3　固定化酶的催化特性

固定化酶的催化特性,例如,底物专一性、酶反应的 pH 值、酶反应的温度、动力学常数、最大反应速率、稳定性等均可能与游离酶有所不同。

（1）底物专一性

当一种酶用水不溶性载体固定化后,由于位阻效应,酶对高分子量底物的活性会明显下降,例如,糖化酶用 CM-纤维素叠氮衍生物固定化时,对相对分子质量 8000 的直链淀粉(amylose)的活性为游离酶的 77%,而对相对分子质量 500000 的直链淀粉的活性只有 15%～17%。也就是说,当底物为大分子时,酶或细胞对底物专一性下降;当底物为小分子时,酶或细胞对底物专一性变化不大。

（2）反应的最适 pH 值

酶固定化后其反应最适 pH 和 pH 曲线的变化受酶蛋白(细胞)和(或)水不溶性载体的电荷影响。固定化后,其最适 pH 有的变化,有的不变化;有的变大,有的变小。用 DEAE-纤维素或 DEAE-葡聚糖凝胶离子结合法的固定化氨基酰化酶的最适 pH 与游离酶相比较,pH 向酸性方向偏移 0.5 个单位,而用 CM-纤维素共价结合的胰蛋白酶及糜蛋白酶的最适 pH 较游离酶向碱性方向偏移 0.5～1.0 个单位。

（3）反应的最适温度

固定化酶反应的最适温度大多较游离酶的为高,例如,用 CM-纤维素叠氮衍生物固定化的胰蛋白酶和糜蛋白酶的最适温度比游离酶高 5~15℃。汤亚杰等以交联法用壳聚糖固定胰蛋白酶的最适温度比固定化前提高了 30℃。[9]

（4）米氏常数（K_m）

米氏常数 K_m 反映了酶与底物的亲和力。固定化酶的表观米氏常数 $K_{m(app)}$ 与游离酶的 K_m 相比有些不变,有些变化很大,原因可能是由于载体和底物间的静电作用,以及扩散效应的缘故。如果固定化酶微环境的底物浓度比外部液相主体溶液浓度高,$K_{m(app)}$ 下降;相反,如用包埋法的固定化酶,其 $K_{m(app)}$ 值可较游离酶多两个数量级,这是由于凝胶中的扩散效应使底物浓度减少,导致内部底物浓度低于外部区域的浓度,$K_{m(app)}$ 上升。对于固定化细胞,其影响类似。

（5）最大反应速率

固定化酶的最大反应速度（V_{max}）与游离酶大多数是相同的,例如,氨基酰化酶就是如此。但最大反应速率也会因固定化方法不同而有差异,例如,用多孔玻璃重氮化结合所得的固定化转化酶的 V_{max} 与游离酶相同,而用聚丙烯酰胺凝胶包埋的转化酶的 V_{max} 则比游离酶少 1/10。

8.3　固定化酶（细胞）的应用

8.3.1　L-氨基酸的生产

L-氨基酸在食品、医药、工业和农业等方面的应用越来越广泛,可以用于制造调味剂、食品和饲料营养强化剂、甜味剂、注射液、抗菌素、抗放射性药物、人造皮肤、洗涤剂、农药等。因此,近年来对 L-氨基酸的需要量不断增加。目前,化学合成法是生产氨基酸的主要方法之一,这种方法生产氨基酸的成本低,但化学合成法生产出来的氨基酸是 DL 外消旋体,不具有旋光活性,为了从化学合成的 DL-氨基酸中获得 L-氨基酸,必须进行光学拆分。

DL-氨基酸光学拆分的方法通常有物理化学法、化学法、酶法和生物学方法,其中,利用氨基酰化酶的酶学方法,是制备 L-氨基酸最好的方法。在 1969 年以前,工业上一直采用水溶性氨基酰化酶进行分批操作生产氨基酸。这种方法存在一些缺点,例如,为了从酶反应混合物中分离 L-氨基酸,必须通过改变 pH 或加热处理来除去酶蛋白,还需要复杂的提纯方法除去杂蛋白和有色物质,因而,引起L-氨基酸得率的降低。此外,分批操作花费更多的劳动力。而采用固定化氨基酰化酶的酶柱,进行 DL-氨基酸的连续拆分,克服了上述缺点。1969 年日本田边制药株式会社将从米曲霉中提取分离得到的氨基酰化酶,以 DEAE-葡聚糖凝胶为载体,通过离子结合法制成固定化酶,成功地由乙酰化-DL-氨基酸连续生产 L-氨基酸,生产成本仅为用游离酶生产成本的 60%。这是世界上固定化酶在工业生产上的第一个应用实例。

DL-氨基酸的酶法光学拆分是先将合成法制得的 DL-氨基酸的 N-酰化衍生物用氨基酰化酶进行不对称水解,然后再利用生成的 L-氨基酸与 N-酰化-D-氨基酸的溶解度之差将二者分离开来。酰化-D-氨基酸再外消旋化,生成酰化-DL-氨基酸,重新用于拆分。其反应方程如下:

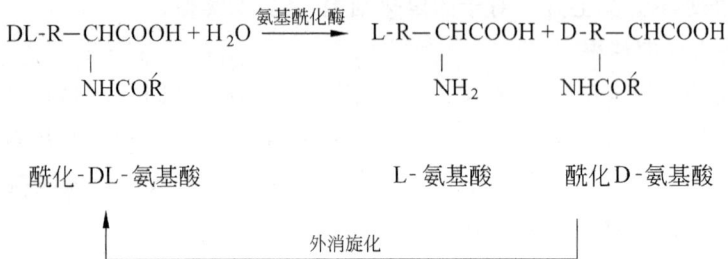

$$
\underset{\text{酰化-DL-氨基酸}}{\text{DL-R—CHCOOH}} + H_2O \xrightarrow{\text{氨基酰化酶}} \underset{\text{L-氨基酸}}{\text{L-R—CHCOOH}} + \underset{\text{酰化 D-氨基酸}}{\text{D-R—CHCOOH}}
$$

外消旋化

1. 固定化氨基酰化酶的制备

制备固定化氨基酰化酶的方法很多,各种方法制得的固定化酶的活力也不相同。以下简要介绍几种制备方法。

(1) 物理吸附法。人们曾经利用物理吸附法,以活性炭、氧化铝(酸性、中性和碱性)和硅胶作为不溶于水的惰性载体,制备固定化氨基酰化酶。结果发现,只有用酸性和中性氧化铝作为载体时可制得固定化酶,但活力相对较低。

(2) 离子吸附法。利用氨基酰化酶分子中带电基团与离子交换剂衍生物中的离子交换基团的静电吸引作用,可以制备固定化氨基酰化酶。DEAE-纤维素和DEAE-葡聚糖凝胶可以作为适宜的载体,制得的固定化酶的活力和回收率都很高。而弱碱性离子交换树脂和阳离子葡聚糖凝胶却不能得到满意的结果。

(3) 共价键结合法。利用氨基酰化酶与各种不溶于水的载体之间形成共价键,也可以制备固定化氨基酰化酶。在各种载体中,利用重氮化丙烯酰胺氨基多孔玻璃制备的固定化酶的活力最高,可是不稳定。但是,卤化乙酰基纤维素制得的固定化氨基酰化酶,活力和回收率较高。

(4) 交联法。用戊二醛、甲苯二异氰酸盐等双功能团试剂,采用交联法制备固定化氨基酰化酶,其酶活力和回收率不大相同,用戊二醛制备的固定化酶的活力和回收率更高一些。

(5) 包埋法。凝胶包埋法和微胶囊法都能制备出活力和回收率高的固定化氨基酰化酶。其中包埋在聚丙烯酰胺凝胶格子中的固定化酶活力更高。

2. 固定化氨基酰化酶的性质

在各种固定化氨基酰化酶中,以离子键吸附到 DEAE-葡聚糖凝胶上的固定化酶,以共价键结合到碘乙酰纤维素上的固定化酶和包埋在聚丙烯酰胺凝胶中的固定化酶,它们的活力和稳定性都较高。为了选择供工业用的最适宜的固定化酶,可以将上述三种固定化氨基酰化酶的性质与天然氨基酰化酶作比较,见表 8-2。

表 8-2　各种固定化氨基酰化酶的性质[10]

性　　质		天然氨基酰化酶	固定化氨基酰化酶		
			以离子键吸附于 DEAE-葡聚糖凝胶	以共价键结合于碘乙酰纤维素	聚丙烯酰胺凝胶包埋
最适 pH		7.5~8.0	7.0	7.5~8.0	7.0
最适温度/℃		60	72	55	65
米氏常数 K_m/(mol/L)		5.7	8.7	6.7	5.2
最大反应速率 V_{max}/(mol/h)		1.52	3.33	4.65	2.33
热稳定性(相对酶活力)	60℃,10min	62.5	100	77.5	78.5
	70℃,10min	12.5	87.5	62.5	34.5
操作稳定性		—	高	—	中等

用 DEAE-葡聚糖凝胶制备的固定化氨基酰化酶,水解乙酰化-DL-蛋氨酸的最适 pH,与天然酶相比,向酸性方向偏移了约 0.5~2.0 个单位。最适 pH 的这种偏移,可能是由于带正电的载体(如 DEAE-葡聚糖凝胶)和周围的水溶液介质之间氢离子的重新分布引起的。包埋在聚丙烯酰胺凝胶中的固定化氨基酰化酶的最适 pH 也有类似变化,其原因尚不清楚。

固定化酶的最适温度与天然酶相比也有很大差异。DEAE-葡聚糖凝胶固定化氨基酰化酶最适温度最高,达到 72℃。固定化氨基酰化酶与天然氨基酰化酶相比,在底物专一性、光学专一性和动力学常数等方面,没有显著的差别。

热稳定性是影响固定化酶在工业上应用的一个重要因素。在 30~80℃下,将天然氨基酰化酶和固定化氨基酰化酶加热 10 min,测定温度对酶稳定性的影响。

结果发现,DEAE-葡聚糖凝胶-氨基酰化酶的稳定性最高。总的说来,在上述三种固定化氨基酰化酶中,聚丙烯酰胺包埋的氨基酰化酶的性质与天然氨基酰化酶最为接近。

3. 工业生产用固定化氨基酰化酶的选择

一般来说,适合于工业生产用的固定化氨基酰化酶,必须满足下列两个因素:①固定化酶操作的稳定性好;②在长时间操作后,固定化酶柱的再生能力强。从各种因素综合考虑,DEAE-葡聚糖凝胶-氨基酰化酶较适合于 L-氨基酸工业生产。

8.3.2   果葡糖浆的生产

蔗糖在生产、生活中有着广泛的应用,为补充蔗糖来源的不足,人们利用微生物酶将淀粉水解获得葡萄糖,但葡萄糖的甜度不及蔗糖,利用葡萄糖异构酶把葡萄糖异构成果糖,则可解决这一问题。葡萄糖异构化反应平衡时,可将 40%～50% 的葡萄糖转化为果糖。人们将这种葡萄糖与果糖混合的糖浆称为果葡糖浆或高果糖浆。1966 年日本 Sanmatsu Kogyo 公司以年产 2000 t 的规模最先利用微生物菌体生产果葡糖浆;1969 年日本又采用菌体热固定法制成固定化细胞,实现连续生产。1967 年美国的 Clinton 玉米加工公司采用了 Takasaki 的专利技术,大规模生产果葡糖浆,此后,又迅速发展起利用固定化酶大规模连续生产的方法,使美国成为世界上果葡糖浆产量最大的国家。1974 年芬兰等欧洲国家相继开始生产果葡糖浆。

将培养好的含葡萄糖异构酶的放线菌细胞在 60～65℃ 热处理 15 min,该酶就固定在菌体上,制成固定化酶。经加热固定的菌体,细胞内可以保留 80%～90% 的酶活力。该法操作简单、成本低,于 1973 年应用于工业化生产。在工业生产中可以直接将发酵液加热,杀死菌体,将酶固定在细胞内。美国的 Clinton 玉米加工公司将链霉菌的菌丝体球在 60～80℃ 下加热 2～10 min,使葡萄糖异构酶固定在菌丝体球内,而不会释放出来。然后,将加热处理过的菌丝体球,在加压过滤器的薄片上收集起来。这种过滤器就可以用作异构化的反应器,进行葡萄糖的异构化反应。此外,葡萄糖异构酶的固定化还可以用吸附法、载体结合法、凝胶包埋法、交联法或双重固定化等方法。

8.3.3   酶传感器

酶传感器是以固定化酶作为感受器,以基础电极作为能量转换器的生物传感器,是生物传感器的一种。它将酶的专一性、灵敏性与电学测量的简便、迅速的特点结合起来,已广泛用于临床诊断、工业发酵过程控制和环境监测等领域。酶传感

器中人们研究和应用最为广泛的是酶电极。1962 年,由 Clark 和 Lyons 提出酶电
极模型,1967 年,Updike 和 Hicks 首先制造出酶电极
并将其应用于葡萄糖定量分析,结构如图 8-2 所示。
将葡萄糖氧化酶包埋于聚丙烯酰胺凝胶内,制成 25~
50 μm 厚的酶膜,再与氧电极及氧容易通过的聚四氟
乙烯等高分子薄膜结合,组成葡萄糖氧化酶电极。当
酶电极和含有葡萄糖的样品溶液接触时,葡萄糖氧化
酶催化葡萄糖与氧反应,生成葡萄糖酸和 H_2O_2,由于
酶反应中消耗氧,造成电极表面氧扩散电流的降低,
由电极电流的变化可得知样品中葡萄糖的浓度。

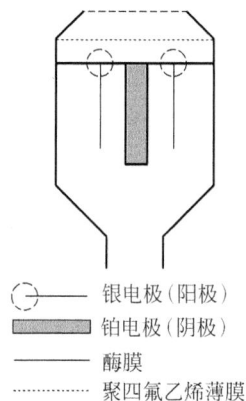

— 银电极(阳极)
▨ 铂电极(阴极)
—— 酶膜
······ 聚四氟乙烯薄膜

图 8-2 葡萄糖氧化酶
电极示意图

　　2005 年,Liu 等设计了一种对有机磷酸盐杀虫剂
和神经毒剂高敏感性的注射型安培计生物传感器。
他们将乙酰胆碱酯酶(AChE)自组装到碳纳米管
(CNT)——改良的玻璃状碳(GC)电极表面,再在惰
性的带负电荷 CNT 表面通过阳离子多聚氯化二烯丙
基二甲基胺(PDDA)及 AChE 的层层组装实现 AChE 的固定。在 CNT 表面组装
形成的独特的"三明治"型夹层结构(PDDA/AChE/PDDA)(图 8-3),为维持
AChE 的生物活性提供了有利的微环境保证。应用该生物传感器监测磷酸二乙硝
苯酯,在最佳条件下,可以测定抑制时间为 6 min 的磷酸二乙硝苯酯,其检出量可
达 0.4 pmol/L 以下,在一周时间内,可反复测量 20 次以上。[11]

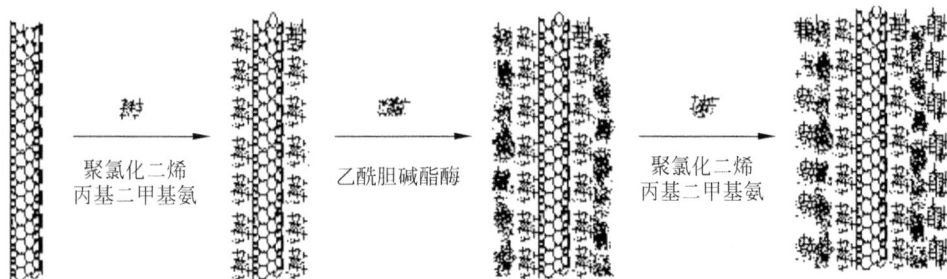

聚氯化二烯
丙基二甲基氨

乙酰胆碱酯酶

聚氯化二烯
丙基二甲基氨

图 8-3 AChE 在碳纳米管表面进行"三明治"型夹层结构自组装的示意图

8.3.4 生产乙醇和啤酒

1. 生产乙醇

　　乙醇发酵需要大型发酵罐,不但设备繁杂,操作困难,而且需要耗费一部分糖以

供酵母生长之用。应用固定化细胞进行连续发酵,乙醇发酵时间由传统方法的 36 h 缩短至 3 h 以下,乙醇生产能力为 20~50 g/(L·h),而传统方法仅为 2 g/(L·h)。

千畑一郎等将酵母(*saccharomyces carlsbergensis*)固定于 K-角叉菜胶,利用这种固定化增殖酵母可稳定、连续生产一年以上,并且生产速率比以前的发酵法快 10 多倍。[12]另外,关于固定化细菌生产乙醇的研究也颇为活跃。据 Arcuri 等报道,将运动发酵单胞菌 ATCC10988 用玻璃纤维吸附,使用由葡萄糖及酵母膏配成的培养基,连续发酵 28 天,乙醇生产能力 152 g/(L·h)(停留时间为 10~15 min)[13],这要比固定化酵母的乙醇生产能力大得多。王健、袁永俊以 3%的海藻酸钙为固定化载体,固定酵母细胞,初糖浓度 15%,采用十二烷醇为萃取剂,发酵时间 35 h,酒精浓度达到 11.5%(体积分数),残糖浓度检测不出。[14]

2. 生产啤酒

国外用固定化酵母生产啤酒实验始于 1829 年,第一次将固定化细胞用于工业酿造发酵系统是从 1970 年开始的。White 等人报道了利用海藻酸钙凝胶包埋非絮凝性细胞连续生产啤酒的方法。Linko 等人将酵母细胞固定于海藻酸钙凝胶珠内,置于填充柱式反应器内,用于麦芽汁连续发酵生产啤酒,可维持几个月,其麦芽汁在柱式反应器内的停留时间为 2 h,啤酒的乙醇含量可达到 4.5%。[15]上海工业微生物所和上海华光啤酒厂 20 世纪 80 年代做了很多研究,结果表明固定化酵母生产啤酒的发酵时间在 48 h 以内,后置发酵时间在 7 d 左右,均比传统工艺缩短一半时间,该固定化酵母细胞可反复使用 30 d 以上,酿成的啤酒经装瓶,杀菌,品尝和分析,口味正常,泡沫性良好,各项理化指标均符合标准。

李娜、李树立等对啤酒酵母细胞的固定化进行了研究,使用 2%的海藻酸钠与 4%的氯化钙反应包埋酵母细胞,测定了固定化酵母生产啤酒过程中双乙酰含量的变化及发酵速度,结果表明,采用接种温度 8~10℃,主发酵温度 13~15℃,pH 4.3,填充量 0.45 g/mL 进行发酵生产啤酒,发酵速度快,双乙酰含量低,可酿成淡爽型风味良好的啤酒。[16]

8.3.5 抗体和抗原的提纯

固定化的抗原和抗体作为专一性的免疫吸附剂,能够高效率地分离、提纯抗体和抗原。关于免疫吸附剂的制备和应用,国内外报道较多。

Guatrecasas 等人将胰岛素联接在琼脂糖上,用以吸附羊抗胰岛素的抗体,然后用 pH 2.8 的醋酸或 6 mol/L 盐酸胍溶液洗脱,可回收 80%的抗体。[17]Tripatzis 等人在研究脑组织的特异性抗原时,由于尚未能制出免疫纯的脑抗原,用初步提纯的糖蛋白给兔免疫,可以产生特异性抗体以及微量的两种杂抗体。[18]

固定化的抗体也可以用于分离、提纯抗原。Tripatzis 等人用乙型肝炎抗血清制成的亲合层析柱可以回收稀释成 500 mL 的 0.1 mL 阳性血清中的乙型肝炎抗原,适宜于检测极微量的乙型肝炎抗原。[19]Grabow 等人用狒狒抗乙型肝炎抗血清制成亲合层析柱,5 mL 的亲合凝胶可以将 20 mL 的阳性血清中的乙型肝炎抗原全部吸附。用 5 mol/L 碘化钠溶液作为解吸剂,抗原收得率为 83%,而且没有杂蛋白。[20]

张先扬等人将含有甲胎蛋白的材料先从单相抗甲胎蛋白柱流过,吸附在柱上,用 pH 2.4 甘氨酸缓冲液洗脱下来,再用混合的羊和兔抗正常人血清柱将其中的杂蛋白吸附掉,即可制得纯的甲胎蛋白。此外,亦有报道,利用兔抗猪脾 DNA 酶 Ⅱ 的亲合层析柱,可以提纯猪脾 DNA 酶 Ⅱ。[21]

8.4 固定化酶(细胞)反应动力学

8.4.1 均相酶反应动力学

要讨论固定化酶催化的反应动力学应首先对酶反应的基本动力学关系有一定的掌握。均相酶反应动力学主要研究酶催化反应的速度及各种因素(包括酶浓度、底物浓度、产物、pH 值、温度、抑制剂和激活剂等)对反应速度的影响,并尽可能建立可靠的反应速度方程式,作为设计合理反应器和确定最佳反应操作方式的依据。

1. 单底物酶促反应动力学

(1) Michaelis-Menten 动力学方程

为了建立反应动力学关系,一般先要了解反应方式与反应历程。对于酶反应,有多种描写其作用机制的学说。其中得到较多实验支持的是 Henri 提出的中间复合物学说,即认为,当酶催化底物发生反应时,酶分子(E)首先与底物分子(S)结合成酶-底物中间复合物(ES),然后,中间复合物再分解,生成产物(P),并释放酶分子。中间复合物学说可用式(8-4)表示:

$$S + E \underset{k_{-1}}{\overset{k_{+1}}{\rightleftharpoons}} ES \xrightarrow{k_{+2}} E + P \tag{8-4}$$

式中:k_{+1}、k_{-1}、k_{+2}——相应各步的反应速率常数。

这也是 Michaelis 和 Menten(1913 年)推导酶催化反应速率方程的出发点。根据中间复合物学说,在一定酶浓度的溶液中,当底物浓度较低时,只有一部分酶分子与底物分子结合成 ES 中间复合物,溶液中还有较多的自由酶分子,因此,随着底物浓度的增加,就有更多的酶分子与底物分子结合成 ES 中间复合物。中间复合物浓度增加,反应速度也增加,因此,反应速度随底物浓度增加而增加,表现为一级反应;当底物浓度很高时,溶液中全部的酶分子都与底物分子结合成 ES 中间复合物了,由于溶液中没有多余的自由酶分子,这时增加底物浓度,也不可能再有更多的 ES 中间复合物的生成,即 ES 保持不变,表现为零级反应,此时反应速率与底物浓度无关,达到最大反应速率(V_{max})。在这种条件下,只有增加酶浓度才能增加 ES 中间复合物浓度,使最大反应速率增加(图 8-4)。

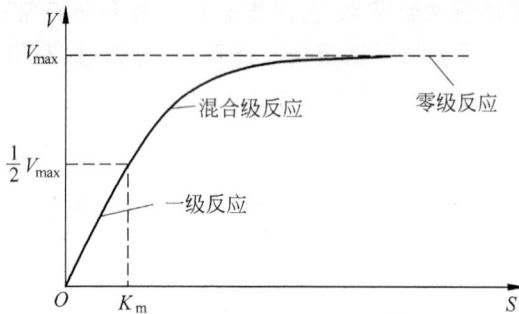

图 8-4　酶反应速率与底物浓度的关系

　　在动力学模型的推导中 Michaelis 和 Menten 的假设是:酶与底物之间反应达到平衡,并保持始终;反应限制步骤是:$ES \longrightarrow E + P$;与底物浓度 S 相比,酶的浓度很小,可以忽略由于生成中间复合物 ES 而消耗的底物;在反应过程中,酶的浓度保持恒定,只能以游离酶 E 和(或)复合物 ES 形式存在,即 $E_0 = E + ES$。

　　因此,由方程式(8-4)可得酶促反应速率 V:

$$V = k_{+2} \cdot ES \tag{8-5}$$

得快速平衡方程:

$$\left.\begin{aligned} k_{+1} \cdot E \cdot S &= k_{-1} \cdot ES \\ ES &= \frac{k_{+1}}{k_{-1}} \cdot E \cdot S \end{aligned}\right\} \tag{8-6}$$

因酶的总浓度 E_0 为

$$E_0 = E + ES \tag{8-7}$$

将方程(8-6)代入式(8-7)整理后再代入式(8-5)得

$$V = \frac{k_{+2} \cdot E_0 \cdot S}{S + k_{-1}/k_{+1}} \tag{8-8}$$

可见,反应速率 V 是酶浓度 E_0 和底物浓度 S 的函数。因 k_{-1}、k_{+1} 为常数,令

$K_S = k_{-1}/k_{+1}$，K_S 为解离常数，而 $k_{+2}E_0$ 就是反应的最大速率 V_{max}，则方程(8-8)可整理为

$$V = \frac{V_{max}S}{K_S + S} \tag{8-9}$$

（2）Briggs 和 Haladane 对米氏方程的修正

实践证明 Michaelis 和 Menten 的假设仅适用于少数反应体系。1925 年，Briggs 和 Haladane 提出"拟稳态"处理法，对 Michaelis 和 Menten 方程的推导作了重要的修正，提出了一个对酶催化反应更有普遍性的速度方程：

$$V = \frac{V_{max}S}{K_m + S} \tag{8-10}$$

式(8-10)称为米氏方程，式中 V_m 为最大反应速率，K_m 称为米氏常数，定义为

$$K_m = \frac{k_{-1} + k_{+2}}{k_{+1}} \tag{8-11}$$

只有当 $k_{-1} \gg k_{+2}$ 时，K_m 才接近 K_S。

当 $S \gg K_m$，$ES \gg E$ 时，$V = V_{max}$，反应呈零级动力学反应；

当 $S \ll K_m$ 时，酶几乎全部以 E 的形式存在，V 与 S 成正比，此时

$$V = (V_{max}/K_m)S \tag{8-12}$$

为一级动力学反应。

当 $V = \frac{1}{2}V_{max}$ 时，上述米氏方程中 $K_m = S$，所以 K_m 等于 V 为 V_{max} 一半时的底物浓度。

K_m 值受到底物种类、温度、pH、离子强度、激活剂以及抑制剂等的影响。在上述各种因素保持不变时，对某种酶来说，K_m 值是一个常数。但是，对不同的酶，其 K_m 值是不同的，因此，K_m 值是酶对特定底物的特征常数，可以用来鉴定酶。

将米氏方程(8-10)取倒数，用图解法可以方便地求出方程中的两个重要常数，V_{max} 和 K_m。此法称为 Lineweaver-Burk 作图法，又称双倒数作图法(图 8-5)。

$$\frac{1}{V} = \frac{K_m}{V_{max}} \frac{1}{S} \frac{1}{V_{max}} \tag{8-13}$$

S 值较大或较小时，带来的误差较大，影响 K_m 和 V_{max} 的精确度。为得到较准确的结果，将 $1/S$ 配成等差级数，使其距离比较平均，再进行回归分析，可以得到较准确的结果。

2. 影响酶促反应的因素

酶的催化作用除了决定于酶本身的结构与性质外，外界条件也有重要的影响。这些影响因素主要有以下几方面：

（1）温度对酶促反应的影响

温度的影响包括两方面：一方面随着反应温度的升高，与一般化学反应一样，反应速度加快，当温度升高到一定值时，反应速度达到最大；另一方面，再继续升高温度，酶蛋白逐步变性失活，反应速度随之下降。速度达最大值时的温度称为"最适温度"（图 8-6）。酶反应的最适温度就是这两种过程平衡的结果，在低于最适温度时，前一种效应为主，在高于最适温度时，则后一效应为主。

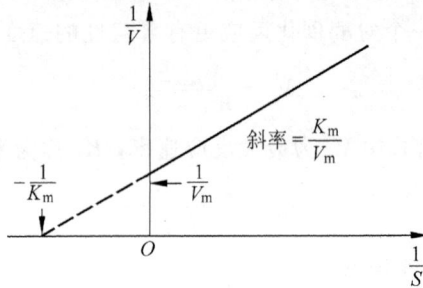

图 8-5　Lineweaver-Burk 作图法（双倒数作图法）

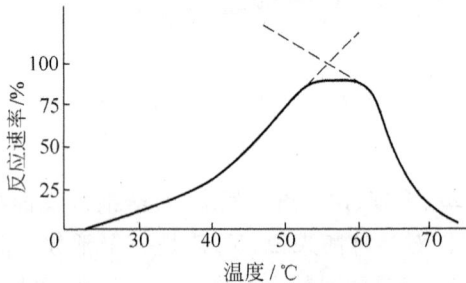

图 8-6　酶反应最适温度示意图

每一种酶，在一定的反应条件下都有它的最适温度。一般，动物细胞内的酶，最适温度一般在 $37 \sim 50 ℃$ 的范围内；植物细胞内的酶，最适温度较高，通常在 $45 \sim 60 ℃$；微生物体内的酶，最适温度差异较大，如细菌淀粉酶在 $93 ℃$ 下活力最高，又如牛胰核糖核酸酶加热到 $100 ℃$ 仍不失活。

最适宜温度不是酶的特征物理常数，它往往受到酶的纯度、底物、激活剂、抑制剂等因素的影响。因此，对某一酶而言，必须说明是什么条件下的最适温度。

（2）pH 值对酶促反应的影响

在一系列不同的 pH 值下，保持其他条件不变测定酶促反应速度，一般可得到如图 8-7 所示的相对速度-pH 关系曲线，为一条经典的钟形曲线。由图可见，在一定的 pH 范围内,酶促反应速度达到最大,此时的 pH 称为酶的最适 pH。各种酶在一定的反应条件下,都各有特定的最适 pH。大多数酶的最适 pH 在 5~8,一般植物和微生物酶的最适 pH 在 4.5~6.5,动物体内酶的最适 pH 在 6.5~8,但也有例外,如胃蛋白酶最适 pH 为 1.5,肝中精氨酸酶的最适 pH 9.7。酶的最适 pH 受到底物的种类与浓度、酶制剂的纯度、反应时间与温度、缓冲液的种类与浓度等因素的影响。因此,表示某种酶的最适 pH 时应说明反应条件。

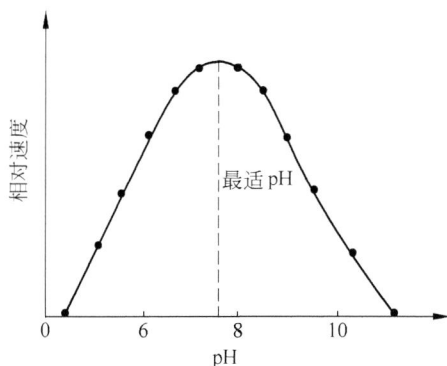

图 8-7　胃蛋白酶和葡萄糖-6-磷酸酶的 pH 活性曲线

　　大多数酶的活性受 pH 影响较大,在极端的情况下(强酸或强碱)会导致蛋白质的变性,即蛋白质的三级结构受到破坏,使酶不可逆地失活。在一般情况下,由于蛋白质的两性特性,酶在任何 pH 中都可能同时含有带正或负电荷的基团,这种可离子化的基团常常是酶活性部位的一部分。为了完成催化作用,酶活性部位中的可游离基必须时常拥有特定的电荷。也就是说,具有催化活性的酶只能以一种特定的离子化状态存在。因此,具有催化活性的酶可能占有总酶浓度的大部分或小部分,其值将依 pH 值而定。

　　(3) 激活剂与抑制剂对酶促反应的影响

　　激活剂与抑制剂从改变酶活性的原理上没有质的区别。凡能提高酶的活性,加速酶促反应进行的物质都称为激活剂或活化剂。如 Co^{2+}、Mg^{2+}、Mn^{2+} 等金属离子可显著增加 D-葡萄糖异构酶的活性;Cu^{2+}、Mn^{2+}、Al^{2+} 三种金属离子对黑曲霉酸性蛋白酶有协同激活作用。除金属离子外,一些小分子有机化合物,如半胱氨酸、还原态谷胱甘肽、氰化物等,以及某些蛋白质大分子也可作为激活剂。激活剂对酶的激活作用有两种类型,一种是使无活性的酶变成有活性的酶,另一种是使低活性的酶变成高活性的酶。

　　凡使酶活力下降,甚至使酶完全丧失活性的物质则称为抑制剂。抑制剂的种类很多,包括药物、抗菌素、毒物、抗代谢物以及酶促反应的产物等。酶活性抑制有

响底物或效应物与酶的接触,从而影响酶的活性(图 8-8)。在葡聚糖凝胶上共价交联胰蛋白酶和木瓜蛋白酶的活性低于结合在琼脂糖上的活性,这是因为葡聚糖凝胶的空间屏障大于琼脂糖的空间屏障。如果增大载体的交联程度,也会使底物不易与酶分子接触,造成酶活性下降。

这两种效应的产生都是出于酶和固定化载体发生了相互作用,因此,主要取决于固定化的条件和方法,但也部分地取决于载体的性质。在上述两种效应的影响下,溶液酶素质动力学参数发生了变化,但这种变化很难加以定量分析和概括,只能通过实验测定。它们的消除和改善只有依赖于选择合适的固定化条件、方法和载体。

2. 微环境效应——分配效应

固定化酶处于主体溶液中,形成非均相反应系统。在固定化酶附近的环境称为微环境,而主体溶液则称为宏观环境。在反应系统中,由于载体和底物的疏水性、亲水性以及静电作用,经常引起微环境与宏观环境之间不同的性质,形成底物和各种效应物的不均匀分布,这种效应称为分配效应(图 8-9)。

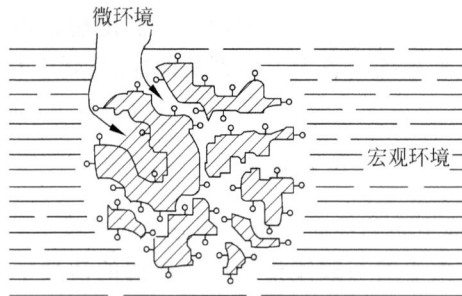

图 8-9   固定化酶反应体系中的微环境与宏观环境

一般情况下分配效应存在如下规律:

(1)如果载体与底物带有相同电荷,则酶的 K_m 值将因固定化而增大;如果带有相反电荷,则 K_m 值减小。

(2)当载体带正电荷时,固定化之后酶活性-pH 曲线向酸性方向偏移;相反,阴离子载体将导致 pH 曲线向碱性方向偏移。以上影响可通过提高介质离子强度而削弱或消除。

(3)采用疏水载体时,如底物为极性物质或荷电物质,则酶的 K_m 值将因固定化而降低,其他效应物亦然。

因为固定化酶催化的反应速率取决于底物或效应物在微环境内的局部浓度,而这种局部浓度又与宏观体系的平均浓度有所不同,所以实验结果常与按宏观体系估计的不同,并因载体性质而有显著改变。下面以荷电载体与荷电溶质间的静电作用产生的分配效应为例来分析分配效应对固定化酶(细胞)反应动力学的影响。

分配效应通常用分配系数 ρ 来表述:

$$\rho = \frac{S_i}{S} \tag{8-17}$$

式中: S_i——底物或其他效应物等在微环境中的局部浓度;

S——底物或其他效应物等在宏观体系中的总体(或平均)浓度。

根据玻耳兹曼分配定律,荷电溶质在荷电载体微环境与外部溶液间的分配服从如下关系:

$$S_i = S\exp\left(\frac{-Z_e\Psi}{kT}\right) \tag{8-18}$$

式中: Ψ——电荷载体产生的静电位;

Z_e——荷电溶质的电荷;

k——玻耳兹曼常数;

T——热力学温度。

$$\rho = \frac{S_i}{S} = \exp\left(\frac{-Z_e\Psi}{kT}\right) \tag{8-19}$$

如果底物与载体带有相同电荷,则 $S_i < S, \rho < 1$;相反,如果底物与载体带有相反电荷,则 $S_i > S, \rho > 1$。

如果不考虑其他效应的影响,分配效应仅影响底物浓度分布,故其反应速度可由下式表示:

$$V = V_s\exp\left(\frac{-Z_e\Psi}{kT}\right) \bigg/ \left[K_m + S\exp\left(\frac{-Z_e\Psi}{kT}\right)\right] \tag{8-20}$$

即

$$V = \frac{V_s\exp\left(\frac{-Z_e\Psi}{kT}\right)}{K_m + S\exp\left(\frac{-Z_e\Psi}{kT}\right)} = \frac{V_{s\rho}}{K_m + S_\rho} = \frac{V_s}{K_{m(app)} + S} \tag{8-21}$$

式中: $V_{s\rho}$——分配效应影响下固定化酶的反应速率,mol/(L·s);

S_ρ——分配效应影响下的底物浓度,mol/L;

$K_{m(app)}$——分配效应影响下固定化酶的表观米氏常数。

当载体与底物电荷相同时, $K_{m(app)} > K_m$;当载体与底物电荷相反时, $K_{m(app)} < K_m$;当任何一方电荷为零时, $K_{m(app)} = K_m$。

$$K_{m(app)} = K_m/\rho \tag{8-22}$$

3. 扩散限制效应

与溶液酶不同,固定化酶构成的反应体系都存在底物(或其他效应物)从宏观环境向酶的活性部位运转,产物从催化部位移向宏观体系的问题,即有一个扩散限制的问题。这些传递过程包括被动分子扩散和对流扩散,即在底物和产物传递过程中存在着一个扩散速率限制问题。这种扩散限制效应在扩散效率很低,而酶的催化活力又相当高时特别显著。扩散限制效应可分为外扩散限制效应和内扩散限制效应。存在的扩散限制效应会使固定化酶(细胞)的动力学行为偏离其液态下的动力学行为。下面分别讨论外扩散限制和内扩散限制对酶反应动力学的影响。

1) 外扩散限制的分析及其对酶反应动力学的影响

外扩散发生在固定化酶颗粒周围的处于停滞状态的液膜层。为了集中研究外扩散限制效应,选择液体不能渗透的无带电活性的固定化酶膜或固定化酶颗粒作为模型(图 8-10)。在这样的系统中,反应过程包括三个连续的环节:①底物从宏观体系扩散到达固定化酶的外表面;②底物在固定化酶的外表面上被催化转化为产物;③产物从固定化酶的外表面扩散进入宏观体系。其中①和③为外扩散,是单纯的传质过程,②为催化反应过程。由于存在外扩散阻力,底物将在固定化酶周围形成浓度梯度,液膜层的厚度在一定限度内,它受固定化酶颗粒周围溶液的相对速度的影响,因而外扩散阻力随反应体系搅拌速度的增加而减少。

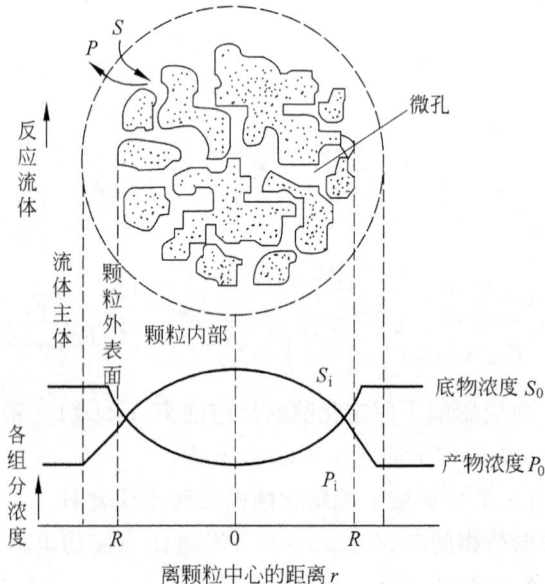

图 8-10　固定化酶载体内及其周围的物质传递及浓度分布(没有分配效应)

假设一不带电的固定化酶颗粒,其外表面上的反应速率符合米氏方程。当催化反应达到稳态时,传质速率与反应速率相等,即

$$k_F(S_0 - S_i) = \frac{V_{max}S_i}{K_m + S_i}$$ (8-23)

式中: k_F——液膜传质系数,m/s;

　　　S_0——底物在液相主体中的浓度,mol/L;

　　　S_i——底物在固定化酶外表面上的浓度,mol/L。

当外扩散传质速率很快,而固定化酶外表面反应速率相对较慢,并成为反应过程速率的限制步骤时,则固定化酶外表面上的底物浓度应等于在液相主体溶液中的浓度,即 $S_i = S_0$,此时催化反应的反应速率为

$$v_{si} = \frac{V_{max}S_0}{K_m + S_0} = v_{s0}$$ (8-24)

式中: v_{si}——实效反应速率,即底物在固定化酶外表面上的消耗速率,mol/(L·s);

　　　v_{s0}——本征反应速率,即没有外扩散影响的本征反应速率,mol/(L·s)。

当固定化酶外表面上的反应速率很快,而外扩散传质速率很慢,此时由于酶得不到足够的底物,外扩散速率就成为反应过程速率的限制步骤,则

$$v_{si} = k_F S_0 = v_d$$ (8-25)

式中: v_d——扩散传质速率。

但是大多数情况是介于上述两种条件之间的,实效反应速率同时受这两种因素的限制。实效反应速率 v_{si}、本征反应速率 v_{s0}、扩散传质速率 v_d 三者与液相主体浓度之间的关系如图 8-11 所示。

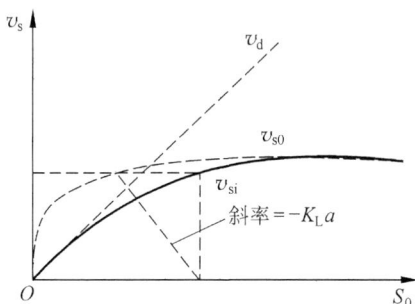

图 8-11　实效反应速率、本征反应速率、扩散传质
速率与液相主体浓度之间的关系

在上述基础上,可采用两种方法求得外扩散限制下的反应速率,即实效反应速率 v_{si}。

(1) 引入无量纲参数。可以引入几个无量纲参数,使得对外扩散限制的研究

更加深入。

$$\bar{S} = \frac{S_i}{S_0} \tag{8-26}$$

$$\bar{K} = \frac{K_m}{S_0} \tag{8-27}$$

$$Da = \frac{V_{max}}{k_F S_0} \tag{8-28}$$

式中：$\bar{S}$——无量纲底物浓度；

$\quad\quad \bar{K}$——无量纲米氏常数；

$\quad\quad Da$——Damköhler 数。

Da 为最大酶促反应速率与最大底物传质速率的比值，Da 可用来表示外扩散限制对酶反应动力学的影响。Da 受底物在主体溶液中的扩散系数 D_s 和液膜层厚度 δ 的影响，D_s 越大，δ 越小，则 Da 越小。当 $Da \ll 1$ 时，固定化酶催化的最大反应速率远远慢于底物的扩散速率，此时，反应过程由反应动力学控制；当 $Da \gg 1$ 时，底物的最大扩散速率远远慢于固定化酶催化底物的反应速率，此时反应过程由扩散传质所控制。

对式(8-23)无量纲化后，可表示为

$$1 - \bar{S} = Da \frac{\bar{S}}{\bar{K} + \bar{S}} \tag{8-29}$$

求解式(8-29)可得

$$\bar{S} = \frac{\alpha}{2} \left[\pm \sqrt{1 + \frac{4\bar{K}}{\alpha^2}} - 1 \right] \tag{8-30}$$

式中：

$$\alpha = Da + \bar{K} - 1 \tag{8-31}$$

当 $\alpha > 0$ 时，式(8-30)取"＋"号；当 $\alpha < 0$ 时，式(8-30)取"－"号。

根据式(8-30)可进一步计算出实效反应速率 v_{si}。

另外，实效反应速率 v_{si} 可通过 k_F 得出，而 k_F 的值可以采用作图法来确定，其值取决于反应系统本身的性质和反应器类型。

（2）引入外扩散实效系数 η。在化学工程中通常采用催化剂的实效系数 η 表示传质的影响程度，外扩散有效因子 η_E 可定义为

$$\eta_E = \frac{\text{有外扩散影响时的实效反应速率}}{\text{无外扩散影响时的反应速率}} = \frac{v_{si}}{v_{s0}} \tag{8-32}$$

由上式可见，η_E 越小，实效反应速率 v_{si} 与本征反应速率 v_{s0} 偏离越大；$\eta_E = 1$，则无偏离。

根据 $\bar{S} = \frac{S_i}{S_0}$，由式(8-23)可得

$$\frac{\overline{S}}{\overline{K} + \overline{S}}(1 + \overline{K}) = \frac{1}{Da}(1 - \overline{S})(1 + \overline{K}) = \frac{\dfrac{V_{\max} S_i}{K_m + S_i}}{\dfrac{V_{\max} S_0}{K_m + S_0}} \tag{8-33}$$

因此,外扩散有效因子 η_E 为

$$\eta_E = \frac{\overline{S}(1 + \overline{K})}{\overline{K} + \overline{S}} \tag{8-34}$$

当 $Da \gg 1$,酶促反应被外扩散传质所控制, $\eta_E = \dfrac{1 + \overline{K}}{Da}$,则实效反应速率为

$$v_{si} = k_F S_0 \tag{8-35}$$

当 $Da \ll 1$,酶促反应被反应动力学所控制, $\eta_E \approx 1$,则实效反应速率为

$$v_{si} = v_{s0} \tag{8-36}$$

【例 8-3】　某酶固定于无微孔的球形载体上,在无外扩散影响的条件下测得其动力学参数为 $V_{\max} = 5 \times 10^{-5}\,\text{mol/(L} \cdot \text{s)}$, $K_m = 2 \times 10^{-5}\,\text{mol/L}$。现将该固定化酶颗粒放置于底物浓度为 $1 \times 10^{-5}\,\text{mol/L}$ 的液相反应器中,进行催化反应,上述操作条件下流体的体积传质系数为 $5 \times 10^{-1}\,\text{s}^{-1}$。

(1) 底物在固定化酶外表面的反应速率;

(2) 该固定化酶的外扩散有效因子。

解:(1)根据式(8-27)、式(8-28)和式(8-31)可分别求得

$$\overline{K} = \frac{K_m}{S_0} = \frac{2 \times 10^{-5}}{1 \times 10^{-5}} = 2$$

$$Da = \frac{V_{\max}}{k_L a S_0} = \frac{5 \times 10^{-5}}{5 \times 10^{-1} \times 1 \times 10^{-5}} = 10$$

$$\alpha = Da + \overline{K} - 1 = 11$$

$\alpha > 0$,因此,根据式(8-30)可得

$$\overline{S} = \frac{\alpha}{2}\left(\sqrt{1 + \frac{4\overline{K}}{\alpha^2}} - 1\right) = \frac{11}{2}\left(\sqrt{1 + \frac{4 \times 2}{11^2}} - 1\right) = 0.18$$

所以,根据式(8-28)可得

$$S_i = S_0 \times \overline{S} = 1 \times 10^{-5} \times 0.18 = 0.18 \times 10^{-5}$$

$$v_{si} = \frac{V_{\max} S_0}{K_m + S_0} = \frac{5 \times 10^{-5} \times 0.18 \times 10^{-5}}{2 \times 10^{-5} + 0.18 \times 10^{-5}} \approx 0.41 \times 10^{-5}\,(\text{mol/(L} \cdot \text{s)})$$

(2)根据式(8-34),外扩散有效因子为

$$\eta_E = \frac{\overline{S}(1 + \overline{K})}{\overline{K} + \overline{S}} = \frac{0.18 \times (1 + 2)}{0.18 + 2} \approx 0.25$$

2)内扩散限制的分析及其对酶反应动力学的影响

对于包埋法或吸附于多孔载体中制备的固定化酶,酶主要分布于载体颗粒空

隙的内部,其催化反应也主要是在载体颗粒内部进行的。此时,颗粒外表面的底物浓度较高,底物分子通过颗粒的空隙扩散至颗粒的内部,并与酶接触发生反应,而产物的扩散路线恰好与之相反,上述过程即为内扩散(图 8-10)。

由于外扩散可以通过增加反应体系搅拌速率予以消除,而内扩散则与固定化酶颗粒内部的物理结构参数和反应物系性质等因素有关,无法予以消除,所以说在某种程度上,内扩散比外扩散对酶反应动力学的影响要突出。

与外扩散效应不同,内扩散过程与酶反应过程是同时进行的,底物在扩散过程中逐渐被消耗,因此距颗粒中心距离越近,底物浓度和酶反应速度越低,而这种变化是非线性的。

基于上述分析,以多孔性球形颗粒为模型,并假设固定化酶颗粒为处于稳态中的均匀颗粒,底物和产物的浓度仅沿 r 方向变化。底物在固定化酶颗粒内的扩散机理可用 Fick 定律来描述:

$$N = -D_e \frac{dS}{dr} \tag{8-37}$$

式中: N ——扩散通量,$mol/(m^2 \cdot s)$;

$\quad D_e$ ——有效扩散系数。

颗粒内 N 方向与 r 方向相反,因此 N 为一负值。

这里我们假设 D_e 为常数,与 r 及 S 无关,且底物的分配系数是 1。在上述假设条件下,对从 r 到 $r+dr$ 进行壳层物料衡算:

$$\left(D_e \frac{dS}{dr} \cdot 4\pi r^2 \bigg|_{r+dr}\right) - \left(D_e \frac{dS}{dr} \cdot 4\pi r^2 \bigg|_r\right) = 4\pi r^2 v_s dr \tag{8-38}$$

设有效扩散系数为常数,则方程(8-38)两边同时除以 $4\pi dr$,可得

$$\frac{D_e \left(r^2 \frac{dS}{dr}\bigg|_{r+dr} - r^2 \frac{dS}{dr}\bigg|_r\right)}{dr} = r^2 v_s \tag{8-39}$$

当 $dr \to 0$ 时,将上式整理可得

$$v_s = D_e \left(\frac{d^2 S}{dr^2} + \frac{2}{r} \frac{dS}{dr}\right) \tag{8-40}$$

引入无量纲参数:

$$\bar{r} = \frac{r}{R}, \quad \bar{S} = \frac{S}{S_0}, \quad \beta = \frac{S_0}{K_m}, \quad \varphi = \frac{R}{3} \sqrt{\frac{V_{max}}{K_m D_e}}$$

其中: β 为饱和参数,是局部反应偏离一级反应的度量。

对于一级动力学方程,$\beta \to 0$,$v_s = \dfrac{V_{max} S}{K_m}$。

ϕ 为无量纲参数,称为梯勒模数(Thiele modulus),它的物理意义为

$$\phi^2 \propto \frac{R^2 V_{\max}}{K_{\mathrm{m}} D_{\mathrm{e}}} = \frac{R^3 \dfrac{V_{\max} S_0}{K_{\mathrm{m}}}}{R^2 D_{\mathrm{e}} \dfrac{S_0}{R}} \tag{8-41}$$

即一级反应速率与内扩散速率的比值。ϕ 值的大小表示了固定化酶中的酶反应速率与内扩散速率的相对大小。ϕ 值越大,表示内扩散速率慢于反应速率,内扩散限制程度较大,大部分底物分子在接近颗粒外表面处就被消耗,颗粒中心的底物浓度趋近于零;反之,ϕ 值越小,内扩散速率快于反应速率,内扩散限制程度较小,底物分子可以扩散进入颗粒中心,底物沿颗粒 r 方向分布较均匀。

对各类反应动力学与固定化酶的形状,ϕ 的定义式为

$$\phi = \frac{V_{\mathrm{p}} v_{\mathrm{s}}}{A_{\mathrm{p}} \sqrt{2}} \left(\int_0^{S_i} D_{\mathrm{e}} v_{\mathrm{s}} \mathrm{d}S \right)^{-1/2} \tag{8-42}$$

式中:V_{p}——固定化酶颗粒体积;

$\quad A_{\mathrm{p}}$——固定化酶颗粒外表面面积;

$\quad v_{\mathrm{s}}$——固定化酶的反应速率;

$\quad D_{\mathrm{e}}$——底物有效扩散速率;

$\quad S_i$——固定化酶颗粒外表面底物浓度。

由 ϕ 的定义可知,颗粒大小对 ϕ 值有显著影响。对于球形颗粒,半径 R 与 ϕ 值呈正比,因此,采用小颗粒的固定化酶可以有助于减少内扩散限制效应。

将质量衡算方程(8-40)无量纲化后可得

$$\frac{\mathrm{d}^2 \overline{S}}{\mathrm{d} \overline{r}^2} + \frac{2}{\overline{r}} \frac{\mathrm{d}\overline{S}}{\mathrm{d}\overline{r}} = 9\phi^2 \overline{S} \tag{8-43}$$

无量纲边界条件为

$$\left. \frac{\mathrm{d}\overline{S}}{\mathrm{d}\overline{r}} \right|_{\overline{r}=0} = 0, \quad \overline{S}\,|_{\overline{r}=1} = 1 \tag{8-44}$$

定义 $\overline{\alpha} = \overline{r}\,\overline{S}$,则方程(8-43)可整理为

$$\frac{\mathrm{d}^2 \overline{\alpha}}{\mathrm{d}\overline{r}^2} = 9\phi^2 \overline{\alpha} \tag{8-45}$$

方程(8-45)的解为

$$\overline{\alpha} = C_1 \cosh(3\phi\,\overline{r}) + C_2 \sinh(3\phi\,\overline{r}) \tag{8-46}$$

或

$$\overline{S} = \frac{1}{\overline{r}} \left[C_1 \cosh(3\phi\,\overline{r}) + C_2 \sinh(3\phi\,\overline{r}) \right] \tag{8-47}$$

式中,C_1、C_2 均为积分常数。

在边界条件 $\left. \dfrac{\mathrm{d}\overline{S}}{\mathrm{d}\overline{r}} \right|_{\overline{r}=0} = 0$ 处,　$C_1 = 0$ \tag{8-48}

在边界条件 $\overline{S}|_{r=1}=1$ 处，　$C_2=\dfrac{1}{\sinh(3\phi)}$ 　　　　　　(8-49)

所以

$$\overline{S}=\frac{\sinh(3\phi\,\overline{r})}{\overline{r}\,\sinh(3\phi)}\tag{8-50}$$

对于零级动力学方程，$\beta\rightarrow\infty$，$v_s=V_{\max}$，且当 $S>0$ 时，$k_0=V_{\max}$；$S<0$ 时，$v_s=0$。质量衡算方程可表示为

$$\frac{\mathrm{d}^2 S}{\mathrm{d}r^2}+\frac{2}{r}\frac{\mathrm{d}S}{\mathrm{d}r}=\frac{k_0}{D_e}\tag{8-51}$$

对于零级动力学方程，其特点是反应速率与底物浓度无关，只有 $S>0$ 时才会发生酶促反应，所以，$S>0$ 时式(8-51)成立。

同样，定义 $\alpha=rS$，则方程(8-51)可整理为

$$\frac{\mathrm{d}^2\alpha}{\mathrm{d}r^2}=\frac{k_0}{D_e}r\tag{8-52}$$

对式(8-52)积分可得

$$\alpha=\frac{k_0}{6D_e}r^3+C_1 r+C_2\tag{8-53}$$

将 $\alpha=rS$ 代入式(8-53)得

$$S=\frac{k_0}{6D_e}r^2+C_1+\frac{C_2}{r}\tag{8-54}$$

在边界条件 $r\rightarrow0$ 处，S 有界，则 $C_2=0$。

在边界条件 $S|_{r=R}=S_0$ 处，$C_1=S_0-\dfrac{k_0}{6D_e}R^2$ 　　　(8-55)

所以

$$S=S_0-\frac{k_0}{6D_e}(R^2-r^2)\tag{8-56}$$

当 $R_c\leqslant r\leqslant R$ 时，上式成立。临界半径 R_c 可用下式计算：

$$\left(\frac{R_c}{R}\right)^2=1-\frac{6D_e S_0}{k_0 R^2}\tag{8-57}$$

式(8-57)有实根的条件为

$$R\sqrt{k_0/6D_e S_0}>1\tag{8-58}$$

当反应仅发生于固定化酶颗粒的外壳部分时，则

$$\eta=1-\left(\frac{R_c}{R}\right)^3=1-\left(1-\frac{6D_e S_0}{k_0 R^2}\right)^{3/2}\tag{8-59}$$

3）内外扩散同时存在时的限制效应

以上讨论的是两种特殊情况下的固定化酶反应动力学。实际上，在固定化酶

催化的反应过程中,内外扩散是同时存在的。下面以一级不可逆反应为例,讨论内外扩散同时存在的限制效应。

定义总有效因子 η_T:

$$\eta_T = \frac{v_{si}}{v_{s0}} \tag{8-60}$$

则内外扩散限制同时存在时的有效因子为

$$\eta_T = \frac{\eta_1}{1 + \eta_1 Da} \tag{8-61}$$

当无内扩散限制效应时, $\eta_1 = 1$, $\eta_T = \dfrac{1}{1+Da}$ $\qquad$ (8-62)

当无外扩散限制效应时, $Da = 0$, $\eta_T = \eta_1$ $\qquad$ (8-63)

8.5　固定化酶(细胞)反应器

生物反应器是利用生物催化剂进行催化反应的容器及其附属设备,是为生物反应提供合适的环境条件,如维持一定的 pH、温度、压力、供氧量等条件,确保生物反应顺利进行的核心装置。生物反应器可应用于游离酶(细胞)反应、固定化酶(细胞)反应、单一的酶反应及增殖细胞内的多酶反应。

依据不同的分类方法可以将生化反应器进行分类。根据反应器的操作方式,可分为间歇(分批)操作、连续操作和半连续操作三种类型;根据反应器的几何构型和结构特征,可分为罐式、塔式、管式及膜式等类型;根据所使用催化剂的类别,可分为酶反应器和细胞反应器。使用酶作为催化剂的反应器称为酶反应器,所使用的酶可以是游离酶也可以是固定化酶。酶反应器中进行的催化反应比较简单,酶在反应过程中本身不发生变化,而细胞反应器中所进行的生化反应则十分复杂,在进行生化反应的同时,细胞本身也在增殖,为了维持细胞的生长代谢及其催化活性,反应器必须密封良好,避免杂菌污染。

8.5.1　酶反应器的操作参数

表示反应器性能的重要操作参数有空时、转化率、生产率、反应率等,当副反应不可忽视时,选择率也是很重要的参数。

1. 反应器的空时 τ

空时又称空间时间,表示反应物在连续操作反应器内停留的时间。定义为反

应器有效容积 V_R 与通过反应器的液体流量 F 之比,用 τ 来表示。

对于 PFR,在某一时刻物料进入反应器,经一定时间后全部流出反应器,空时 (τ)为物料在反应器内的实际停留时间,即

$$\tau = l/u \tag{8-64}$$

式中: l——管长;

u——流速。

对于 CSTR,加入流体,有的在进入反应器后立刻排出,也有的停留时间很长,因此,对于均相的 CSTR 中,空时采用平均停留时间来表示,即

$$\tau = V_R/F \tag{8-65}$$

式中: V_R——反应器有效容积;

F ——通过反应器的底物溶液体积流量。

空时的倒数 $1/\tau$ 称为空速。可见 τ 越小,$1/\tau$ 越大,反应器的效率越高。

2. 转化率 χ

转化率又称为反应率,是表示反应进行的程度,定义为某一反应物(底物)已转化的量占投入反应器的总量之比,用 χ 表示。

对于 BSTR,底物 S 的转化率为

$$\chi = \frac{S_0 - S_t}{S_0} \tag{8-66}$$

式中: S_0——底物的初始浓度;

S_t——反应时间 t 时的底物浓度。

对于 CSTR,底物 S 的转化率为

$$\chi = \frac{S_{in} - S_{out}}{S_{in}} \tag{8-67}$$

式中: S_{in}——流入反应器的底物浓度;

S_{out}——流出液中底物的浓度。

3. 生产率 P_r

反应器的生产率定义为单位时间、单位反应器体积内生产的产物量,用 P_r 来表示。

对于 BSTR,P_r 为

$$P_r = \frac{P_t}{t} = \frac{\chi S_0}{t} \tag{8-68}$$

式中: P_t——t 时单位反应液体积中产物的生成量。

对于 CSTR，P_r 为

$$P_r = \frac{P_{out}}{t} = \frac{\chi S_{in}}{t} \tag{8-69}$$

式中：P_{out}—— 单位体积流出液中的产物量。

4. 选择率 S_{sp}

当反应过程中有副反应发生，除生成目的产物外，还生成其他产物时，通常使用选择率这个概念。选择率定义为实际转化成目的产物的量与全部底物可生成产物的理论量之比，用 S_{sp} 来表示：

$$S_{sp} = \frac{P}{a_{sp}(S_0 - S)} \tag{8-70}$$

式中：a_{sp}—— 1 mol 底物能生成目的产物 P 的理论量(mol)，其数值取决于反应的计量式。

8.5.2　理想的均相酶反应器系统的动力学

目前，在工业上应用的大多数酶都是价格比较便宜的不纯的水解酶。应用游离酶进行催化反应一般可获得较高的产物收率，同时，在工业上有时不得不使用游离酶，如溶液粘度太大，水解反应很难在使用固定化酶的固定床中进行；对于纤维素、果胶、壳质等固体底物，必须将这些底物先粉碎成粉末，再与溶液中的游离酶进行反应。目前游离酶应用还是较为广泛，因此，研究均相酶反应器系统的动力学具有重要意义。

在动力学形式上，可将理想的均相酶反应器分为三种最基本的形式，即间歇搅拌罐反应器(BSTR)、活塞流反应器(PFR)和全混流反应器(CSTR)。

1. 理想的均相酶反应器的操作特性方程

(1) 间歇搅拌罐反应器(BSTR)的操作特性方程

物料衡算式是反应器计算的基本方程式。对间歇反应器，由于反应过程中无物料的加入与排出，流入量和流出量均等于零。在等温等容条件下，应用微分物料衡算方程式和米氏方程进行推导，反应速度为

$$-v_s = -\frac{ds}{dt} = \frac{k_{+2}ES}{V_L(K_m + S)} \tag{8-71}$$

式中：v_s——反应速率，mol/(L·s)；

V_L——反应液体积，L；

K_m——米氏常数，mol/L；

S——底物浓度,mol/L;

t——反应时间,s。

对式(8-71)中反应时间进行积分得

$$\int_0^t \mathrm{d}t = -\frac{V_\mathrm{L}}{k_{+2}E}\int_{S_0}^{S_\mathrm{t}}\left(1+\frac{K_\mathrm{m}}{S}\right)\mathrm{d}s \tag{8-72}$$

$$t = \frac{V_\mathrm{L}}{k_{+2}E}\left[(S_0-S_\mathrm{t})-K_\mathrm{m}\ln\frac{S_\mathrm{t}}{S_0}\right] \tag{8-73}$$

整理得

$$(S_0-S_\mathrm{t})-K_\mathrm{m}\ln\frac{S_\mathrm{t}}{S_0} = \frac{k_{+2}Et}{V_\mathrm{L}} \tag{8-74}$$

若以 χ 表示底物转化率,则有

$$\chi S_0 - K_\mathrm{m}\ln(1-\chi) = \frac{k_{+2}Et}{V_\mathrm{L}} \tag{8-75}$$

(2) 活塞流反应器(PFR)的操作特性方程

PFR 具备以下特点:在正常的连续稳态操作情况下,在反应器的各个截面上,物料浓度不随时间而变化;反应器内轴向各处的浓度彼此不相等,反应速率随空间位置而变化;由于径向有严格均匀的速度分布,即径向不存在浓度分布,故反应速率随空间位置的变化只限于轴向。

基于以上特点,对 PFR 进行物料衡算,沿反应器轴向任意切出长度为 $\mathrm{d}l$ 的一个微元管段作为反应器微元,该微元的体积记为 $\mathrm{d}V=A\mathrm{d}l$,如图 8-12 所示,在该微元内的反应速率不随时间而变,在稳定状态下,进行物料衡算。

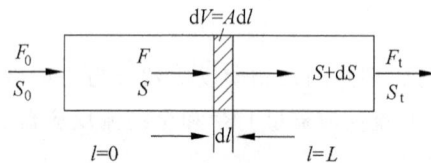

图 8-12   活塞流式反应器物料衡算示意图

流入量(FS)=流出量$[(F+\mathrm{d}F)(S+\mathrm{d}S)]$+反应量$(v_\mathrm{s}\mathrm{d}V)$+积累量$(0)$

$\mathrm{d}F=0, F_0=F=F_\mathrm{t}$,所以

$$-F\mathrm{d}S = v_\mathrm{s}\mathrm{d}V \tag{8-76}$$

以边界条件 $l=0, S=S_0$ 进行积分,得

$$\ln\frac{S_0}{S} = k\frac{AL}{F} = k\tau \tag{8-77}$$

式中:F——以体积计的物料进料流速,m^3/s;

A——反应器横截面积,m^2;

L——反应器长度,m;

k——一级反应速率常数。

所以,物料在反应器中的停留时间 τ 为

$$\tau = \frac{V}{F} = \frac{LA}{F} \tag{8-78}$$

对于其他各级反应可以得到一般的关系式:

$$\tau = -\int_{S_0}^{S_t} \frac{\mathrm{d}S}{v_s} \tag{8-79}$$

将米氏方程代入上式,得

$$\chi S_0 - K_m \ln(1-\chi) = \frac{k_{+2}E}{F} = \frac{k_{+2}E\tau}{V} \tag{8-80}$$

可见 BSTR 和 PFR 的动力学方程式相同。

（3）全混流反应器(CSTR)的操作特性方程

稳定状态下,CSTR 型反应器内各处的浓度和温度均不随空间位置和时间而变化,反应器内各处的反应速率相等,所以可对底物 S 进行整个反应器的物料衡算(图 8-13)。

流入量(FS_0)＝流出量(FS_t)＋反应量$[v_sV]$＋积累量(0)

$$F(S_0 - S_t) = v_s V \tag{8-81}$$

整理得

$$\tau = \frac{S_0 - S_t}{v_s} \tag{8-82}$$

将米氏方程代入上式,得

$$\tau = \frac{S_0 - S_t}{v_s} = \frac{(S_0 - S)(K_m + S)}{v_{max}S} \tag{8-83}$$

整理得

$$\chi S_0 + K_m \frac{\chi}{1-\chi} = \frac{k_{+2}E}{F} = \frac{k_{+2}E\tau}{V} \tag{8-84}$$

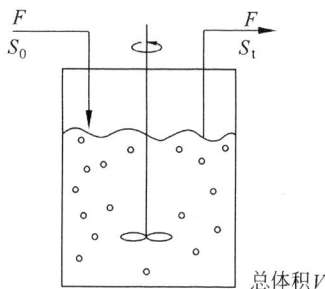

图 8-13 CSTR 物料衡算示意图

2. CSTR 和 PFR 效率的比较

对于给定的反应器,在工程上要求在最短的操作时间内,用最少量的(固定化)酶,达到最大的产物生成量、最高的底物转化率,以使生产成本最低。这些条件一般称为反应器效率,下面比较 CSTR 和 PFR 的效率。

（1）反应器的生产时间比较

为了方便比较,把 CSTR 和 PFR 的操作方程改写为

CSTR:

$$\frac{S_0}{K_m}\chi + \frac{\chi}{1-\chi} = \frac{k_{+2}E}{K_m} \frac{1}{F} \tag{8-85}$$

PFR：
$$\frac{S_0}{K_m}\chi - \ln(1-\chi) = \frac{k_{+2}E}{K_m}\frac{1}{F} \tag{8-86}$$

在不同的 S_0/K_m 下，以底物转化率 χ 对 $F(F \propto 1/\tau)$ 作图，如图 8-14 所示[23]。

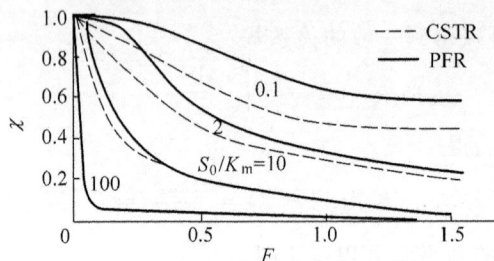

图 8-14　等 S_0/K_m 下 χ 与 F 之间的关系

（$S_0/K_m = 100$，两条曲线重合）

实际操作中 χ 应在 80% 以上，χ 在此范围内时，PFR 和 CSTR 在一定的 S_0/K_m 下，达到同样的 χ 时 F 值差别很大，而且 S_0/K_m 越小，差别越显著。相同转化率 χ 时，PFR 的 F 大于 CSTR 的 F，则 PFR 的 τ 小于 CSTR 的 τ。

（2）反应器需酶量的比较

将 CSTR 与 PFR 需酶量进行比较：

$$\frac{E_{CSTR}}{E_{PFR}} = \frac{\dfrac{S_0}{K_m}\chi + \dfrac{\chi}{1+\chi}}{\dfrac{S_0}{K_m}\chi - \ln(1-\chi)} \tag{8-87}$$

在等 S_0/K_m 值下，以反应器需酶量之比对 χ 作图，如图 8-15 所示[24]。可见，χ 越高，S_0/K_m 越小，E_{CSTR}/E_{PFR} 越大，也就是需酶量差别越大。

当 $\chi = 0.95$，$S_0/K_m = 1$ 时，CSTR 所需酶量为 PFR 的 5.2 倍。

在给定的反应体系下，反应器中的装酶量为定值，达到一定 χ 下反应器所需酶量越少，反应器的反应容量能力也就越大。可见 PFR 的能力比 CSTR 的大得多。

（3）反应器中产物浓度的比较

对于产物浓度 P，有

$$P = Y_{P/S}(S_0 - S) = Y_{P/S}\chi S_0 \tag{8-88}$$

在一定的 $Y_{P/S}$ 下，反应器出口处的 P 正比于 χ，所以有关 χ 的讨论可直接用于 P。

图 8-16 绘出 CSTR 与 PFR 中的底物浓度分布。由图 8-16 可见，在 PFR 中，虽然出口端浓度较低，但在进口端，底物浓度较高，CSTR 中底物总处于低浓度范围。如果酶促反应速率与底物浓度成正比，那么，对 CSTR 而言，由于整个反应器处于低反应速率条件下，所以其生产能力也较低。

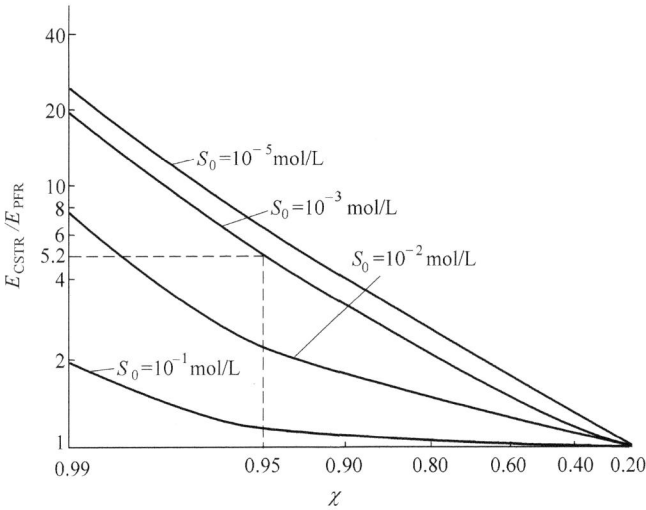

图 8-15 等 S_0/K_m 下 E_{CSTR}/E_{PFR} 与 χ 的关系
($K_m = 10^{-3}$ mol/L)

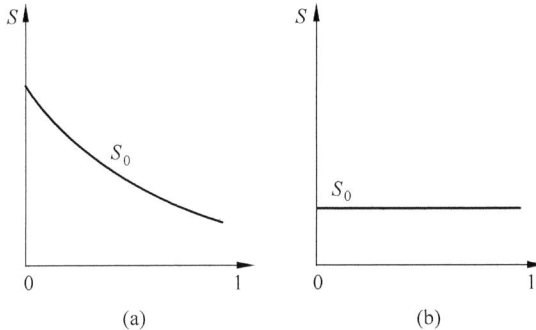

图 8-16 反应器中的浓度分布
(a) PFR；(b) CSTR

一般地说,考虑到酶的成本、底物的价格、转化率等因素,PFR 优于 CSTR。但是,如果将多个 CSTR 串联时,CSTR 的弱点可以得到改善和克服。

【例 8-4】 采用固定化蔗糖酶进行蔗糖→葡萄糖+果糖的连续反应,反应符合米氏方程,已知 $V_{max} = 6 \times 10^{-4}$ mol/(m³·s),$K = 1$ mol/m³,忽略外扩散阻力的影响,即固定化酶颗粒外表面的底物浓度与反应液主体中底物浓度一致,固定化酶颗粒直径 $d_p = 4 \times 10^{-3}$ m,反应器直径 $T = 2.5$m,空隙率 $\varepsilon = 0.5$,反应器入口底物浓度 $S_{in} = 1 \times 10^3$ mol/m³,底物流量 $F = 1 \times 10^{-5}$ m³/s,扩散系数 $D_e = 1 \times 10^{-10}$ m³/s,转化率 $\chi = 95\%$,求以下两种情况反应器体积 V:(1)CSTR 固定化酶反应器;

(2)PFR 固定化酶反应器。

解： $S_{\text{out}} = S_{\text{in}}(1-\chi) = 1 \times 10^3(1-0.95) = 50 \ (\text{mol/m}^3)$

则进口与出口底物的对数平均浓度 $\bar{S}$ 为

$$\bar{S} = \frac{S_{\text{in}} - S_{\text{out}}}{\ln \dfrac{S_{\text{in}}}{S_{\text{out}}}} = \frac{1000-50}{\ln \dfrac{1000}{50}} = 317 \ (\text{mol/m}^3)$$

$S_{\text{in}} \gg K_{\text{m}}$，$S_{\text{out}} \gg K_{\text{m}}$，所以反应可视为零级反应处理（$v_s = V_{\text{max}}$）。因此，将 $v_s = \dfrac{V_{\text{max}} S_0}{K_{\text{m}} + S_0} = v_{s0}$ 代入式(8-42)积分，整理得

$$\phi = \frac{V_{\text{p}}}{A_{\text{p}}} = \frac{\left(\dfrac{V_{\text{max}} S_{\text{i}}}{K_{\text{m}} + S_{\text{i}}}\right)^{1/2}}{\left\{2D_{\text{e}}(K_{\text{m}}+S_{\text{i}})\left[\dfrac{1-K_{\text{m}}}{S_{\text{i}}\ln\left(\dfrac{1+S_{\text{i}}}{K_{\text{m}}}\right)}\right]\right\}^{1/2}}$$

由于 $S_{\text{i}} \gg K_{\text{m}}$，上式可变形为

$$\phi = \frac{d_{\text{p}}}{6}\left(\frac{V_{\text{max}}}{2D_{\text{e}} S_{\text{i}}}\right)^{1/2}$$

由于忽略外扩散阻力的影响，因此，$S_{\text{i}} = \bar{S}$，则

$$\phi = \frac{4 \times 10^{-3}}{6}\left(\frac{6 \times 10^{-4}}{2 \times 1 \times 10^{-10} \times 317}\right)^{1/2} = 0.065$$

此时，$\phi \leqslant 0.33\sqrt{3}$，内扩散有效因子 $\eta_{\text{i}} = 1$，所以内扩散阻力可以忽略不计。

(1) CSTR 固定化酶反应器体积

对于 CSTR 固定化酶反应器，稳态条件下底物衡算式为

$$FS_{\text{in}} - FS_{\text{out}} = \eta_{\text{i}} v_s V'$$

由于酶促反应发生于固定化酶颗粒内，因此

$$V' = (1-\varepsilon)V$$

由上式可得

$$V = \frac{F(S_{\text{in}} - S_{\text{out}})}{(1-\varepsilon)\eta v_s}$$

将米氏方程代入上式可得

$$V = \frac{F(S_{\text{in}} - S_{\text{out}})(K_{\text{m}} + S_{\text{out}})}{(1-\varepsilon)\eta V_{\text{max}} S_{\text{out}}}$$

$$= \frac{1 \times 10^{-5} \times (1000-50) \times (1+50)}{(1-0.5) \times 1 \times 6 \times 10^{-4} \times 50} = 32.3 \ (\text{m}^3)$$

(2) PFR 固定化酶反应器体积

在 PFR 固定化酶反应器中取长度为 ΔL，体积为 $\Delta V'$ 的任一微元体积

(图 8-17)进行物料衡算:

$$FS - F(S + \Delta S) = \eta_i \, v_s \Delta V'$$

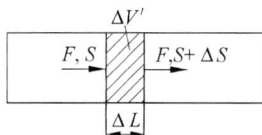

图 8-17 PFR 固定化酶反应器物料衡算示意图

由于酶促反应在颗粒内进行,因此,实际体积应为

$$\Delta V' = A\Delta L(1 - \varepsilon)$$

由于底物在颗粒间的空隙内(εA)流动,所以体积流量 F 与底物流动线速度 u 的关系如下

$$F = u\varepsilon A$$

将上述两式代入到物料衡算式中,得

$$u\varepsilon \frac{\mathrm{d}S}{\mathrm{d}L} = \eta v_s (1 - \varepsilon)$$

将上式积分可得

$$\int_0^L \mathrm{d}L = \frac{\varepsilon u}{1 - \varepsilon} \int_{S_{in}}^{S_{out}} \frac{1}{\eta v_s} \mathrm{d}S$$

将米氏方程代入上式,积分得反应器长度 L 为

$$L = -\frac{\varepsilon u}{(1 - \varepsilon)\eta V_{max}} \left[K_m \ln \frac{S_{out}}{S_{in}} + (S_{out} - S_{in}) \right]$$

$$u = \frac{F}{\varepsilon A} = \frac{1 \times 10^{-5}}{0.5 \times \frac{\pi}{4} \times 2.5^2} = 4.07 \times 10^{-6} (\mathrm{m/s})$$

将 u 值代入反应器长度计算式,可得

$$L = -\frac{0.5 \times 4.07 \times 10^{-6}}{(1 - 0.5) \times 1 \times 6 \times 10^{-4}} \times \left[1 \times \ln \frac{50}{1000} + (50 - 1000) \right]$$

$$= 6.46 (\mathrm{m})$$

所以,反应器体积 V 为

$$V = AL = \frac{\pi}{4} \times 2.5^2 \times 6.46 = 31.7 (\mathrm{m}^3)$$

8.5.3 存在抑制剂时酶反应器的特性

在实际酶反应中,由于受到抑制剂的影响,酶反应动力学行为有可能偏离理想状况下的动力学。抑制剂可能是底物(底物抑制)、产物(产物抑制)或反应体系中

的其他一些微量的底物结构类似物。此时反应器中的动力学行为将与理想的均相酶反应器系统的动力学不同。

1. 底物抑制

受底物抑制的酶促反应动力学方程为

$$-\frac{dS}{dt} = \frac{V_m S}{S + K_m + S^2/K_s} \tag{8-89}$$

式中：K_s——底物抑制动力学常数，mol/L。

对于受底物抑制的情况，可推导出理想酶反应器的动力学方程式。

PFR：

$$\chi S_0 - K_m \ln(1-\chi) + \frac{S_0^2}{2K_s}(2\chi - \chi^2) = \frac{k_{+2}E}{F} \tag{8-90}$$

CSTR：

$$\chi S_0 + K_m \frac{\chi}{1-\chi} + \frac{S_0^2}{K_s}(\chi - \chi^2) = \frac{k_{+2}E}{F} \tag{8-91}$$

在一定 K_s/K_m 下，CSTR 和 PFR 在底物抑制下的底物转化率 χ 与流速 F 之间的关系，如图 8-18 所示[25]。

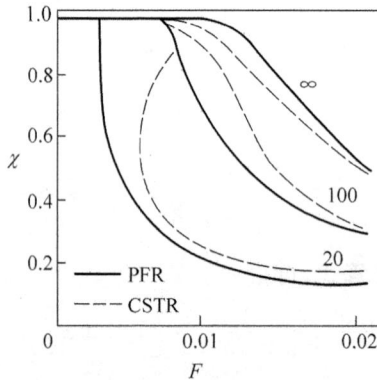

图 8-18   底物抑制影响下，$S_0/K_m = 100$，

不同 K_s/K_m 时 χ 与 F 的关系

可见，当存在底物抑制时，要获得相同的底物转化率 χ，PFR 的流速 F 比 CSTR 的小，即在 PFR 中的反应时间比 CSTR 大为延长。也就是说，底物抑制在 PFR 中产生的影响比在 CSTR 中的强烈，底物转化率降低较大。

从两种反应器的流体混合形式上可知，底物在加入 CSTR 后浓度迅速减少到流出液中的浓度，所以受底物抑制的影响较小；而 PFR 除反应器出口处外，其余的反应部位底物浓度较高，故 PFR 受底物抑制的影响要比 CSTR 的大一些。

为了减少底物抑制的作用,对间歇反应器可采用连续式或间断式加进底物的方法;对于 PFR 可在反应器轴向长度上的若干位置分段加进底物;而对 CSTR 可采用几台较小反应器串联,分别对各反应器连续加进物料的方法。

2. 产物抑制

产物抑制有两种最简单的形式,即竞争性抑制与非竞争性抑制。下面就这两种基本产物抑制形式对反应器动力学的影响进行讨论。

(1) 竞争性抑制的酶反应动力学方程为

$$-\frac{dS}{dt}=\frac{V_{max}S}{S+K_m(1+P/K_{ip})} \tag{8-92}$$

式中：P ——抑制剂(产物)浓度,mol/L;

K_{ip}——产物抑制常数,mol/L。

由式(8-92)可推导出理想反应器的动力学方程：

PFR：

$$\chi S_0\left(1-\frac{K_m}{K_{ip}}\right)-\left(1+\frac{S_0}{K_{ip}}\right)K_m\ln(1-\chi)=\frac{k_{+2}E}{F} \tag{8-93}$$

CSTR：

$$\chi S_0+K_m\frac{\chi}{1-\chi}+\frac{K_m}{K_{ip}}\frac{\chi^2 S_0}{1-\chi}=\frac{k_{+2}E}{F} \tag{8-94}$$

(2) 非竞争性抑制的酶反应动力学方程为

$$-\frac{dS}{dt}=\frac{V_{max}S}{(1+P/K_{ip})(S+K_m)} \tag{8-95}$$

同样,也可推导出理想反应器的动力学方程：

PFR：

$$\chi S_0\left(1+\frac{S_0}{K'_{ip}}-\frac{K_m}{K'_{ip}}\right)-S_0^2\frac{2\chi-\chi^2}{2K'_{ip}}-\left(1+\frac{S_0}{K'_{ip}}\right)K_m\ln(1-\chi)=\frac{k_{+2}E}{F} \tag{8-96}$$

CSTR：

$$\chi S_0+K_m\frac{\chi}{1-\chi}+\frac{\chi^2 S_0^2}{K'_{ip}}\left[1+\frac{K_m}{S_0(1-\chi)}\right]=\frac{k_{+2}E}{F} \tag{8-97}$$

非竞争性抑制比竞争性抑制对反应具有更大的影响。在间歇反应器中,当 $S_0/K_m=10$,在不同的 K_{ip}/K_m 下发生竞争性及非竞争性产物抑制时,转化率 χ 随反应时间 t 的变化如图 8-19 所示[28]。

由图可知,当 S_0/K_m 值很小时,产物抑制并不很严重,但当 S_0/K_{ip} 及 χ 增高时,抑制就趋于严重,对反应的不利影响越大。在非竞争性抑制下 PFR 具有与

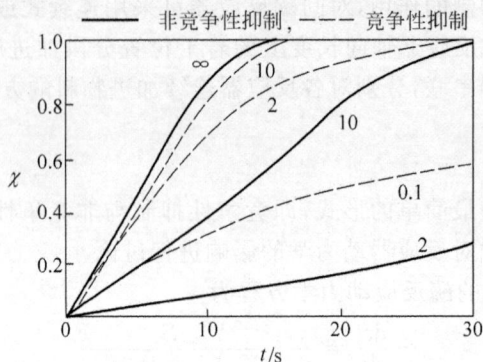

图 8-19   间歇反应器中，$S_0/K_m=10$，不同 K_{ip}/K_m 时，χ 与 t 的关系

BSTR 相同的影响。对 CSTR 而言，由于整个反应器内的产物浓度与出口产物浓度相同，因此非竞争性抑制对其影响更大。在 CSTR 中，由于其产物浓度比 PFR 中的高，故产物抑制给 CSTR 带来的影响较 PFR 要大，反应器效率会更差。

8.5.4   固定化酶反应器动力学

根据反应器结构的不同可以将固定化酶反应器分为搅拌罐式反应器、固定床反应器、流化床反应器、膜反应器等类型。理想的固定化酶反应器应符合以下要求：固定化酶在反应器内分布均匀；对于 PFR，轴向湍流的扩散和径向浓度梯度可以忽略不计；对于 CSTR，反应器内流体混合充分，停留时间分布可用平均停留时间表示；相关反应器参数应保持恒定。

1. 搅拌罐固定化酶反应器操作特性方程

（1）间歇式搅拌罐固定化酶反应器

对间歇式搅拌罐反应器内底物做物料衡算，可得

$$\eta(1-\varepsilon)Vv_s + \varepsilon V\frac{\mathrm{d}S}{\mathrm{d}t} = 0 \tag{8-98}$$

式中：η——固定化酶颗粒有效因子；

V——反应器有效容积；

v_s——固定化酶颗粒内的底物浓度等于主体溶液底物浓度时的反应速率，即单位体积固定化酶颗粒，单位时间的底物消耗量；

ε——空隙率，等于液体体积除以液固总体积。

将式(8-98)积分可得设计方程

$$t = -\frac{\varepsilon}{1-\varepsilon}\int_{S_0}^{S_t}\frac{\mathrm{d}S}{\eta v_s} \tag{8-99}$$

若反应控制，$\eta=1$，且酶反应的本征动力学方程符合米氏方程，则式(8-99)可以求解。这样可以获得转化率与所需反应时间的方程：

$$S_0 \chi - K_m \ln(1-\chi) = \frac{1-\varepsilon}{\varepsilon}k_{+2}E_0 t \tag{8-100}$$

（2）连续式搅拌罐固定化酶反应器

假设连续式搅拌罐固定化酶反应器内混合充分，在稳态下，对反应器内全部自由溶液进行物料衡算可得

$$FS_{in} = FS_{out} + \eta(1-\varepsilon)V v_s \tag{8-101}$$

式中：F——通过反应器的底物溶液体积流量。

将 τ 和 χ 的定义式，即 $\chi = \dfrac{S_{in}-S_{out}}{S_{in}}$ 代入式(8-101)，整理可得

$$\tau = \frac{S_{in}\chi}{(1-\varepsilon)\eta v_s} \tag{8-102}$$

上式中 τ 与实际停留时间有所差别，由于固定化酶颗粒的存在，实际停留时间应为 $\varepsilon V_R/F$。

若反应控制，$\eta=1$，且酶反应的本征动力学方程符合米氏方程，则式(8-102)可整理为

$$S_{in}\chi + K_m\frac{\chi}{1-\chi} = \frac{1-\varepsilon}{\varepsilon}k_{+2}E_0\tau \tag{8-103}$$

若存在底物或产物抑制，可将相应的 v_s 代入式(8-102)，即可得到相应的方程。

2. 固定床固定化酶反应器操作特性方程

对于固定床内颗粒与流体的传质系数 k_F，在化学工程中已经进行了广泛研究。在固定化酶的固定床反应器中，由于酶催化反应的速率要比一般化学催化剂反应速率低。为达到要求的转化率，就要求固定床中的流量较低，因此，表征流动特征的雷诺数 Re 处于较小范围。传质系数 k_F 采用 Wilson-Geankoplis 关联式为宜：

$$\left.\begin{array}{l}\varepsilon\left(\dfrac{k_F}{u_f}\right)\left(\dfrac{u_L}{\rho_L D}\right)^{2/3} = 1.09Re^{-2/3}\\[2mm]0.0016 < Re < 55\end{array}\right\} \tag{8-104}$$

式中：k_F——传质系数；

　　　u_f——液泛速度；

u_L——反应液流速；

D——扩散系数；

ρ_L——液相密度。

固定床的填充层由流动相和固定相即填料相构成。固定床可近似为活塞流反应器，但实际流动状态却很复杂，二者有一定偏差。实际应用的固定床反应器内，流动相会随着自上而下流动的底物和产物浓度不同，使分子扩散和涡流扩散在轴向和径向叠加而产生混合扩散。由混合扩散引起的物质传递与浓度梯度成正比，这个比例常数称为混合扩散系数，用 D_z 表示。D_z 表示装置内非理想状态混合特性的模型，称为扩散模型。

在稳态操作条件下，假设固定床反应器内径向的混合扩散可以忽略不计（对于等温反应，当塔径/催化剂颗粒直径>30 时，大致可满足上述条件），对图 8-20 所示的微元体进行物料衡算。

$$D_z \frac{\mathrm{d}^2 S}{\mathrm{d}z^2} - u \frac{\mathrm{d}S}{\mathrm{d}z} - \frac{1-\varepsilon}{\varepsilon}\eta v_s = 0 \qquad (8\text{-}105)$$

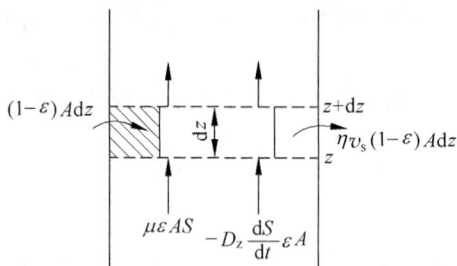

图 8-20   固定床反应器中高度为 dz 的微元床层示意图

式(8-105)的边界条件为

反应器入口处，$Z=0$ 时，$-D_z \dfrac{\mathrm{d}S}{\mathrm{d}z} = u_f(S_{in} - S|_{z=0})$ \qquad (8-106)

反应器出口处，$Z=L$ 时，$\dfrac{\mathrm{d}S}{\mathrm{d}z} = 0$ \qquad (8-107)

式(8-106)、式(8-107)所示的边界条件称为 Dankwarts 边界条件，表示由于轴向返混，反应器入口处底物浓度 $S|_{z=0}$ 小于料液中底物浓度 S_{in}。

若取无量纲参数 $\overline{S}=S/S_{in}$，$\overline{Z}=Z/d_p$，将式(8-105)无量纲化可得

$$\frac{1}{Pe} \frac{\mathrm{d}^2\overline{S}}{\mathrm{d}^2 z} - \frac{\mathrm{d}\overline{S}}{\mathrm{d}z} - \frac{(1-\varepsilon)\eta v_s d_p}{\varepsilon S_{in} u_f} = 0 \qquad (8\text{-}108)$$

式中：Pe 为贝克来数，$Pe = u_f d_p / D_z$。当 $Pe \to \infty$ 时，反应器趋于 PFR；当 $Pe \to 0$ 时，轴向扩散趋于无穷，反应器趋于 CSTR。

固定床固定化酶反应器在低 Pe 范围内时，$Pe \approx 0.6 \sim 1.3$。

若固定床反应器可视为 PFR 时，即无轴向返混，式(8-105)可简化为

$$u_f \frac{\mathrm{d}S}{\mathrm{d}z} + \frac{1-\varepsilon}{\varepsilon} \eta v_s = 0 \qquad (8\text{-}109)$$

边界条件为　　　$Z=0$ 时，$S=S_{in}$ 　　　　　　　　　(8-110)

　　　　　　　　$Z=L$ 时，$S=S_{out}$ 　　　　　　　　(8-111)

由于 $\varepsilon u_f = u/A$，式(8-109)积分得

$$t = -\frac{1}{1-\varepsilon} \int_{S_{in}}^{S_{out}} \frac{\mathrm{d}S}{\eta v_s} \qquad (8\text{-}112)$$

若反应控制，$\eta=1$，且酶反应的本征动力学方程符合米氏方程，则式(8-112)积分后整理可得

$$S_{in} \chi + K_m \ln(1-\chi) = (1-\varepsilon) k_{+2} E_0 t \qquad (8\text{-}113)$$

若存在底物或产物抑制时，可将相应的 v_s 分别代入式(8-112)，积分就可以得到相应的方程。

8.5.5　固定化酶反应器的选择

1. 固定化酶反应器的类型

根据反应器结构的不同可以将固定化酶反应器分为搅拌罐式反应器、固定床反应器、流化床反应器、膜反应器等类型。

(1) 搅拌罐式反应器(stirred tank reactor, STR)

搅拌罐式反应器(图 8-21)具有如下优点：结构简单；温度和 pH 容易控制；能处理胶状和非水溶性底物；催化剂更换方便；连续搅拌罐反应器内底物浓度低，有利于底物抑制型酶反应的进行。但是对于凝胶固定化酶，搅拌浆叶片容易打碎凝胶颗粒。

根据操作方式的不同，搅拌罐式反应器可分为间歇搅拌罐式反应器(batch stirred tank reactor, BSTR)和连续搅拌罐式反应器(continuous stirred tank reactor, CSTR)两大类。

BSTR 常用于小规模实验研究中，可用于溶液酶反应。操作时将酶与底物一次性投入到反应器内，待达到规定的转化率后再将反应液全部取出。这种情况下，一般难回收溶液酶。固定化酶用于间歇搅拌罐式反应器时，每批反应完成之后，通过过滤或离心分离从反应液中分离出固定化酶颗粒，以便反复使用，这种操作方式称为反复分批操作。但反复地循环回收使用，固定化酶失活比较快，并且存在反应

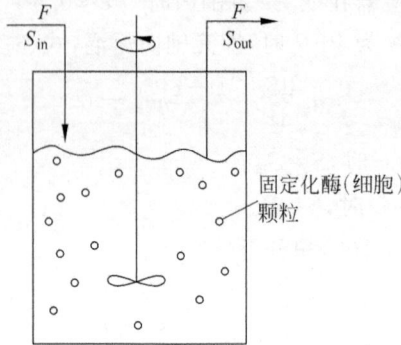

图 8-21　搅拌罐式固定化酶反应器

器的利用效率较低,对固定化酶结构会造成破坏的问题,所以 BSTR 在工业上很少应用于固定化酶。

CSTR 在操作时,通常将固定化酶与底物溶液置于反应器内,搅拌至反应平衡后连续地加入底物,同时以一定流速使反应液从出口流出,一般在出口处安装筛网或其他过滤介质,以避免固定化酶颗粒的损失。也可以将载有酶的聚合物圆片固定在搅拌轴上,或者放置在与搅拌轴一起转动的金属网筐内,这样,既能保证反应液搅拌均匀,又减轻了对固定化酶颗粒的破坏。

CSTR 适用于固定化酶的催化反应,其优点是:①固定化酶和底物混合较好;②结构简单,操作方便;③适用于黏性或不溶性底物的转化;④在受底物抑制时也可获得较高的转化率;⑤反应过程中调节 pH、供氧、中途补再生用的固定化酶和特殊底物等都很方便。缺点是由于搅拌桨产生的剪切力较大,易打碎固定化酶颗粒。

(2) 固定床反应器

固定床反应器(packed bed reactor, PBR)是工业生产及研究中应用最为普遍的反应器,是一种适用于固定化酶催化反应的,高效的反应器(图 8-22)。固定化酶通常可以各种形态,如球状、碎片、碟形、薄片等填充在反应器内,制成稳定的柱床,以一定的速度通入底物溶液,催化反应完成时,收集流出的反应液。在 PBR 内流体的流动型态接近于活塞流型。

PBR 的优点是:单位反应器容积的固定化酶颗粒装填密度高;构造简单,因而容易使工程规模放大;剪切力小,故适用于容易磨损的固定化生物催化剂;反应器内流动状态近似于活塞流。

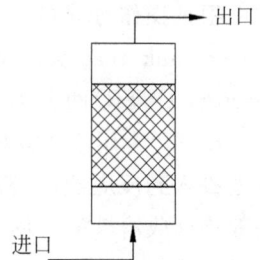

图 8-22　固定床反应器

　　固定床反应器具有以下缺点:传质传热系数相对较低;当反应液粘度较大或含有固体颗粒时,不宜采用 PBR;在 PBR 底层的固定化酶颗粒所受压力较大,容易使固定化酶颗粒破坏,可在 PBR 中间加装托板分隔床层来减少底层的固定化酶颗粒所受压力;固定床内压力降较大,必须加压供给底物溶液;更换部分催化剂较麻烦。多数情况下,采用阶式固定床,即把填充层分成几段,再将各段连接起来使用,按照各段使用时间的长短即酶失活程度的顺序,依次更换时间最长一段中的催化剂。

　　(3) 流化床反应器

　　流化床反应器(fluidized bed reactor,FBR)操作时,底物溶液以足够大的流速向上通过固定化酶床层时,使固定化酶颗粒处于流化状态(图 8-23)。这种反应器内反应液的混合程度介于 CSTR 的全混流型和 PBR 的活塞流型之间。FBR 的优点是:混合均匀,传热及传质性能好;可用于处理黏性大和含有固体颗粒的反应液;也可用于需要供气和排放气体的反应(即固、液、气三相反应);较容易调节温度和 pH。

　　但是 FBR 也有一些缺点:FBR 中混合均匀,故不适合于有产物抑制的反应;固定化酶颗粒流态化要求流体流速必须提高到一定程度,而流动速度过高,会导致催化反应不完全,在不能获得足够高的反应转化率时,必须在满足流态化的流速范围内,将部分反应液再循环;高流速增加了运转成本,工程规模放大也困难。

　　(4) 膜反应器

　　膜反应器(membrane reactor, MR)是将酶的催化反应与半透膜的分离作用组合在一起的反应器。MR 的优点是:不需要进行特别处理,即可将酶"固定化";反应液连续排出,因此适用于有产物抑制作用的催化反应;多数情况下,无须对酶进行任何化学修饰,能以游离状态使用,因而没有像固定化酶那样在底物接近酶时的位阻效应。缺点是:对于不稳定的酶,必须采取添加稳定剂等稳定化措施;有时膜会因污染或微孔堵塞而功能下降,为此,必须有一套可靠有效的清洗手段,如反冲清洗等;成本较高,导致工程规模放大费用增高。

　　膜可根据其分离的粒子大小进行分类,即按膜的孔径由小到大依次分为:反渗透膜、纳滤膜、超滤膜、微滤膜及普通过滤膜。膜可制成螺旋状、中空纤维状、管状、毛细管状、平板状等形式的膜组件。选取用于膜反应器的膜形状时,必须从便于清洗以防止微生物污染,以及膜孔不易堵塞等角度考虑。

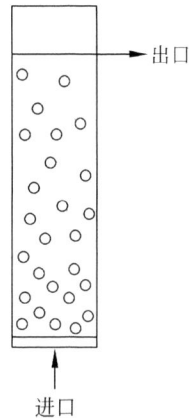

图 8-23　流化床反应器

2. 固定化酶反应器的选择

可用于固定化酶或固定化细胞反应的反应器型式很多,选择反应器需要考虑多方面的因素:①固定化酶的形状和尺寸;②固定化酶的机械强度和密度;③反应操作的要求;④杂菌污染的解决方法;⑤反应速率方程类型;⑥底物(溶液)的性质;⑦催化剂的再生,新催化剂更换的难易;⑧反应器内装液量和固定化酶表面积比;⑨物质传递特性;⑩反应器制作和运行成本。

(1) 固定化酶的形状

固定化酶的形状有颗粒状、膜状及纤维状三种,其中颗粒状比表面积大,故应用最普遍。根据催化剂的形状,可大致确定反应器型式。颗粒催化剂宜采用搅拌罐、固定床、流化床和鼓泡塔反应器。若固定化酶颗粒微小,如使用固定床反应器,则压头损失过大且流量小,因此宜采用流化床反应器。对膜状催化剂,可选用螺旋卷式、转盘式、平板式及中空纤维式等膜式反应器。

(2) 固定化酶的机械强度和密度

固定化酶的机械强度越大越好。凝胶包埋法和微胶囊法制备的固定化酶的机械强度要比以纯粹固体作载体的催化剂差得多,如果采用搅拌罐反应器,催化剂颗粒易被搅拌浆叶片的剪切力损坏。采用凝胶粒子填充固定床反应器时,若塔身过高,因为凝胶本身的重量会引起颗粒压紧或变形,使得压头损失增大,为了避免这种情况,可在反应器中加多孔托板等进行分隔,以减少固定化酶所承受的压力。采用流化床式反应器时,固定化酶颗粒不能太大,密度要与反应液的密度相当,并具有较高的强度。当催化过程需要气体参与时,则采用鼓泡式反应器较为适宜。

(3) 反应操作的要求

固定化酶反应的反应液通常包括一些有机化合物,故在长时间连续操作过程中始终有被微生物污染的可能,反应器在结构上必须便于清洗。为了能在尽量高的温度下操作,应尽可能选用耐热性强的酶。因固定化酶要失活,反应器在构造上应便于催化剂再生、补充和更换。有的酶反应需要调节 pH,有的需要供应氧气,有的需要间断地加入或补充底物,对于这些操作,CSTR 均可以满足要求。

(4) 底物的性质

底物的性质是影响反应器选择的重要因素。可溶性底物适用于所有的反应器;难溶底物或者底物溶液黏度较大,易堵塞柱床,可选用流化床反应器;对于颗粒状底物,可通过提高 CSTR 的搅拌速度使颗粒状底物和固定化酶在溶液中呈悬浮状态,故颗粒状底物溶液可适用于 CSTR。但是,搅拌速度过高易打碎固定化酶,因此,应适当控制搅拌速度。

另外,反应动力学方程的类型、反应器制作和运行成本等也都是选择固定化酶反应器的重要因素。

习　　题

8-1　什么是固定化酶(细胞)? 与游离酶相比固定化酶(细胞)具有哪些优越性?

8-2　常用的制备固定化酶(细胞)的方法有哪些? 简述其优缺点及适用范围。

8-3　简述酶经固定化后其稳定性增加的原因。

8-4　制备固定化酶(细胞)的基本原则是什么?

8-5　酶经固定化后,导致其性质发生变化的原因有哪些?

8-6　某酶催化反应的 K_m 值为 6.7×10^{-4} mol/L,底物浓度为 2×10^{-4} mol/L,若 V_{max} 为 4.5×10^{-5} mol/(L $\cdot$ min),试求:

(1) 在竞争性抑制剂与非竞争性抑制剂浓度均为 6×10^{-4} mol/L 条件下的反应速率;

(2) 假定 K_i 均为 3×10^{-4} mol/L,求在上述两种抑制情况下的抑制程度。

8-7　将酶固定在无微孔的球形载体上,在忽略外扩散效应影响的情况下,测得 K_m 为 4.7×10^{-5} mol/L, V_{max} 为 3.5×10^{-5} mol/(L $\cdot$ s)。将该固定化酶颗粒置于底物浓度为 2×10^{-5} mol/L 的生物反应器中进行催化反应,已知在上述操作条件下的体积传质系数 $k_L a$ 为 3.5×10^{-1} s^{-1}。试求:

(1) 底物在固定化酶外表面的反应速率;

(2) 固定化酶的外扩散有效因子。

8-8　将酶制成均匀的固定化酶平板,假定固定化酶催化反应符合一级反应动力学方程,设液膜传质系数为 k_F,在固定化平板中底物有效扩散系数为 D_e。试分别推导外扩散有效因子 η_E 和内扩散有效因子 η_i 表达式。

8-9　在一多孔的球形固定化酶颗粒内发生一级不可逆反应,固定化酶球形颗粒的直径分别为 D_1 和 D_2 时,相应的有效因子分别为 η_1 和 η_2,试证明当反应过程完全受颗粒的内扩散控制时,该固定化酶的有效因子与其颗粒直径有如下关系:

$$\frac{\eta_1}{\eta_2} = \frac{D_1}{D_2}$$

8-10　蔗糖酶催化的反应如下:

$$C_{12}H_{22}O_{11} + H_2O \longrightarrow C_6H_{12}O_6 + C_6H_{12}O_6$$

(蔗糖)　　　　　　　(葡萄糖)　(果糖)

将蔗糖酶固定在直径为 2 mm 的微孔球形树脂颗粒上,该反应在一篮式离心反应器内进行,可忽略外扩散限制的影响。蔗糖浓度为 1.2 kg/m³,蔗糖水溶液在树脂中的有效扩散系数为 1.3×10^{-11} m^2/s,表观反应速率为 1.6×10^{-3} kg/(s · m^3)(树脂),K_m 为 4 kg/m^3。试求内扩散有效因子。

8-11 若某酶的催化反应存在底物抑制,其动力学模型为

$$V = \frac{V_{max} S}{S + K_m + S^2/K_S}$$

设 $S_0 = 50$ g/L,$V_{max} = 12.5$ g/(L · h)(固定化酶),$K_m = 0.15$ g/L,$K_S = 15$ g/L,拟采用填充床式反应器,空隙率为 0.75,试求底物转化率达到 90% 所需的反应时间。

8-12 固定床固定化酶反应器与流化床固定化酶反应器相比较具有哪些优缺点?

符 号 说 明

A	反应器横截面积,m^2	P_r	反应器生产率
A_p	固定化酶颗粒外表面面积,m^2	r	固定化酶颗粒半径,m
a_{sp}	1 mol 底物能生成目的产物的理论量,mol	S_0	底物的初始浓度,mol/L
		S_i	底物或其他效应物等在微环境中的局部浓度,mol/L
D	扩散系数		
D_e	有效扩散系数,m/h	S_{in}	流入反应器的底物浓度,mol/L
E	酶的浓度,mol/L	S_{out}	流出液中底物的浓度,mol/L
E_D	起始酶活力,mol/L	S_ρ	分配效应影响下的底物浓度,mol/L
ES	酶-底物复合物浓度,mol/L	t	时间,s
F	通过反应器的底物溶液体积流量,m^3/h	T	热力学温度
		u_f	液泛速度
I	抑制剂浓度	u_L	反应液流速
k_F	传质系数	v_d	扩散传质速率,mol/(L · s)
$K_L a$	体积传质系数,s^{-1}	v_{si}	实效反应速率,mol/(L · s)
$K_{m(app)}$	表观米氏常数	v_{s0}	本征反应速率,mol/(L · s)
K_i	EI 络合物的解离常数	V_{max}	最大反应速率,mol/(L · s)
K_S	底物抑制动力学常数	V_p	固定化酶颗粒体积,m^3
k	一级反应速率常数	$V_{s\rho}$	分配效应影响下固定化酶的反应速率,mol/(L · s)
L	反应器长度,m		
N	扩散通量,mol/(m^2 · s)	Z_e	荷电溶质的电荷
P	产物浓度,mol/L	ε	空隙率
Pe	贝克来数	η	反应实效系数

ρ_L	液相密度	χ	底物转化率
τ	反应器的空时	Ψ	电荷载体产生的静电位
ϕ	梯勒模数		

参 考 文 献

1. 刘明庆,王安明,王华,等. 大分子拥挤下介孔中木瓜蛋白酶的微波辅助固定化. 过程工程学报, 2009, 9(1): 157~160

2. 肖连冬,张彩莹. 酶工程. 北京: 化学工业出版社, 2008

3. Yang X Y, Li Z Q, Liu B, et al. "Fish-in-Net" Encapsulation of enzymes in macroporous cages for stable, reusable, and active heterogeneous biocatalysts. Adv Mater, 2006, 18 (4): 410~414

4. Petronijevic Z, Ristic S, Dragan P, et al. Immobilization of dextransucrase on regenerated benzoyl cellulose carriers. Enzyme Microb Technol, 2007, 40(4,5): 763~768

5. 岳振峰,彭志英,徐建祥,等. 壳聚糖固定化 α-葡萄糖苷酶的研究. 食品与发酵工业, 2001, 21(4): 20~24

6. 岑沛霖,关怡新,林建平. 生物反应工程. 北京: 高等教育出版社, 2006

7. 陈骊声. 固定化酶理论与应用. 北京: 轻工业出版社, 1987

8. Ye P, Xu Z K, Che A F, et al. Chitosan-tethered poly (acrylonitrile-co-maleci acid) ultrafiltration hollow fiber membrane for lipase immobilization. Biomaterials, 2005, 26 (32): 6394~6403

9. 汤亚杰,吴思方,程婉农. 壳聚精固定胰蛋白酶的研究. 食品科学, 1999, 1: 29~32

10. Silman I H, Katchalski E. Ann Rer Biochemistry, 1966: 35

11. Liu X Q, Guan Y P, Shen R, et al. Immobilization of lipase onto micron-size magenetic beads. J Chromatogr B, 2005, 822(1): 91~97

12. 千畑一郎,等. 固定化酵素. 东京: 讲谈社, 1975

13. Arcuri E J, et al. Continuous ethanol production and cell growth in an immobilized-cell bioreactor employing zymomonas mobilis. Biotechnol Bioeng, 1982, 14: 593~604

14. 王健. 固定化酵母酒精萃取发酵技术研究. 成都: 西华大学, 2007

15. 张平之,王岁楼. 微生物生化工程. 北京: 中国商业出版社, 1995

16. 李娜,李树立,郭忠鹏. 固定化酵母细胞发酵啤酒的初步研究. 中国酿造, 2007, 9: 18~21

17. Guatrecasas P. Protein purification by affinity chromatography. J Biol Chem, 1970, 245: 3059~3065

18. Tripatzis I, Warecka K, Wong M C. Application of affinity adsorption chromatography for the purification of human brain specific antibodies. Nat New Biol, 1971, 16 (4): 230

19. Tripatzis I, Horst H G. Detection of Australia-SH-antigen in urine. Nature, 1971, 28 (3): 231

20. Grabow W O, Prozesky O W. Isolation and purification of hepatitis-associated antigen by affinity chromatography with baboon antiserum. J Infect Dis, 1973, 127(2): 183~186

21. 张先扬,胡世真,朱畴荣,等. 免疫吸附亲和层析法提纯抗原、抗体——甲胎蛋白的纯化. 生物化学与生物物理进展, 1974, 2: 40

22. 贾士儒. 生物反应工程原理. 北京: 科学出版社, 2008

23. Wang D I C, et al. Fermentation and Enzyme Technology. Hoboken: John Wiley & Sons, Inc. , 1979

24. Lilly M D, Sharp A K. The kinetics of enzymes attached to water-in-soluble polymers. The chemical Engineer, 1968, 215: 14

25. 俞俊堂,唐孝宣. 生物工艺学(下). 上海: 华东化工学院出版社, 1992

阅 读 书 目

1. Alejandro G, Marangoni. Enzyme Kinetics: A Modern Approach. Hoboken: Wiley-Interscience, 2003

2. Bailey J E, Ollis D F. Biochemical Engineering Fundamentals. Burr Ridge: McGraw-Hill, 1986

3. Barnet L B, Bull H B. The optimum pH of adsorbed ribonuclease. Biochim Biophys Acta, 1959, 36: 244~246

4. Dickey F H. Specific adsorption. J Phys Chem, 1955, 59: 695~707

5. Harvey W Blanch, Clark D S. Biochemical Engineering. New York: Marcel Dekker, Inc. , 1997

6. Jeong W J, Kim J Y, Choo J, et al. Continuous fabrication of biocatalyst immobilized microparticles using photopolymerization and immiscible liquids in microfluidic systems. Langmuir, 2005, 21(9): 3738~3741

7. Jose M Guisan. Immobilization of Enzymes and cells. Madrid: Human Press, 2006

8. Kim J, Grate J W, Wang P. Nanostructures for enzyme stabilization. Chem Eng Sci, 2006, 61(3): 1016~1026

9. Mclaren A D. Concerning the pH dependence of enzyme reactions on cells, particulates and in solution. Science, 1957, 125: 697

10. Metz M A, Schuster R. Isolation and proteolysis enzymes from solution as dry stable derivatives of cellulosic ion exchangers. J Am Chem Soc, 1959, 81: 4024~4028

11. Nelson J M, Griffin E G. Adsorption of invertase. J Am Chen Soc, 1916, 38: 1109~1115

12. Tosa T, Mori T, Fuse N, Chibata Ⅰ. Studies on continuous enzyme reactions part Ⅴ kinetic and industrial application of aminoacylasecolumn for continuous optical resolution of acyl-dl-amino acids. Biotechnol Bioeng, 1967, 9: 603~615

13. Bommarius A S, Riebel B R. 生物催化——基础与应用. 孙志浩,许建和,译. 北京:化学工业出版社,2006

14. 曹林秋. 载体固定化酶——原理、应用和设计. 杨晟,袁中一,译. 北京:化学工业出版社,2008

15. 陈石根,周润琦. 酶学. 上海:复旦大学出版社,2001

16. 郭勇. 酶工程. 北京:科学出版社,2004

17. 韩静淑,等. 生物细胞的固定化技术及其应用. 北京:科学出版社,1993

18. 合叶修一,等. 生物化学工程. 涂长晟,译. 北京:中国轻工业出版社,1981

19. 李继珩. 生物工程. 北京:中国医药科技出版社,2005

20. 伦世仪. 生化工程. 北京:中国轻工业出版社,2003

21. 罗贵民,曹淑贵,冯雁. 酶工程. 北京:化学工业出版社,2008

22. 梅乐和,岑沛霖. 现代酶工程. 北京:化学工业出版社,2006

23. 戚以政,夏杰. 生物反应工程. 北京:化学工业出版社,2004

24. 戚以政,汪叔雄. 生化反应动力学与反应器. 北京:化学工业出版社,2005

25. 山根恒夫. 生化反应工程. 周斌,译. 西安:西北大学出版社,1992

26. 单连菊,张双玲. 浅谈啤酒酵母的研究与发展. 酿酒,1994,133(4):56~57

27. 王岁楼,熊卫东. 生化工程. 北京:中国医药科技出版社,2002

28. 熊振平,等. 酶工程. 北京:化学工业出版社,1989

29. 徐凤彩. 酶工程. 北京:中国农业出版社,2001

30. 许建和,孙志浩,宋航. 生物催化工程. 上海:华东理工大学出版社,2008

31. 袁勤生,赵健. 酶与酶工程. 上海:华东理工大学出版社,2005

32. 袁月华,刘毅. 固定化酵母发酵生产啤酒饮料. 酿酒,2007,34(1):49~50

33. 周晓云. 酶学原理与酶工程. 北京:中国轻工业出版社,2007

第9章 生物反应过程的质量和能量衡算

提　要

生物反应过程服从质量守恒和能量守恒定律。根据质量和能量守恒定律，可以确定生物反应过程中的定量关系，为工程实践提供理论指导。

如果对整个生物反应过程了解得比较清楚，可以通过元素守恒方程和还原度来对生物反应过程进行衡算。但是由于生物反应过程的复杂性，建立准确的元素衡算方程是十分困难的，在很多情况下必须借助数学模型或者利用数学统计方法来进行质量衡算。

参与生物反应过程的底物一般具有三个方面的作用：①合成新的生物细胞，满足生物生长需要；②合成代谢产物；③提供必须的能量进行代谢反应。根据底物的代谢途径，建立起物质衡算方程，并利用得率系数，可以分别考察碳、氮、氧、ATP等物质在整个生物反应过程中的变化规律，进而确定底物与产物之间的定量关系。

细胞内进行的生物反应服从热力学定律，并且生物反应一般为开放体系反应，可以从细胞生长的宏观生物学现象来描述细胞内的反应与热力学之间的关系，可以利用不可逆过程的热力学来对生物反应进行研究。通过分析氧化焓变、自由能与细胞生长量之间的关系，确定能量对细胞生长的得率。根据在单一碳源培养基内碳源消耗形成生物细胞、代谢产物以及完全氧化的条件下建立的质量衡算式可以写出焓变的能量衡算式，利用能量衡算式可以确定底物与产能之间的关系。并可以估算生物反应过程中的产热速率。

9.1　质量和能量衡算的意义

生物反应工程在研究某一反应过程时，经常利用质量衡算和能量衡算等方法建立数学模型来研究反应过程的规律性。在生物反应过程中，物质和能量的变化是最基本最重要的运动形式。质量衡算是建立生物反应工程数学模型的有效方法，其含义是指在质量守恒的基础上对任一反应过程体系所含物质的总质量、进入体系中的总质量和从体系中流出的总质量进行的计算分析。能量衡算是在能量守恒的基础上对反应体系总能量的变化和体系生成的总能量,以及体系对环境所做功之间的关系进行的数学计算。由于参与生物反应过程的成分较多、反应途径复杂、代谢产物不单一,同时生物反应过程还会受到众多因素的影响,因此,生物反应过程具有高度的复杂性,但是生物反应过程仍然服从质量守恒和能量守恒定律。生物反应过程中培养基的含碳、氢、氧、氮和其他元素的分子在细胞代谢过程中进行重组,整个反应体系中各个元素的总量是不变的。

对生物反应过程进行质量和能量衡算具有十分重要的意义。首先,可以依此来了解反应物和生成物之间的定量关系,了解生物反应过程耗能量或产能量,推算出反应体系的得率范围,通过已知量求得未知量。其次,质量衡算和能量衡算是生物反应器设计的基础,是生物反应器设计的关键环节之一,它为生物反应过程中使用的介质的合理设计提供基本数据。再次,对于已有的生产过程,质量和能量衡算能够为生产运转是否正常、问题所在和过程优化设计提供参考数据;对于新建的装置和生产过程,质量和能量衡算可为设备设计、过程优化、过程控制和经济评估等提供必要的计算数据,所以质量和能量衡算是解决工程问题的一个有效手段。最后,进行质量和能量衡算要从生物反应过程中细胞代谢机理出发,对细胞生理代谢前后的数据进行计算分析和数学处理,建立细胞生理代谢的数学模型,这样可以比较准确地描述生物细胞的代谢行为,并为研究生物反应过程中的细胞代谢机理提供方法,而且还可以为生物反应过程实现自动控制提供模型数据。

9.2　生物反应过程的元素衡算方程及还原度

为了表示出细胞反应过程各个物质和各组分之间的数量关系,最常用的方法是对各个元素进行元素衡算。如果对整个生物反应了解得比较清楚,就能列出完整的质量和能量衡算式。对生物反应进行元素衡算之前,首先要确定细胞的元素组成和其分子式,为了简化和计算方便,一般将细胞的分子式定义为 $CH_\alpha O_\beta N_\delta$,而忽略其他微量元素 P、S 和灰分等。不同种类的生物细胞以及同一种类的生物细胞处于不同培养条件或不同生长阶段,其元素组成比例都是不同的。但是大量的试验和分析证明,同种类的生物细胞虽然在不同培养条件下细胞元素组成比例有所不同,但是差别不大,因此可以看作是相对稳定的。不同种类的生物细胞元素含量比例虽然相差比较多,但是碳、氢、氧、氮这几种主要元素含量也是比较接近的,如表 9-1 所示。

表 9-1   生物细胞元素组成[1]

细 胞	限制性底物	稀释率	元素含量/%（质量分数）							实验化学式
			C	H	N	O	P	S	灰分	
Bacteria			53.0	7.3	12.0	19.0			8	$CH_{1.666}N_{0.2}O_{0.27}$
Bacteria			47	4.9	13.7	31.3				$CH_2N_{0.25}O_{0.5}$
Aerobacter aerogenes			48.7	7.3	13.9	21.1			8.9	$CH_{1.78}N_{0.24}O_{0.33}$
Klebsiella aerogenes	甘油	0.1	50.6	7.3	13.0	29.0				$CH_{1.74}N_{0.22}O_{0.43}$
K. aerogenes	甘油	0.85	50.1	7.3	14.0	28.7				$CH_{1.73}N_{0.24}O_{0.43}$
Yeast			47	6.5	7.5	31.0			8	$CH_{1.66}N_{0.13}O_{0.49}$
Yeast			50.3	7.4	8.8	33.5				$CH_{1.75}N_{0.15}O_{0.5}$
Yeast			44.7	6.2	8.5	31.2	1.08	0.6		$CH_{1.64}N_{0.16}O_{0.52}$
Candida utilis	葡萄糖	0.08	50	7.6	11.1	31.3				$CH_{1.82}N_{0.19}O_{0.47}$
C. utilis	葡萄糖	0.45	46.9	7.2	10.9	35.0				$CH_{1.84}N_{0.2}O_{0.56}$
C. utilis	酒精	0.06	50.3	7.7	11.0	30.8				$CH_{1.82}N_{0.19}O_{0.46}$
C. utilis	酒精	0.43	47.2	7.3	11.0	34.6				$CH_{1.84}N_{0.2}O_{0.55}$

用 $CH_\alpha O_\beta N_\delta$ 表示细胞组成通式，对生物反应过程可以列出以下化学反应式：

$$CH_m O_n + aO_2 + bNH_3 \longrightarrow cCH_\alpha O_\beta N_\delta + dCH_x O_y N_z + eH_2O + fCO_2$$

式中：$CH_m O_n$——底物的元素组成；

$CH_\alpha O_\beta N_\delta$——细胞的元素组成；

$CH_x O_y N_z$——产物的元素组成。

对于一个具体的生物反应过程，首先测定出反应物与产物的元素组成，通过元素衡算以及底物消耗与产物生成之间的关系，可以求出细胞反应元素衡算方程的各个系数。

一个有 n 种化合物（A_1，A_2，$\cdots$，A_n）组成的反应体系，各化合物浓度分别为 C_1，C_2，$\cdots$，C_n，用矢量表示为

$$\boldsymbol{C} = (C_1, C_2, \cdots, C_n) \tag{9-1}$$

如果这些化合物间发生 m 个独立的反应，其反应速率分别为 $r_1, r_2, \cdots, r_m$，用矢量表示为

$$\boldsymbol{r} = (r_1, r_2, \cdots, r_m) \tag{9-2}$$

反应体系中 m 个反应方程式的计量系数可用 $m \times n$ 维的矩阵 $\boldsymbol{A}$ 表示如下：

$$\boldsymbol{A} = (\alpha_{ij})_{m \times n} \tag{9-3}$$

反应体系中每一种化合物 A_i 的反应速率分别是 $r_{A1}, r_{A2}, \cdots, r_{An}$，用矢量表示为

$$\boldsymbol{r}_A = (r_{A1}, r_{A2}, \cdots, r_{An}) \tag{9-4}$$

矢量 $\boldsymbol{r}_A$ 与 $\boldsymbol{rA}$ 的关系为

$$\boldsymbol{r}_A = \boldsymbol{rA} \tag{9-5}$$

设化合物 A_i 与环境的交换速率为 ϕ_i，反应体系的体积为 V，则有

$$\frac{\mathrm{d}(C_i V)}{\mathrm{d}t} = r_{Ai} V + \phi_i V \tag{9-6}$$

若反应体系体积 V 保持不变，则式(9-6)写成

$$\frac{\mathrm{d}(C_i)}{\mathrm{d}t} = r_{Ai} + \phi_i \tag{9-7}$$

考虑反应体系中所有的化合物，写出矩阵方程：

$$\frac{\mathrm{d}\boldsymbol{C}}{\mathrm{d}t} = \boldsymbol{rA} + \boldsymbol{\phi} \tag{9-8}$$

式中：$\boldsymbol{\phi} = (\phi_1, \phi_2, \cdots, \phi_n)$。

如果体系中 n 个化合物中包含 k 种元素，则用矩阵表示为

$$\boldsymbol{E} = (e_{ij})_{n \times k} \tag{9-9}$$

式中：e_{ij} 代表第 i 个化合物中存在的化学元素 j 的数目。通常生物反应体系的体积都是不变的，将式(9-8)的两边同乘以 $\boldsymbol{E}$，就导出元素衡算方程：

$$\frac{\mathrm{d}}{\mathrm{d}t}(\boldsymbol{CE}) = \boldsymbol{rAE} + \boldsymbol{\phi E} \tag{9-10}$$

就 n 种化合物参与的 m 个反应的体系而言，每种元素在反应过程中遵守元素守恒定律，则用矩阵方程表示有

$$\boldsymbol{rAE} = \boldsymbol{0} \tag{9-11}$$

$\boldsymbol{r} \neq \boldsymbol{0}$，因此

$$\boldsymbol{AE} = \boldsymbol{0} \tag{9-12}$$

式(9-12)是元素守恒方程式。对于一个稳态体系，根据式(9-8)和式(9-12)可知：

$$\boldsymbol{\phi E} = \boldsymbol{0} \tag{9-13}$$

式(9-13)是指在体积不变的稳态条件下，流入和流出反应体系的元素守恒方程。其中的矩阵元可以由试验测定或者人为控制，而且不需要考虑流出和流进体系的所有化合物，只要考虑那些与环境交换在数量上不可忽略的化合物即可。如一个生物培养体系中，生物细胞内出现许多代谢反应，许多代谢反应的中间物只出现在生物细胞内的代谢循环过程中，而不出现在生物细胞外。因此，只考虑那些细胞与培养介质有交换，且数量不可忽略的化合物。

对于一个生物反应过程体系，假设生物细胞、底物、产物和氮源的元素组成分别是：$C_{a_1} H_{b_1} O_{c_1} N_{d_1}$、$C_{a_2} H_{b_2} O_{c_2} N_{d_2}$、$C_{a_3} H_{b_3} O_{c_3} N_{d_3}$ 和 $C_{a_4} H_{b_4} O_{c_4} N_{d_4}$；$\phi_i$ 表示相应物

质的交换速率。当体系达到稳态时,根据元素守恒方程(9-13)可得如下关系[2]：

$$(\phi_1, \phi_2, \phi_3, \phi_4, \phi_5, \phi_6, \phi_7) \begin{bmatrix} a_1 & b_1 & c_1 & d_1 \\ a_2 & b_2 & c_2 & d_2 \\ a_3 & b_3 & c_3 & d_3 \\ a_4 & b_4 & c_4 & d_4 \\ 0 & 0 & 2 & 0 \\ 1 & 0 & 2 & 0 \\ 0 & 2 & 1 & 0 \end{bmatrix} = (0, 0, 0, 0) \qquad (9\text{-}14)$$

式(9-14)展开后得到含有 7 个物质交换速率的 4 个线性代数方程。因此,只有 3 个物质交换速率可独立变化,一旦确定 3 个速率,如底物、氮源和 O_2,则其余的速率就可以解出。

生物反应过程都是比较复杂的,代谢产物不仅有 H_2O 和 CO_2,还有许多其他的产物,在这种情况下,有必要引入还原度这个概念应用于生物反应过程的元素平衡。有机物的还原度 γ 定义为 1 mol 碳原子可利用的电子的摩尔数,即化合物氧化成 CO_2、H_2O 和 NH_3 时所传递给氧的电子数。一些常见元素的还原度：C 为 4,H 为 1,N 为 -3,O 为 -2,P 为 5,S 为 6。在化合物中元素的还原度等于该元素的化合价。如在 CO_2 中碳的化合价为 4,NH_3 中 N 的化合价为 -3。可以计算出化合物 CO_2 和 NH_3 还原度为 0。常见有机化合物的还原度计算如下：

甲烷(CH_4)：$\gamma = (1 \times 4 + 4 \times 1)/1 = 8$

葡萄糖($C_6H_{12}O_6$)：$\gamma = [6 \times 4 + 12 \times 1 + 6 \times (-2)]/6 = 4$

乙醇(C_2H_5OH)：$\gamma = [2 \times 4 + 6 \times 1 + 1 \times (-2)]/2 = 6$

对于某一生物反应过程：

$$CH_mO_n + aO_2 + bNH_3 \longrightarrow cCH_\alpha O_\beta N_\delta + dCH_xO_yN_z + eH_2O + fCO_2$$

底物　　　　　　　　　　细胞　　　产物

则底物、细胞物质和产物的还原度分别是：

$$\gamma_S = 4 + m - 2n$$

$$\gamma_B = 4 + \alpha - 2\beta - 3\delta$$

$$\gamma_P = 4 + x - 2y - 3z$$

利用上面的反应计量式,可以写出各个元素的元素衡算式、电子衡算式、能量衡算式和质量衡算式。由于在反应中水的生成及利用的水是难以确定的,而且水是过量的,因此氢和氧的衡算式难以应用。所以一般选择碳衡算、氮衡算和电子衡算式,根据反应式,有

$$c+d+f=1$$
$$c\delta+dz=b$$
$$c\gamma_B+d\gamma_P=\gamma_S-4\alpha$$

利用实验数据就有可能解出这组方程,从而可以对该反应进行其他的数据计算以及建立数学模型。但是生物反应过程是一个复杂的反应体系,反应途径和代谢产物的复杂性,决定了建立严格的元素衡算方程是十分困难的,很多情况下必须借助数学模型或者数学统计方法来进行质量衡算。

【例 9-1】　对某一生物反应过程,经实验测量表明细胞能将底物(葡萄糖)中碳的 2/3 转化成细胞物质。其反应化学计量式为

$$C_6H_{12}O_6+aO_2+bNH_3 \longrightarrow c(C_{4.4}H_{7.3}N_{0.86}O_{1.2})+dH_2O+eCO_2$$

试确定此反应化学计量式的计量系数。

解：1 mol 底物(葡萄糖)中碳的量为 72 g,则转化成细胞物质的碳为 $72\times\dfrac{2}{3}=48$ g,因此有 $4.4c\times12=48$,则 $c=0.909$,转化成 CO_2 的碳的量为 $72-48=24$ g,则有 $12e=24$,则 $e=2$。

根据氮衡算：$14b=0.86c\times14$,则 $b=0.782$

根据氢衡算：$12+3b=7.3c+2d$,则 $d=3.854$

根据氧衡算：$6\times16+2\times16\times a=1.2\times16\times c+2\times16\times e+16d$,则 $a=1.47$

因此可写出此反应过程的化学计量式：

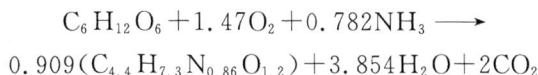

$$C_6H_{12}O_6+1.47O_2+0.782NH_3 \longrightarrow$$
$$0.909(C_{4.4}H_{7.3}N_{0.86}O_{1.2})+3.854H_2O+2CO_2$$

9.3　生物反应过程中的质量衡算

生物细胞进行生物反应过程中,参与生物反应过程的底物一般具有三个方面的作用:①合成新的生物细胞,满足生物生长需要;②合成代谢产物;③提供必须的能量进行代谢反应。参与生物反应的底物与生成的细胞和产物以及能量之间的动态关系可以用图 9-1 来说明。

图 9-1 中的实线代表物质流,虚线代表能量流。生物反应过程中所需能量是

以 ATP 或类似的高能化合物形式存在的。能量一般由两种过程产生:一个过程是底物完全氧化为 CO_2 和 H_2O(氧化磷酸化),即有氧代谢产能过程;第二种过程是底物降解为乳酸等简单产物(底物水平磷酸化)、CO_2 和 H_2O 等,即无氧代谢产能过程,这一过程中有第一类产物的生成(即在底物水平磷酸化过程中生成的产物,如乙醇、乳酸、柠檬酸等)。有时在含碳底物过量,而在含氮、镁等底物限制情况下,会产生蓄能化合物,如储存在细胞内的糖原、脂肪和分泌于细胞外的多糖,即第三类产物。含碳底物与含氮底物一起形成细胞物质和第二类产物(细胞外产物)。维持细胞内外浓度差和进行细胞内的代谢反应所需要的总能量为维持能。

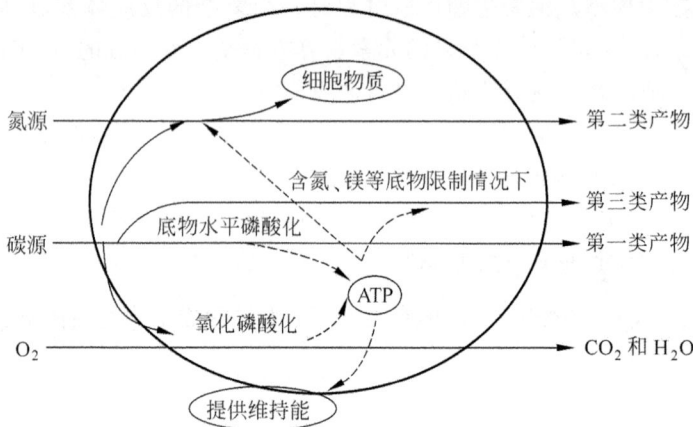

图 9-1   细胞、底物、能量和产物关系图[3]

9.3.1   生物反应过程中的碳源和氮源衡算

1. 生物反应过程中的碳源衡算

碳源是生物细胞生长和代谢必不可少的和最重要的物质,对于任何一种生物反应过程来说,碳源的利用情况和碳源的转化率都是很重要的指标。对碳源进行衡算可以了解碳源在生物细胞生长和代谢过程中的动向,并且可以通过实验测定和理论计算得到碳源对产物的最大得率,为生产水平的提高提供可靠的依据。

根据碳源的物料平衡可以列出衡算式:

$$-\Delta S = (-\Delta S)_G + (-\Delta S)_m + (-\Delta S)_P \tag{9-15}$$

或用速率形式表示:

$$-\frac{dS}{dt} = \left(-\frac{dS}{dt}\right)_G + \left(-\frac{dS}{dt}\right)_m + \left(-\frac{dS}{dt}\right)_P \tag{9-16}$$

式中：ΔS——生物反应过程中消耗的总碳源量；

$(\Delta S)_G$——用于生成细胞物质消耗的碳源量；

$(\Delta S)_m$——用于提供维持能消耗的碳源量；

$(\Delta S)_P$——用于合成代谢物消耗的碳源量。

如果用 Y_G 表示用于细胞生长部分的碳源对菌体的得率系数（单位：g/mol），则有

$$Y_G = \frac{\text{生成菌体的质量}}{\text{用于同化为菌体的碳源消耗}} = \frac{dX}{(-dS)_G} \tag{9-17}$$

Y_G 又被称为理论得率系数，它与 $Y_{X/S}$ 不同。由于 $Y_{X/S}$ = 生成细胞的质量 (ΔX)/消耗底物碳源的总量 (ΔS)，因此 $Y_{X/S}$ 是生成细胞量相对于碳源总消耗的得率系数。对于同一种碳源底物来说，Y_G 在数值上大于 $Y_{X/S}$。当无代谢产物生成，并且用于提供维持能消耗的碳源量很小时，Y_G 近似与 $Y_{X/S}$ 相等，如通风培养酵母细胞得到单细胞蛋白的生物反应过程。

根据式（9-17）可得

$$\left(-\frac{dS}{dt}\right)_G = \frac{1}{Y_G}\frac{dX}{dt} \tag{9-18}$$

如果用 m 表示碳源的维持常数（单位：mol/(g·h)），则有

$$\left(-\frac{dS}{dt}\right)_m = mX \tag{9-19}$$

如果用 Y_P 表示碳源对代谢产物的理论得率系数（单位：mol/mol），则有

$$Y_P = \frac{\text{生成代谢产物的物质的量}}{\text{用于异化为代谢产物的碳源消耗}} = \frac{dP}{(-dS)_P}$$

$$\left(-\frac{dS}{dt}\right)_P = \frac{1}{Y_P}\frac{dP}{dt} \tag{9-20}$$

根据式（9-16）、式（9-18）～式（9-20）可得

$$-\frac{dS}{dt} = \frac{1}{Y_G}\frac{dX}{dt} + mX + \frac{1}{Y_P}\frac{dP}{dt} \tag{9-21}$$

等式各项同除以 X，则上式变成比速率形式：

$$Q_S = \frac{1}{Y_G}\mu + m + \frac{1}{Y_P}Q_P \tag{9-22}$$

式中：μ——细胞的比生长速率，h^{-1}；

Q_S——底物的比消耗速率，mol/(g·h)；

Q_P——产物的比生成速率，mol/(g·h)。

在以培养生物细胞为目的的生物反应过程中（如面包酵母生产和单细胞蛋白生产及污水处理等），代谢产物的积累可以忽略不计，则式（9-22）可以简化为

$$Q_S = \frac{1}{Y_G}\mu + m \tag{9-23}$$

式(9-23)是以 μ 为自变量,以 Q_S 为因变量的一条直线方程,该直线在纵坐标上的截距为维持常数 m,斜率为 $1/Y_G$。通过试验测得生物细胞比生长速率 μ 和所对应的碳源比消耗速率 Q_S,然后以 Q_S 为纵坐标,以 μ 为横坐标作出一条直线,通过直线的斜率和直线在纵坐标上的截距即可求出 Y_G 和 m 的数值。

以葡萄糖为碳源,进行面包酵母和单细胞蛋白生产的生物反应过程中,可建立下列化学平衡:

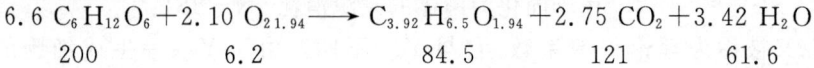

$$6.6\ C_6H_{12}O_6 + 2.10\ O_{21.94} \longrightarrow C_{3.92}H_{6.5}O_{1.94} + 2.75\ CO_2 + 3.42\ H_2O$$
$$\qquad 200 \qquad\qquad 6.2 \qquad\qquad 84.5 \qquad\qquad 121 \qquad\qquad 61.6$$

如果在酵母菌体内再计入除碳、氢、氧以外的其他元素如氮、磷以及灰分,则每 200 g 葡萄糖约可得到 100 g 干酵母,即以葡萄糖消耗对酵母的得率 $Y_{X/S}$ 为 0.5。实际上在不同情况下,$Y_{X/S}$ 有很大不同。当限制底物浓度较高时,生物细胞的比生长速率较大,这时底物的维持消耗相对要小很多,有 $m \ll \left(\dfrac{1}{Y_G}\mu\right)$,则有

$$Q_S = \frac{1}{Y_G}\mu, \quad Y_{X/S} = \frac{\mu}{Q_S} \approx Y_G \tag{9-24}$$

【例 9-2】   用葡萄糖为唯一碳源,在溶氧充足的情况下连续培养 *Azotobacter vinelandii*,结果如表 9-2 所示。求该微生物的理论得率 Y_G,维持常数 m,并分别求出不同细胞比生长速率下葡萄糖对细胞的得率 $Y_{X/S}$。

表 9-2   葡萄糖作为唯一碳源通风培养 *Azotobacter vinelandii* 的结果[4]

$Q_S/(\mathrm{mol}/(\mathrm{g} \cdot \mathrm{h}))$	$\mu/\mathrm{h^{-1}}$
0.22×10^{-2}	0.067
0.31×10^{-2}	0.098
0.35×10^{-2}	0.121
0.49×10^{-2}	0.200
0.50×10^{-2}	0.246
0.53×10^{-2}	0.300
0.74×10^{-2}	0.350

解:由表 9-2 中的数据,以 μ 为横坐标,Q_S 为纵坐标,做出 μQ_S 图,如图 9-2 所示。根据直线在纵坐标上的截距和它的斜率倒数计算维持常数 m 和 Y_G 得

$$m = 0.0014\ \mathrm{mol}/(\mathrm{g} \cdot \mathrm{h}), \quad Y_G = 64.5\ \mathrm{g/mol}$$

由式(9-23)可得

$$\frac{Q_S}{\mu} = \frac{1}{Y_G} + \frac{m}{\mu}$$

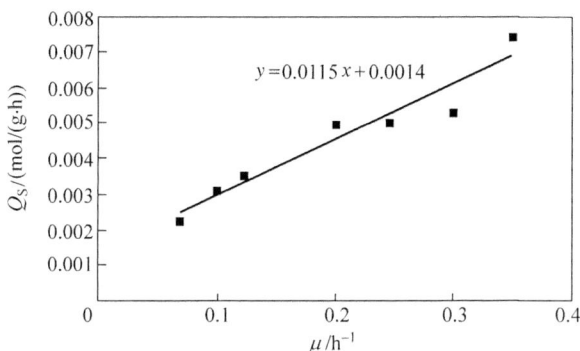

图 9-2　*Azotobacter vinelandii* 连续培养 μ-Q_S 图

即

$$\frac{1}{Y_{X/S}} = \frac{1}{Y_G} + \frac{m}{\mu}$$

变换得

$$Y_{X/S} = \frac{\mu Y_G}{\mu + m Y_G}$$

将 $m = 0.0014 \text{ mol/(g · h)}$ 和 $Y_G = 64.5 \text{ g/mol}$ 和不同的 μ 代入上式得

$$\mu = 0.067 \text{ 时,} \quad Y_{X/S} = 24.5 \text{ g/mol}$$

$$\mu = 0.098 \text{ 时,} \quad Y_{X/S} = 33.6 \text{ g/mol}$$

$$\mu = 0.121 \text{ 时,} \quad Y_{X/S} = 36.9 \text{ g/mol}$$

$$\mu = 0.200 \text{ 时,} \quad Y_{X/S} = 44.4 \text{ g/mol}$$

$$\mu = 0.246 \text{ 时,} \quad Y_{X/S} = 47.2 \text{ g/mol}$$

$$\mu = 0.300 \text{ 时,} \quad Y_{X/S} = 49.6 \text{ g/mol}$$

$$\mu = 0.350 \text{ 时,} \quad Y_{X/S} = 51.3 \text{ g/mol}$$

根据计算结果可知,细胞比生长速率越大或者碳源比消耗速率越大,$Y_{X/S}$ 越与 Y_G 接近,Y_G 是 $Y_{X/S}$ 的极限值。

2. 生物反应过程中的氮源衡算

氮在生物反应过程中的动态变化可以用以下模式描述:

底物中的氮 ——→ 细胞中的氮 ＋ 第一类产物中的氮 ＋ 第二类产物中的氮 ＋ 第三类产物中的氮

用数学速率表达式可以表示为[5]

$$\beta_S(N)\left(-\frac{dS}{dt}\right) = \beta_X(N)\frac{dX}{dt} + \beta_{P1}(N)\frac{dP_1}{dt} + \beta_{P2}(N)\frac{dP_2}{dt} + \beta_{P3}(N)\frac{dP_3}{dt} \quad (9\text{-}25)$$

式中：X——细胞生成量，g；

S——底物消耗量，mol；

P——产物生成量，mol；

$\beta_{\mathrm{S}}(N)$——底物中的含氮量；

$\beta_{\mathrm{X}}(N)$——细胞中的含氮量；

$\beta_{\mathrm{P}}(N)$——产物中的含氮量。

在生物反应过程中，氮源一般不参与能量的生成，这是与碳源不同的地方，其他变化规律与碳源衡算具有相似之处。生物细胞中的含氮量一般随着反应时间的推移而下降。这是由于在培养过程中底物中的氮被消耗，使细胞摄入的氮减少，或者因为由于生长速度的下降，细胞老化，造成蛋白质丢失。加强补氮，维持一定的比生长速率和稳定的摄氧率，可使含氮量稳定，同时使细胞保持较高的活力。

【例 9-3】 以葡萄糖和谷氨酰胺为碳源，各种氨基酸为氮源培养 WuT3 杂交瘤细胞生产 IgG_{2a} 抗体，推导葡萄糖和谷氨酰氨的比消耗速率与细胞比生长速率之间的关系。

解：根据图 9-1 底物与产物之间的关系图，葡萄糖主要用于细胞生长，第一类产物（乳酸）生成和能量维持，不生产第二类产物和第三类产物。由物料衡算可得

$$r_{\mathrm{Glu}}=\frac{r_{\mathrm{X}}}{Y'_{\mathrm{X/Glu}}}+\frac{r_{\mathrm{Lac}}}{Y'_{\mathrm{Lac/Glu}}}+m_1 X$$

式中：r_{Glu}——葡萄糖的消耗速率，mol/h；

r_{X}——细胞的生长速率，g/h；

r_{Lac}——乳酸的生成速率，mol/h；

$Y'_{\mathrm{X/Glu}}$——用于细胞生长部分的葡萄糖消耗对细胞的得率系数，g/mol；

$Y'_{\mathrm{Lac/Glu}}$——用于生成乳酸部分的葡萄糖消耗对乳酸的得率系数，mol/mol；

m_1——葡萄糖的维持常数，mol/(g·h)。

比速率关系为

$$Q_{\mathrm{Glu}}=\frac{\mu}{Y'_{\mathrm{X/Glu}}}+\frac{Q_{\mathrm{Lac}}}{Y'_{\mathrm{Lac/Glu}}}+m_1$$

令 $\alpha_1=1/Y'_{\mathrm{X/Glu}}$，$\beta_1=1/Y'_{\mathrm{Lac/Glu}}$，上式变为

$$Q_{\mathrm{Glu}}=\alpha_1\mu+\beta_1 Q_{\mathrm{Lac}}+m_1$$

根据实验结果检测，乳酸的比生成速率（Q_{Lac}）与细胞的比生长速率（μ）之间有很好的线性关系，即 $Q_{\mathrm{Lac}}=k\mu$，由此上式可变为

$$Q_{\mathrm{Glu}}=(\alpha_1+\beta_1 k)\mu+m_1$$

$$Q_{\mathrm{Glu}}=\alpha'_1\mu+m_1$$

由实验数据可以确定 α'_1 和 m_1，从而建立葡萄糖比消耗速率与细胞比生长速率

之间的关系。

谷氨酰胺的代谢比较复杂,既作碳源又作氮源,主要用于细胞生长,第一类产物(乳酸)和第二类产物(单抗)的生成以及能量维持,不生成第三种产物。由物料衡算得

$$r_{\text{Gln}} = \frac{r_{\text{X}}}{Y'_{\text{X/Gln}}} + \frac{r_{\text{Lac}}}{Y'_{\text{Lac/Gln}}} + \frac{r_{\text{Mab}}}{Y'_{\text{Mab/Gln}}} + m_2 X$$

式中:r_{Gln}——谷氨酰胺的消耗速率,mol/h;

$\qquad r_{\text{Mab}}$——单抗的生成速率,mol/h;

$\qquad Y'_{\text{X/Gln}}$——用于细胞生长部分的谷氨酰胺消耗对细胞的得率系数,g/mol;

$\qquad Y'_{\text{Lac/Gln}}$——用于生成乳酸部分的谷氨酰胺消耗对乳酸的得率系数,mol/mol;

$\qquad Y'_{\text{Mab/Gln}}$——用于生成单抗部分的谷氨酰胺消耗对单抗的得率系数,mol/mol;

$\qquad m_2$——谷氨酰胺的维持常数,mol/(g·h)。

比消耗速率为

$$Q_{\text{Gln}} = \frac{\mu}{Y'_{\text{X/Gln}}} + \frac{Q_{\text{Lac}}}{Y'_{\text{Lac/Gln}}} + \frac{Q_{\text{Mab}}}{Y'_{\text{Mab/Gln}}} + m_2$$

令 $\alpha_2 = 1/Y'_{\text{X/Gln}}$,$\beta_2 = 1/Y'_{\text{Lac/Gln}}$,$\gamma_2 = 1/Y'_{\text{Mab/Gln}}$,上式变为

$$Q_{\text{Gln}} = \alpha_2 \mu + \beta_2 Q_{\text{Lac}} + \gamma_2 Q_{\text{Mab}} + m_2$$

同样 Q_{Lac} 与 μ 之间具有线性关系,故上式可以简化为

$$Q_{\text{Gln}} = \alpha'_2 \mu + \gamma_2 Q_{\text{Mab}} + m_2$$

利用实验数据 Q_{Mab},μ 和 Q_{Gln},通过数学软件处理可以计算出 α'_2、γ_2 和 m_2 的值,从而确定谷氨酰氨的比消耗速率与细胞比生长速率之间的关系。

除谷氨酰胺以外的其他氨基酸,如赖氨酸、缬氨酸、亮氨酸、异亮氨酸、蛋氨酸、组氨酸等,主要用于细胞生长和第二类产物(单抗)的生成,一般不用于维持能或者极少用于维持能,即 $r_{\text{P1}} = r_{\text{P2}} = 0$,$m \approx 0$。由碳源衡算可得到细胞利用各种氨基酸反应的模型为

$$Q_{\text{AA}} = \alpha_3 \mu + \beta_3 Q_{\text{Mab}}$$

再利用实验数据并通过数学软件处理,可以确定各种氨基酸的 α 和 β 值。

利用碳源和氮源衡算可以建立起细胞反应过程中底物与细胞生长和产物生成之间比较精确的数学关系模型,为生物反应控制策略的实施提供指导。

9.3.2　生物反应过程中的氧衡算

生物反应过程中细胞完全氧化碳源物质时生成二氧化碳和水。若在单一碳源培养基内培养生物细胞并产生产物的条件下,可建立下列氧的衡算式:

$$A(-\Delta S) = B\Delta X + \Delta O_2 + \sum C\Delta P \tag{9-26}$$

式中：A——碳源 S 完全氧化需氧量，mol/mol；

　　　B——细胞 X 完全氧化需氧量，mol/g；

　　　C——代谢产物 P 完全氧化需氧量，mol/mol。

如果碳源为葡萄糖，则 $A=6$ mol/mol；对于细胞一般可取 $B=0.042$ mol/g；产物不同 C 值也不同，如乙醇 $C=3$ mol/mol，醋酸 $C=2$ mol/mol，乳酸 $C=3$ mol/mol。

式(9-26)中，ΔO_2 是细胞反应过程中的耗氧量。它由三部分组成，第一部分是用于细胞维持生命活动的耗氧。若以 X 表示细胞浓度，m_O 为氧的维持常数（单位：mol/(g·h)），则在 Δt 时间内维持所需要的耗氧量为 $m_O X\Delta t$。第二部分是用于生长细胞的耗氧。若用 Y_{GO} 表示用于细胞生长的氧对细胞的得率常数（理论得率系数，单位：g/mol），则生长 ΔX 细胞相应的耗氧量为 $\Delta X/Y_{GO}$。第三部分是用于产物合成的耗氧。若用 Y_{PO} 表示用于产物合成的氧对产物的得率系数（理论得率系数，单位：g/mol），则生产 ΔP 产物相应的耗氧量为 $\Delta P/Y_{PO}$。

因此生物反应过程中的总耗氧量：

$$\Delta O_2 = m_O X\Delta t + \Delta X/Y_{GO} + \Delta P/Y_{PO} \tag{9-27}$$

由式(9-26)并忽略代谢产物的继续氧化可得

$$A\frac{1}{X}\left(-\frac{dS}{dt}\right) = B\frac{1}{X}\left(\frac{dX}{dt}\right) + \frac{1}{X}\frac{dO_2}{dt} \tag{9-28}$$

即

$$A\,Q_S = B\mu + Q_{O_2} \tag{9-29}$$

式中：Q_S——底物的比消耗速率，mol/(g·h)；

　　　μ——细胞的比生长速率，h^{-1}；

　　　Q_{O_2}——氧的比消耗速率，mol/(g·h)。

由式(9-27)得

$$Q_{O_2} = \frac{1}{X}\frac{\Delta O_2}{\Delta t} = m_O + \frac{1}{Y_{GO}}\frac{1}{X}\frac{\Delta X}{\Delta t} + \frac{1}{Y_{PO}}\frac{1}{X}\frac{\Delta P}{\Delta t} \tag{9-30}$$

即

$$Q_{O_2} = m_O + \frac{1}{Y_{GO}}\mu + \frac{1}{Y_{PO}}Q_P \tag{9-31}$$

式中：Q_P——产物的比生成速率，mol/(g·h)。

当无产物生成时，式(9-31)变为

$$Q_{O_2} = m_O + \frac{1}{Y_{GO}}\mu \tag{9-32}$$

式(9-32)是一条以细胞的比生长速率 μ 为自变量，以对应的比耗氧速率 Q_{O_2} 为应变量的直线方程。在试验中求得生物细胞的比生长速率 μ 所对应的比耗氧速

率 Q_{O_2} 后,以 μ 为横坐标,Q_{O_2} 为纵坐标作图,可得一条直线,该直线在纵坐标上的截距为氧的维持常数 m_O,直线的斜率为氧对细胞的理论得率 Y_{GO} 的倒数。

将式(9-32)代入到式(9-29)可得

$$AQ_S = B\mu + m_O + \frac{1}{Y_{GO}}\mu \tag{9-33}$$

变换后得

$$Q_S = \frac{1}{A}\left(B + \frac{1}{Y_{GO}}\right)\mu + \frac{m_O}{A} \tag{9-34}$$

将式(9-34)与式(9-22)进行比较,可得到碳源的维持常数 m 与氧的维持常数 m_O 的关系为

$$m = \frac{m_O}{A} \tag{9-35}$$

碳源对细胞的理论得率 Y_G 与氧对细胞的理论得率 Y_{GO} 的关系为

$$\frac{1}{Y_G} = \frac{1}{A}\left(B + \frac{1}{Y_{GO}}\right) \tag{9-36}$$

根据式(9-35)可知,氧的维持常数是碳源维持常数的 A 倍,即完全氧化 m mol 维持碳源所消耗的 Am mol 氧气量为氧的维持常数。

9.3.3 生物反应过程中的 ATP 衡算

1. 能量生长偶联型与能量生长非偶联型

生物反应过程中消耗的能量均来自底物(主要为碳源)的生物氧化。底物氧化所释放的能量有一部分以化学能的形式加以贮存,在生物细胞中这种以化学能形式贮存的能量被收集在具有高能键"～"的有机化合物中,如 ATP。ATP 是生物反应过程中最重要的高能化合物。在氧气充足的条件下,细胞通过氧化磷酸化,将碳源完全分解为二氧化碳和水,同时生成 ATP。如 1 mol 的葡萄糖通过氧化磷酸化完全分解,能生成 38 mol 的 ATP。在氧气不足的条件下,细胞通过底物水平磷酸化生成 ATP。如在嫌气条件下,1 mol 葡萄糖同型乳酸发酵得到 2 mol 乳酸,同时生成 2 mol 的 ATP。生物细胞生长与 ATP 有密切关系,在细胞生长繁殖过程中,依靠 ATP 中的高能键释放的能量,将细胞构成材料合成细胞高分子物质如蛋白质、DNA、RNA 脂类以及多糖。

在生物细胞生长过程中可能出现两种情况。一种情况是合成细胞所需要的材料大量存在,分解碳源所生成的 ATP 为限制因素,这时生物细胞的生长取决于 ATP 的数量,这种生长称为能量生长偶联型。用 Y_{ATP} 表示 ATP 对细胞的得率,即细胞每生成 1 mol ATP 同时所获得的细胞质量(单位:g(细胞)/mol(ATP))。

$$Y_{ATP} = \frac{碳源对细胞的得率}{消耗\ 1\ mol\ 碳源产生\ ATP\ 的物质的量} = \frac{Y_{X/S}}{Y_{ATP/S}} \tag{9-37}$$

对于能量生长偶联型来说，Y_{ATP}约为 10 g(细胞)/mol(ATP)。

另一种情况是 ATP 过量存在，而合成细胞的材料不足，成为限制因素，或者存在生长抑制物质，这时 ATP 不能充分和有效地被用于生物细胞的合成，过量的 ATP 会被相应的酶水解，能量以热量方式释放。这种生长称为能量生长非偶联型。对于能量生长非偶联型的情况，Y_{ATP}会大大低于 10 g(细胞)/mol(ATP)，有时只有 1~2 g(细胞)/mol(ATP)。

【例 9-4】 *Aerobacter aerogenes* 在葡萄糖为单一碳源的培养基上进行厌氧生长，碳源对细胞的得率是 $Y_{X/S} = 25.5$ g/mol，碳源对代谢产物醋酸的得率是 $Y_{P/S} = 0.87$ mol/mol，菌体细胞内碳元素含量为 0.45(g(碳)/g(细胞))，计算 Y_{ATP}。

解： 由于培养基内葡萄糖为唯一碳源，即葡萄糖既作为能源又用于合成细胞。假定用于合成代谢的葡萄糖与 ATP 无关，则用于分解代谢的葡萄糖可作如下计算：

细胞内碳元素含量为 0.45(g(碳)/g(细胞))，而碳源对细胞的得率是 $Y_{X/S} = 25.5$ g/mol，则每 1 mol 的碳源中用于细胞合成的碳元素质量为

$$25.5 \times 0.45 = 11.475 \approx 11.48\ g$$

葡萄糖的碳元素含量为 72 g/mol，因此，用于合成细胞的碳源占总碳源的百分比为

$$11.48/72 \times 100\% = 15.94\%$$

所以用于分解代谢的碳源百分比为

$$1 - 15.94\% = 84.06\%$$

即每消耗 1 mol 碳源有 0.8406 mol 碳源用于分解生成 ATP。葡萄糖通过 EMP 途径生成丙酮酸，每消耗 1 mol 葡萄糖生成 2 mol 丙酮酸，并得到 2 mol ATP。丙酮酸每生成 1 mol 醋酸同时得到 1 mol ATP，且 $Y_{P/S} = 0.87$，即每消耗 1 mol 碳源生成 0.87 mol 醋酸。因此，每消耗 1 mol 碳源生成 ATP 的数量为

$$Y_{ATP/S} = 2 \times 0.8406 + 1 \times 0.87 = 2.5512 (mol/mol)$$

则

$$Y_{ATP} = \frac{Y_{X/S}}{Y_{ATP/S}} = \frac{25.5}{2.5512} = 9.99 (g/mol) \approx 10 (g/mol)$$

由此可以判断，本例中的细胞生长方式为能量生长偶联型。

2. 生物反应过程中的 ATP 衡算

由碳源分解代谢生成的 ATP 主要用于细胞维持生命活动和合成细胞两方面

的消耗,根据物料平衡可得

$$(\Delta ATP)_S = (\Delta ATP)_m + (\Delta ATP)_G \tag{9-38}$$

式中:$(\Delta ATP)_S$——碳源分解代谢所生成的 ATP 量;

$(\Delta ATP)_m$——细胞用于维持生命活动的 ATP 消耗量;

$(\Delta ATP)_G$——用于细胞合成的 ATP 消耗量。

设 m_A 为 ATP 的维持常数,则细胞 X 在 Δt 时间内 ATP 的维持消耗为 $m_A X \Delta t$;设 Y_{ATP}^{max} 为 ATP 对细胞的理论得率系数,有

$$Y_{ATP}^{max} = \frac{\Delta X}{(\Delta ATP)_G} \; g/mol \tag{9-39}$$

即

$$(\Delta ATP)_G = \frac{1}{Y_{ATP}^{max}} \Delta X \tag{9-40}$$

根据 m_A 和 Y_{ATP}^{max} 的定义,式(9-38)可变换为

$$(\Delta ATP)_S = m_A X \Delta t + \frac{1}{Y_{ATP}^{max}} \Delta X \tag{9-41}$$

或

$$\frac{(\Delta ATP)_S}{X \Delta t} = m_A + \frac{1}{Y_{ATP}^{max}} \frac{\Delta X}{X \Delta t} \tag{9-42}$$

即

$$Q_{ATP} = m_A + \frac{1}{Y_{ATP}^{max}} \mu \tag{9-43}$$

式中:Q_{ATP}——碳源分解代谢生成 ATP 的比速率,$mol/(g \cdot h)$。

通过实验测得细胞比生长速率 μ 以及对应的 Q_{ATP},利用式(9-43)可以求得 m_A 和 Y_{ATP}^{max}。

3. 氧的消耗与 ATP 生成之间的关系

在通风培养时,氧的消耗与 ATP 生成之间存在着一定的关系。设氧的消耗对 ATP 的得率为 $Y_{A/O}$,则

$$Y_{A/O} = \frac{(\Delta ATP)_S}{\Delta O_2} (mol(ATP)/mol(O_2)) \tag{9-44}$$

$Y_{A/O}$ 的意义为每消耗 1 mol 的氧生成 ATP 的物质的量。有时氧的消耗与生成 ATP 之间的关系也用 $P/O(mol(ATP)/mol(氧原子))$ 表示。其意义为每消耗 1 mol 的氧原子生成 ATP 的物质的量。细胞进行氧化磷酸化作用,一个氧原子接受两个电子与两个质子结合生成 1 mol 水,同时形成了 3 mol 的 ATP,因此 $P/O=3$,

但这在哺乳动物的肝脏细胞中才能达到。一般在酵母细胞中 P/O 为 1.0,细菌细胞中 P/O 为 $0.5\sim1.0$。

两种得率系数 $Y_{A/O}$ 与 P/O 之间的关系为

$$Y_{A/O}=2P/O \quad \text{或者} \quad P/O=1/2Y_{A/O} \tag{9-45}$$

氧的消耗与呼吸链反应所生成 ATP 的量成正比关系,若此过程的 ATP 的生成在细胞内占中心的地位,则

$$(\Delta ATP)_S=Y_{A/O}\Delta O_2 \tag{9-46}$$

将式(9-46)代入式(9-41)得

$$(\Delta ATP)_S = Y_{A/O}\Delta O_2 = m_A X\Delta t + \frac{1}{Y_{ATP}^{max}}\Delta X \tag{9-47}$$

$$\frac{\Delta O_2}{X\Delta t} = \frac{m_A}{Y_{A/O}} + \frac{1}{Y_{A/O}Y_{ATP}^{max}}\mu \tag{9-48}$$

$$Q_{O_2} = \frac{m_A}{Y_{A/O}} + \frac{1}{Y_{A/O}Y_{ATP}^{max}}\mu \tag{9-49}$$

将式(9-49)与式(9-32)比较可得

$$m_O=\frac{m_A}{Y_{A/O}} \tag{9-50}$$

$$Y_{GO}=Y_{A/O}Y_{ATP}^{max} \quad \text{或} \quad Y_{A/O}=\frac{Y_{GO}}{Y_{ATP}^{max}} \tag{9-51}$$

由式(9-43)和式(9-49)可得

$$Q_{ATP}=Q_{O_2}Y_{A/O} \tag{9-52}$$

同时还可以得到

$$P/O=\frac{1}{2}Y_{A/O}=\frac{1}{2}Y_{GO}/Y_{ATP}^{max} \tag{9-53}$$

9.4　生物反应过程中的能量衡算

生物细胞内进行的反应包括吸收能量和释放能量两种反应,这两种反应总是偶联进行的,偶联反应中 ATP 的水解占主要地位。细胞内进行的生物反应很复杂,但是仍然服从热力学定律。因此可以从细胞生长的宏观生物学现象来描述细胞内的反应与热力学之间的关系。生物细胞内的反应一般为开放体系反应,细胞内外存在物质交换,因此引用不可逆过程的热力学来对生物反应进行研究是可行的。

9.4.1　热力学基础

1. 热力学第一定律

热力学第一定律指出："自然界中的总能量是不变的"，即能量守恒定律。取一个封闭系统，根据热力学第一定律：

$$\Delta U = Q + W \quad 或 \quad Q = \Delta U - W \tag{9-54}$$

式中：ΔU——系统内能变化，kJ；

Q——系统与环境的热交换，kJ；

W——环境对系统所做的功，kJ。

以热的形式对系统加入能量会造成系统体积变化，如果压力保持恒定，系统必定对环境做了功，因此有

$$\Delta U = Q + W' - p\Delta V \tag{9-55}$$

式中：p——恒定的压力，kPa；

ΔV——体积变化量，m³；

W'——有用功，kJ。

由于一般生物反应器都是在恒压下进行，可将焓变定义为

$$\Delta H = \Delta U + p\Delta V \tag{9-56}$$

将式(9-56)代入式(9-55)可得

$$\Delta H = Q + W' \tag{9-57}$$

因此，在恒压下，ΔH 表示反应所吸收的热量。如果反应在恒压恒容条件下进行，即没有做功，则

$$\Delta H = \Delta U \tag{9-58}$$

2. 热力学第二定律

热力学第二定律指出："自然界中总的熵在增加"。

熵是表征系统内混乱程度的物理量，用 S 表示。定义熵为

$$dS = \frac{dQ_{可逆}}{T} \tag{9-59}$$

这个定义只允许计算熵的差值，而不能计算熵的绝对值。对式(9-59)两边积分，可得

$$\Delta S = S_2 - S_1 = \int_1^2 dS = \int_1^2 \frac{dQ_{可逆}}{T} \tag{9-60}$$

熵 S 是焓 H 中不能用来做有用功的部分,在大多数场合下,它增加了系统中分子的无规则运动。乘积 TS 代表以分子无规则运动方式浪费掉的能量。热力学第二定律表明,系统会朝着熵增加的方向发生自发变化。

3. 热力学第三定律

热力学第三定律可以简单理解为在任意标准状态下对熵的定义,它指出在绝对零度以下一切纯物质的熵为零。

因为热代表了无规则分子运动的动能,加热便是增加熵。若系统处于平衡状态,有

$$\Delta Q = T \Delta S \tag{9-61}$$

细胞生长过程是化学物质从无秩序状态形成高度组织化的细胞的过程,因此只考虑生物细胞生长,其熵是减少的。但是在细胞生长的同时,一部分底物会生成代谢产物并释放热量,因此将细胞外环境考虑在内的系统,熵是增大的。

4. 自由能

将热力学第一定律和第二定律结合起来,定义自由能函数 ΔG:

$$\Delta G = \Delta H - T \Delta S \tag{9-62}$$

自由能代表在等温条件下系统的总能量中做功的部分的比例,它是系统的一种状态性质,即自由能的变化由系统的状态决定而与达到该状态的途径无关。当系统处于平衡状态时,自由能变化为零,则

$$\Delta H = T \Delta S \tag{9-63}$$

9.4.2　生物反应过程中的能量衡算

1. 氧化焓变和自由能对细胞得率 Y_{kJ}

生物细胞利用底物中的碳源氧化过程中释放的能量并通过 ATP 获得其生长所需要的能量。物质氧化伴随着电子的转移,在氧化过程中,每分子的氧可以接受 4 个电子,每氧化 1 mol 的葡萄糖需要消耗 6 mol 的氧气,即需要转移 24 mol 电子。氧化时每转移 1 mol 有效电子,平均释放 111 kJ 的热量,记作:

$$\Delta H_{av,e} = -111 \text{ kJ/mol(有效电子)} \tag{9-64}$$

因此,葡萄糖完全氧化释放的能量为

$$\Delta H_S^* = (-111) \times 24 = -2664 \text{ (kJ/mol)} \tag{9-65}$$

由于生物反应过程一般在常温(25~37℃)下进行,以葡萄糖作碳源为例,在发

酵过程中,碳源完全氧化相应的标准自由能变化计算如下

$$C_6H_{12}O_6 + 6O_2 \longrightarrow 6CO_2 + 6H_2O$$

过程熵变为

$$\Delta S^{\ominus} = \sum S^{\ominus}_{产物} - \sum S^{\ominus}_{反应物}$$

$$= (6S^{\ominus}_{CO_2} + 6S^{\ominus}_{H_2O}) - (S^{\ominus}_{C_6H_{12}O_6} + 6S^{\ominus}_{O_2})$$

$$= (6 \times 0.213 + 6 \times 0.0698) - (0.212 + 6 \times 0.205)$$

$$= 0.255 \, (kJ/(K \cdot mol))$$

$$T \cdot \Delta S^{\ominus} = (298 \sim 310) \times 0.255$$

$$= 76.0 \sim 79.1 \, kJ/mol \ll -\Delta H^*_S = 2664 \, kJ/mol$$

自由能为

$$\Delta G^{\ominus}_{C_6H_{12}O_6} = \Delta H_S - T \cdot \Delta S \approx \Delta H_S \approx \Delta H^*_S = -2664 \, kJ/mol$$

式中：ΔH_S——有机物氧化实际焓变,kJ/mol。

生物反应过程中底物和产物的标准自由能变化可近似等于其焓变。葡萄糖在氧化磷酸化过程中,1 mol 可生成 38 mol ATP,此过程的标准自由能效率为

$$\frac{38 \times \Delta G^{\ominus}_{ATP}}{\Delta G^{\ominus}_{C_6H_{12}O_6}} = \frac{38 \times (-29.3)}{-2664} \approx 42\%$$

因此,在生物反应过程中有一半以上的自由能(约 58%)以废热的形式释放,这是生物反应过程的主要热源。

生物反应过程可以用自由能消耗对细胞的得率 Y_{kJ} 表示对能量的利用情况。

$$Y_{kJ} = \frac{细胞生长量}{细胞所保持的自由能 + 分解代谢释放的自由能}$$

$$\approx \frac{细胞生长量}{生长细胞氧化焓变 + 碳源与其产物之间的焓变差}$$

$$= \frac{\Delta X}{(-\Delta H_a) \cdot \Delta X + (-\Delta H_c)} \tag{9-66}$$

式中：ΔH_a——以细胞的燃烧热为基准的焓变,取 $\Delta H_a = -22.15 \, kJ/g$；

ΔH_c——消耗的碳源与由其转变的产物之间的焓变差。

以葡萄糖为唯一碳源(既作为能源,又作为构成细胞的材料),在通风培养条件下,生物反应过程可以表示为

$$-\Delta S + \Delta O_2 \longrightarrow \Delta X + \Delta CO_2 + \sum \Delta P$$

式中：ΔS——碳源消耗量；

ΔP——代谢产物生成量。

则有

$$-\Delta H_c = (-\Delta H_S) \cdot (-\Delta S) - (-\Delta H_a) \cdot \Delta X - \sum (-\Delta H_P) \cdot \Delta P$$

$$= (-\Delta H^*_O) \cdot \Delta O_2$$

式中：ΔH_S——碳源的氧化焓变，kJ/mol；

  ΔH_P——产物的氧化焓变，kJ/mol；

  ΔH_O^*——细胞呼吸（耗氧）反应的焓变，kJ/mol。

式(9-66)可以变换成

$$Y_{kJ} = \frac{\Delta X}{(-\Delta H_a) \cdot \Delta X + (-H_O^*) \cdot \Delta O_2}$$

$$= \frac{1}{-\Delta H_a - \Delta H_O^* / Y_{X/O}} \tag{9-67}$$

以葡萄糖为唯一碳源，在厌氧条件下，生物反应过程可以表示为

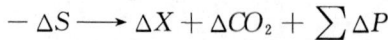

$$-\Delta S \longrightarrow \Delta X + \Delta CO_2 + \sum \Delta P$$

假设用于构成细胞的碳源消耗为$(-\Delta S)_G$(mol/L)，碳源中含碳元素的量为α_1(g/mol)；细胞内所含碳元素的量为α_2(g/g)，根据碳元素衡算可得

$$(-\Delta S)_G = \frac{a_2}{a_1} \Delta X$$

构成细胞以外的碳源消耗为

$$-\Delta S - (-\Delta S)_G = -\Delta S - \frac{a_2}{a_1} \cdot \Delta X$$

则有

$$-\Delta H_c = (-\Delta H_S)\left(-\Delta S - \frac{a_2}{a_1} \cdot \Delta X\right) - \sum (-\Delta H_P) \cdot \Delta P$$

式(9-66)可以写成

$$Y_{kJ} = \frac{\Delta X}{(-\Delta H_a) \cdot \Delta X + (-\Delta H_S)\left[-\Delta S - \left(\frac{a_2}{a_1} \cdot \Delta X\right)\right] - \sum (-\Delta H_P) \cdot \Delta P}$$

$$= \frac{Y_{X/S}}{(-\Delta H_a) \cdot Y_{X/S} - \Delta H_S\left(1 - \frac{a_2}{a_1} \cdot Y_{X/S}\right) + \sum \Delta H_P \cdot Y_{P/S}} \tag{9-68}$$

式中：a_1——碳源所含碳元素的量，g/mol；

  a_2——细胞所含碳元素的量，g/g。

在复合培养基中，厌氧条件下，碳源仅作为能源，生物反应过程可以表示为

$$-\Delta S \longrightarrow \Delta CO_2 + \sum \Delta P$$

则有

$$-\Delta H_c = (-\Delta H_S) \cdot (-\Delta S) - \sum (-\Delta H_P) \cdot \Delta P$$

Y_{kJ}可表示为

$$Y_{kJ} = \frac{\Delta X}{(-\Delta H_a) \cdot \Delta X + (-\Delta H_S)(-\Delta S) - \sum (-\Delta H_P) \cdot \Delta P}$$

$$= \frac{Y_{X/S}}{(-\Delta H_a) \cdot Y_{X/S} - \Delta H_S + \sum \Delta H_P \cdot Y_{P/S}} \qquad (9\text{-}69)$$

复合培养基中,通风条件下,生物反应过程可以表示为

$$-\Delta S + \Delta O_2 \longrightarrow \Delta CO_2 + \sum \Delta P$$

则有

$$-\Delta H_c = (-\Delta H_S) \cdot (-\Delta S) - \sum (-\Delta H_P) \cdot \Delta P = (-\Delta H_O^*) \cdot \Delta O_2$$

Y_{kJ} 可表示为

$$Y_{kJ} = \frac{\Delta X}{(-\Delta H_a) \cdot \Delta X + (-H_O^*) \cdot \Delta O_2}$$

$$= \frac{1}{-\Delta H_a - \Delta H_O^* / Y_{X/O}} \qquad (9\text{-}70)$$

式(9-67)和式(9-70)是一致的,因为在任何培养条件下,任何生物细胞在通风培养时细胞呼吸使碳源被氧化,此耗氧反应的焓变就是分解代谢所释放的能量。

2. 生物反应过程中的能量衡算

根据在单一碳源培养基内碳源消耗形成生物细胞、代谢产物以及完全氧化的条件下建立的衡算式可以写出焓变的能量衡算式:

$$A \cdot \Delta H_O^* (-\Delta S) = B \cdot \Delta H_O^* \cdot \Delta X + \Delta H_O^* \cdot \Delta O_2 + \sum C \cdot \Delta H_O^* \cdot \Delta P$$

或者

$$A \cdot \Delta H_O^* \cdot Q_S = B \cdot \Delta H_O^* \cdot \mu + \Delta H_O^* \cdot Q_{O_2} + \sum C \cdot \Delta H_O^* \cdot Q_P$$

或者

$$\Delta H_S^* \cdot Q_S = \Delta H_a^* \cdot \mu + \Delta H_O^* \cdot Q_{O_2} + \sum \Delta H_P^* \cdot Q_P \qquad (9\text{-}71)$$

式中:ΔH_S^*——碳源氧化以有效电子转移为基准的焓变,kJ/g;

ΔH_a^*——细胞氧化以有效电子转移为基准的焓变,kJ/mol;

ΔH_P^*——产物氧化以有效电子转移为基准的焓变,kJ/mol。

由(9-71)可得

$$\Delta H_S^* \cdot Q_S - \sum \Delta H_P^* \cdot Q_P = \Delta H_a^* \cdot \mu + \Delta H_O^* \cdot Q_{O_2} \qquad (9\text{-}72)$$

其中 $\Delta H_a^* \cdot \mu$ 为生物反应过程中合成细胞所需要的能量,可以表示为:$(1/Y_G') \cdot \mu$,$\Delta H_O^* \cdot Q_{O_2}$ 为细胞维持生命活动所消耗的能量,表示为 m'。因此上式可以写成:

$$(-\Delta H_S^*) \cdot Q_S - \sum (-\Delta H_P^*) \cdot Q_P$$

$$= (-\Delta H_a^*) \cdot \mu + (-\Delta H_O^*) \cdot Q_{O_2}$$

$$= m' + \frac{1}{Y_G'} \cdot \mu \tag{9-73}$$

式中：Y_G'——碳源（生物反应的能量）以能量计对细胞的理论得率，g/kJ；

　　　m'——碳源以能量计细胞的维持常数，kJ/(g·h)。

若过程中不产生代谢产物（$\Delta P = 0$），将式(9-73)与式(9-23)比较可得

$$Y_G' = \frac{Y_G}{-\Delta H_S^*} \tag{9-74}$$

$$m' = (-\Delta H_S^*) \cdot m \tag{9-75}$$

实际上，以能量计的维持常数就是碳源维持常数完全氧化释放的能量。

由生物反应过程的氧衡算式(9-26)可以写出能量衡算的另一种形式：

$$(-\Delta H_O^*) \cdot Q_{O_2} = (-\Delta H_O^*) \cdot m_O + (-\Delta H_O^*) \cdot \frac{\mu}{Y_{GO}} = m_O' + \frac{1}{Y_{GO}'} \cdot \mu \tag{9-76}$$

式中：m_O'——以能量计氧的维持常数，kJ/(g·h)；

　　　Y_{GO}'——以能量计氧对细胞生长的理论得率系数，g/kJ。

将式(9-76)代入式(9-73)可得

$$(-\Delta H_S^*) \cdot Q_S - \sum (-\Delta H_P^*) \cdot Q_P$$

$$= \left(m_O' + \frac{1}{Y_{GO}'} \cdot \mu\right) + (-\Delta H_a^*) \cdot \mu$$

$$= m_O' + \left[(-\Delta H_a^*) + \frac{1}{Y_{GO}'}\right] \cdot \mu \tag{9-77}$$

式(9-77)与式(9-73)比较可得

$$m' = m_O' \tag{9-78}$$

$$\frac{1}{Y_G'} = (-\Delta H_a^*) + \frac{1}{Y_{GO}'} \tag{9-79}$$

从式(9-79)可以看出，以能量计碳源的维持常数和以能量计氧的维持常数是统一的，两者实际上是一个值，即用于维持消耗的碳源完全氧化释放的能量。

【例 9-5】　以葡萄糖为唯一碳源，在通风条件下连续培养 *Azotobacter vinelandii*，从实验数据中求出碳源维持常数 $m = 1.4 \times 10^{-3}$ mol/(g·h)，碳源对菌体的理论得率 $Y_G = 65$ g/mol。计算与能量衡算相应的维持常数 m'、m_O'，Y_G'、Y_{GO}'。

解：根据式(9-35)计算氧的维持常数得

$$m_O = mA = 1.4 \times 10^{-3} \times 6 = 8.4 \times 10^{-3} \ (\text{mol/(g·h)})$$

根据式(9-36)计算 Y_{GO} 可得

$$\frac{1}{Y_G} = \frac{1}{A}\left(B + \frac{1}{Y_{GO}}\right)$$

则

$$Y_{GO} = \frac{Y_G}{A - BY_G} = \frac{65}{6 - 0.042 \times 65} = 19.9(\text{g/mol})$$

根据式(9-75)计算 m' 和 m'_O 可得

$$m' = m(-\Delta H_S^*) = 1.4 \times 10^{-3} \times 2664 = 3.73(\text{kJ/(g · h)})$$

$$m'_O = m_O(-\Delta H_O^*) = 8.4 \times 10^{-3} \times 444 = 3.73(\text{kJ/(g · h)})$$

根据式(9-74)计算 Y'_G、Y'_{GO} 可得

$$Y'_G = \frac{Y_G}{-\Delta H_S^*} = \frac{65}{2664} = 0.024(\text{g/kJ})$$

$$Y'_{GO} = \frac{Y_{G0}}{-\Delta H_O^*} = \frac{19.9}{444} = 0.045(\text{g/kJ})$$

3. 生物反应过程中产热速率计算

生物反应过程中无论是好氧还是厌氧过程都有热量产生。大部分的热量是作为碳源或者能源的有机底物在分解过程中产生的。碳源分解释放的能量一部分以 ATP 等高能化合物的形式存储起来,其余的能量以热的形式释放到环境当中。而且细胞在利用 ATP 用于细胞生长和代谢的过程中也会释放出热量。在好氧反应过程中,假设反应过程只有唯一碳源,则碳源分解释放的能量为 $\Delta H_S^*(-\Delta S)$,转移到细胞中的能量为 $\Delta H_a^* \cdot \Delta X$,进入到产物中的能量为 $\sum \Delta H_P^* \cdot \Delta P$,则反应过程中释放出的热量为

$$\Delta Q = \Delta H_S^* \cdot (-\Delta S) - \Delta H_a^* \cdot \Delta X - \sum \Delta H_P^* \cdot \Delta P \qquad (9\text{-}80)$$

由式(9-80)可以看出,反应过程释放的热量等于底物燃烧热与细胞物质和产物燃烧热之差。

若用 Q_H 表示生物反应过程释放热量的比速率,并根据式(9-71)得到

$$Q_H = \frac{\Delta Q}{X \cdot \Delta t} = \frac{\Delta O_2}{X \cdot \Delta t} \cdot \Delta H_O^* = \Delta H_O^* \cdot Q_{O_2} \qquad (9\text{-}81)$$

由此可见,好氧反应过程中释放的反应热与氧的消耗具有正比关系,比例系数为 ΔH_O^*。经过大量的实验证明,在好氧反应过程中,反应热的释放比速率 Q_H 与氧的比消耗速率 Q_{O_2} 具有如下关系[6]:

$$Q_H = (0.518 \pm 0.013)Q_{O_2} \qquad (9\text{-}82)$$

ΔH_O^* 理论值为 0.444 kJ/mmol,与实际测量值的误差在 20% 以内。利用这个关系可以对反应过程中释放的热量进行估算,并且可以用于指导冷却用水量和设

置反应器的冷却面积。当反应过程中供氧不足时,生物细胞的代谢途径就有可能发生改变,此时,反应热的释放速率与氧的消耗速率就不会符合以上关系。

习　题

9-1　以葡萄糖为基质进行面包酵母($S.\ cerevisiae$)培养,反应过程可用下式表达:

$$C_6H_{12}O_6 + 3O_2 + aNH_3 = bC_6H_{10}NO_3(面包酵母) + cH_2O + dCO_2$$

求计量关系中的系数 a、b、c 和 d。

9-2　以葡萄糖为碳源,NH_3 为氮源,进行某种细菌好氧培养,消耗的葡萄糖中有 2/3 的碳源转化为细胞中的碳。反应式:$C_6H_{12}O_6 + aO_2 + bNH_3 = c(C_{4.4}OH_{7.3}N_{0.86}O_{1.2}) + dH_2O + eCO_2$。计算上述反应中的得率系数 $Y_{X/S}$ 和 $Y_{X/O}$。

9-3　乙醇为碳源,通风培养酵母,检测结果如下:

$\mu/\mathrm{h^{-1}}$	0.020	0.055	0.095	0.115	0.119
$Q_{O_2}/(\mathrm{g/(g \cdot h)})$	0.0278	0.0589	0.0909	0.111	0.115

由已知结果,作图求 Y_{GO} 和 m_O。

9-4　利用某细菌进行通风好氧培养,已知:$Y_{X/S}=180\ \mathrm{g/mol}$,$Y_{X/O}=30.4\ \mathrm{g/mol}$,每消耗 1 mol 葡萄糖可生成 2 mol ATP,氧化磷酸化 P/O 为 0.8。求 Y_{ATP}。

9-5　利用葡萄糖进行乙醇发酵,菌体含碳量为 0.52,每生成 1 mol 乙醇可生成 1 mol CO_2,假设 $Y_{ATP}=10\ \mathrm{g(细胞)/mol(ATP)}$。求 $Y_{X/S}$ 和 $Y_{P/S}$ 的值。

9-6　以葡萄糖为唯一碳源通风培养某种微生物,已知 $Y_{X/S}=91.8\ \mathrm{g/mol}$,葡萄糖的燃烧热为 2664 kJ/mol,求 Y_{kJ}。

9-7　以葡萄糖为碳源进行通风培养某种好氧微生物,已知:$m_O=5.5\times10^{-3}$ mol/(g·h),$Y_{GO}=13\ \mathrm{g/mol}$。如果 Y_{ATP} 分别为 5 g/mol 和 10 g/mol,P/O 各为多少?并计算两种情况下的 m_A。

符 号 说 明

γ	还原度	ΔS	生物反应过程中消耗的总碳源量,
X	细胞浓度,g/L		mol/L

$(\Delta S)_G$	用于生成细胞物质消耗的碳源量，mol/L	$Y_{A/O}$	氧消耗对 ATP 的得率系数，mol/mol
$(\Delta S)_m$	用于提供维持能消耗的碳源量，mol/L	P/O	消耗 1 mol 氧原子生成 ATP 的物质的量，mol(ATP)/mol(氧原子)
$(\Delta S)_P$	用于合成代谢产物消耗的碳源量，mol/L	ΔU	系统内能变化，kJ
Y_G	用于细胞生长部分的碳源对菌体的得率系数(理论得率系数)，g/mol	Q	系统与环境的热交换，kJ
		W	环境对系统所做的功，kJ
m	碳源的维持常数，mol/(g·h)	S	熵
Y_P	碳源对代谢产物的理论得率系数，mol/mol	ΔH	焓变
		ΔG	自由能函数
Q_S	底物的比消耗速率，mol/(g·h)	$\Delta H_{av,e}$	有效电子转移焓变，kJ/mol
Q_P	产物的比生成速率，mol/(g·h)	ΔH_S^*	以有效电子转移为基准碳源的焓变，kJ/mol
μ	细胞的比生长速率，h^{-1}		
β_N	物质含氮量	Y_{kJ}	自由能消耗对细胞的得率系数，g/kJ
A	碳源完全氧化需氧量，mol/mol		
B	细胞完全氧化需氧量，mol/g	ΔH_a	以细胞的燃烧热为基准的焓变，kJ/g
C	代谢产物 P 完全氧化需氧量，mol/mol	ΔH_c	消耗的碳源与由其转变的产物之间的焓变差，kJ
Q_{O_2}	氧的比消耗速率，mol/(g·h)	ΔH_a^*	细胞氧化以有效电子转移为基准的焓变，kJ/g
ΔO_2	生物反应过程中的耗氧量，mol/h		
m_O	氧的维持常数，mol/(g·h)	ΔH_P^*	产物氧化以有效电子转移为基准的焓变，kJ/mol
Y_{GO}	氧对细胞的理论得率系数，g/mol		
Y_{ATP}	ATP 对细胞的得率系数，g(细胞)/mol(ATP)	ΔH_O^*	有效电子转移为基准的呼吸反应焓变，kJ/mol
		a_1	碳源所含碳元素的量，g/mol
Y_{PO}	氧对产物的理论得率系数，g/mol	a_2	细胞所含碳元素的量，g/g
$(\Delta ATP)_S$	碳源分解代谢所生成的 ATP 数量，mol/mol	Y_G'	以能量计碳源(生物反应的能量)对细胞的理论得率系数，g/kJ
$(\Delta ATP)_m$	细胞用于维持生命活动的 ATP 消耗数量，mol/mol	m'	以能量计碳源的维持常数，kJ/(g·h)
$(\Delta ATP)_G$	用于细胞合成的 ATP 消耗，mol/g	m_O'	以能量计氧的维持常数，kJ/(g·h)
Y_{ATP}^{max}	ATP 对细胞的理论得率系数，g/mol	Y_{GO}'	以能量计氧对细胞生长的理论得率系数，g/kJ
Q_{ATP}	碳源分解代谢生成 ATP 的比速率，mol/(g·h)	Q_H	生物反应过程释放热量的比速率，kJ/(mol·h)

参 考 文 献

1. Atkinson B, Mavintuna F. Biochemical Engineering and biotechnology Handbook. New York：Nature Press，1983

2. 藏荣春，夏凤毅. 微生物动力学模型. 北京：化学工业出版社，2004

3. 张元兴，易小萍，张立，孙祥明. 动物细胞培养工程. 北京：化学工业出版社，2006

4. Nagai S，Aiba S. Reassessment of naintenance and energy uncoupling in the growth of Azotobacter vinelandii. J Gen Microbiol，1972，73：531

5. 岑沛霖，关怡新，林建平. 生物反应工程. 北京：高等教育出版社，2005

6. 伦世仪. 生化工程. 北京：中国轻工业出版社. 1993

阅 读 书 目

1. Daniel A Beard，Hong Qian. Chemical Biophysics. New York：Cambridge University Press，2008

2. 管斌，马美范. 一种发酵过程物料衡算方法的介绍. 山东轻工业学院学报，1996，12：45~49

3. 合叶修一，永井史郎. 生物化学工程. 北京：化学工业出版社，1984

4. 梁世中. 生物工程设备. 北京：中国轻工业出版社，2006

5. 李应麟. 物料衡算的基本方法. 高等函授学报(自然科学版)，1995，5：34~36

6. Shuler M L，Kargi F. 生物过程工程：基本概念(原著第 2 版). 陈涛，赵学明，译. 北京：化学工业出版社，2008

7. 山根恒夫. 生物反应工程(原著第 3 版). 刑新会，译. 北京：化学工业程出版社，2006